直流换流站运检技能培训教材

换流阀及阀控

国家电网有限公司设备管理部
国家电网有限公司直流技术中心 组编 ●

中国电力出版社
CHINA ELECTRIC POWER PRESS

图书在版编目（CIP）数据

换流阀及阀控 / 国家电网有限公司设备管理部, 国家电网有限公司直流技术中心组编. -- 北京 : 中国电力出版社, 2025. 6. -- (直流换流站运检技能培训教材).
ISBN 978-7-5198-9359-0

Ⅰ. TM63

中国国家版本馆 CIP 数据核字第 202485L810 号

出版发行：中国电力出版社
地　　址：北京市东城区北京站西街 19 号（邮政编码 100005）
网　　址：http://www.cepp.sgcc.com.cn
责任编辑：雍志娟
责任校对：黄　蓓　王海南
装帧设计：郝晓燕
责任印制：石　雷

印　　刷：三河市万龙印装有限公司
版　　次：2025 年 6 月第一版
印　　次：2025 年 6 月北京第一次印刷
开　　本：710 毫米×1000 毫米　16 开本
印　　张：18.75
字　　数：297 千字
定　　价：120.00 元

编　委　会

前　言

截至 2024 年 12 月，国家电网公司国内在运直流工程 35 项，其中特高压 16 项，常规直流 14 项（其中背靠背 4 项），柔直 5 项（其中背靠背 1 项），换流站 69 座。公司系统海外代维直流 3 项（美丽山 1 期、美丽山 2 期、默拉直流工程）。随着西部"沙戈荒"风电光伏基地和藏东南水电大规模开发外送，特高压直流将迎来新一轮大规模、高强度建设，预计到 2030 年将新建 26 回直流工程。其中到 2025 年将建成金上—湖北、陇东—山东等直流，开工库布齐—上海、乌兰布和—河北京津冀、腾格里—江西、巴丹吉林—四川、柴达木—广西等 5 回直流工程；到 2030 年，再新建雅鲁藏布江大拐弯送出、内蒙古、甘肃、陕西"沙戈荒"新能源基地送出共 17 回直流。直流输电规模快速增长和直流输电技术日益复杂，使部分省公司直流技术人员不足、新工程运检人员储备不足、直流专家型人才缺乏的问题日益凸显。

为加强直流换流站运检人员技能培训，国网直流技术中心受国网设备部委托，组织湖北、上海、江苏、甘肃、四川、湖南、安徽、冀北、山东公司和相关设备制造厂家专家，在收集、整理、分析大量技术资料的基础上，结合现场经验，经过多轮讨论、审查和修改，最终形成了《直流换流站运检技能培训教材》。整个系列教材包括换流站运维、换流变压器、开关类设备、直流控制保护及测量、换流阀及阀控、阀冷却系统、柔性直流输电、调相机以及换流站消防九个分册。编写力求贴合现场实际且服务于现场实际，突出实用性、创新性、指导性原则。

由于编写时间仓促，编写工作中难免有疏漏之处，竭诚欢迎广大读者批评指正。

编　者

2025 年 4 月

目 录
CONTENTS

第一篇

南瑞继保换流阀

第一章 理 论 知 识

第一节 概 述

本篇介绍南瑞继保技术路线 PCS-8600 换流阀。

PCS-8600 换流阀具有以下特点：换流阀由若干个阀模块串联而成，每个阀模块由若干晶闸管级串联组成，整体采用悬吊结构、空气绝缘、去离子水冷却，满足机械应力和电气应力要求。阀层在电气上呈 U 形布置，使用绝缘子将同层两个阀模块连成一个整体，结构紧凑，稳定性好。设置下沉式检修通道，方便对内部元器件进行检修和更换。阀模块采用"内电外水、水电分离"的设计思路，水路故障不影响电气绝缘。阀组件采用串联水路奇偶交替冷却晶闸管，组件漏水风险小且晶闸管温升一致。换流阀的装配、试验、运输单元扩展至阀模块，提高工程生产效率，方便现场施工。PCS-9586 阀控系统采用南瑞继保直流控制保护系统通用的 UAPC 技术平台，通过 IEC-61850 规约将实时运行状态上送至后台，实现换流阀关键部件的在线监视和故障预警，内置高速录波功能可实现故障快速准确定位。

目前南瑞继保路线换流阀已在国内外十多个直流输电工程成功应用，其中包括上山、吉泉、巴西美丽山二期、青豫、雅江、闽粤联网、白浙、葛南改造等重点工程。

第二节 换 流 阀 设 计

换流阀是换流站的核心设备，主要由串联的晶闸管元件、均压回路、阻尼回路、控制单元、阀电抗器以及阀避雷器、阀内冷却管道等部件组成。

高压直流输电工程单个阀组的典型电气连接为 12 脉动换流器，其由两个串联的 6 脉动换流器组成。每个桥臂称为单阀，两个单阀串联构成的一个阀塔称为双重阀，一个阀组共 6 个双重阀塔；四个单阀串联构成的一个阀塔称为四重阀，一个阀组共 3 个四重阀塔。单阀、双重阀、四重阀如图 1-1-1 所示。

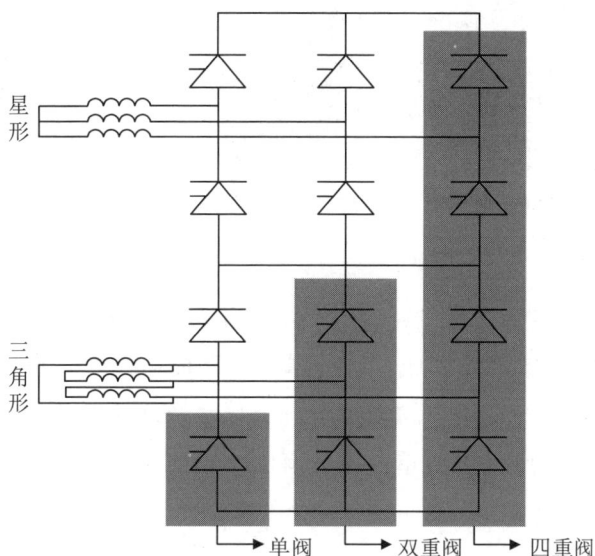

图 1-1-1　单阀和多重阀构成示意图

一、阀塔设计及结构

（一）阀塔整体结构

南瑞继保换流阀塔主要由若干阀层、阀屏蔽罩、悬吊结构、阀避雷器、阀冷却回路、光纤回路等部件构成。一般采用双重阀塔结构，每个阀塔内含两个单阀，两个单阀上下排列，典型的特高压±800kV 工程中一般每个单阀有 2 个（3 个）阀层，包括 4 个阀模块，每个双重阀共 8 个阀模块，阀塔上下、侧面配备屏蔽罩，结构上形成一个阀塔。通过冷却水管、通讯光纤等实现与阀冷却系统、阀控制系统的连接。阀塔采用复合绝缘子悬吊于阀厅顶部钢梁上，不需要专门的支撑结构。每个单阀并联一台阀避雷器，通过母线将其连入相应的阀中。

图 1-1-2 和图 1-1-3 分别是双重阀阀塔的外形示意图和三维效果图。

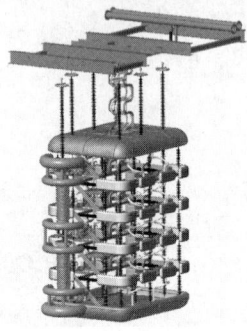

图 1-1-2　800kV/5000A 高压双重阀塔外形示意图　　图 1-1-3　双重阀塔三维效果图

（二）屏蔽结构

换流阀屏蔽结构（见图 1-1-4）主要由顶部屏蔽罩、底部屏蔽罩（见图 1-1-5）和阀层屏蔽罩组成。屏蔽罩边缘和棱角按圆弧设计，表面光洁平整、无毛刺和凸出部分，用于均匀阀塔自身悬吊及连接结构电场分布，有效降低电晕放电的风险。底部屏蔽罩上还装有漏水检测装置，用于检测整个阀塔的漏水情况。

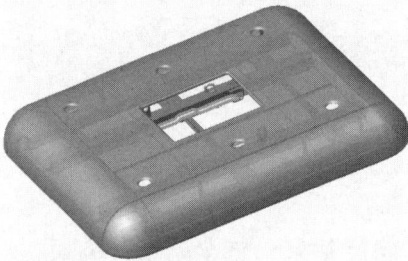

图 1-1-4　阀塔顶部屏蔽罩结构外形示意图　　图 1-1-5　底部屏蔽罩结构示意图

（三）悬吊及支撑结构

换流阀悬吊结构主要包含顶部悬吊绝缘子和阀塔内部阀层间垂直安装的复合绝缘子。顶部悬吊绝缘子主要用于连接阀塔顶部支撑框架；层间绝缘子主要用于将各个阀层串联起来。这种设计能够确保阀塔具有足够的柔韧性和抗震能力。

4

（四）阀避雷器

阀避雷器悬吊于阀塔外侧，每个双重阀配置 2 个串联的阀避雷器，通过管母和金具与每个单阀并联连接，形成柔性连接系统，以满足机械应力及抗震设计要求。阀避雷器屏蔽罩采用上中下不等径的均压环，固定在对应的避雷器端板上。阀避雷器的结构如图 1-1-6 所示。

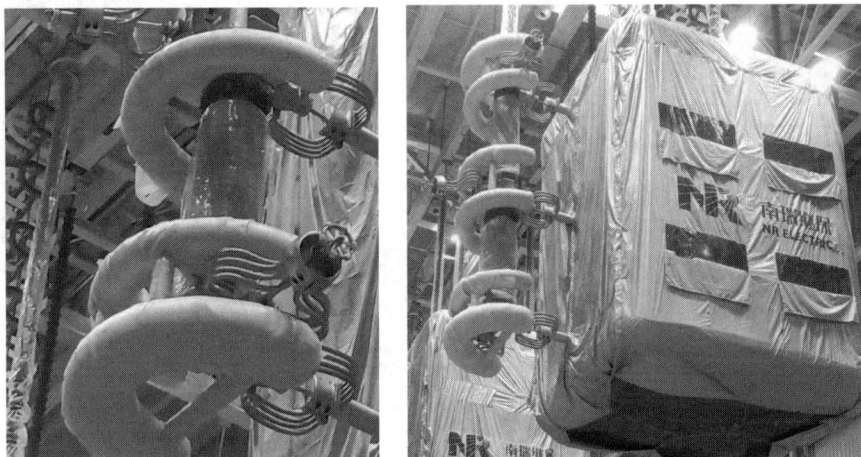

图 1-1-6　阀避雷器结构

（五）阀塔绝缘设计和模块连接

阀塔结构采用对称设计，有效减少了连接件的类型及数量。层内及层间阀模块采用通流铝排连接于阀端部的铜排上。顶部光缆槽在阀顶部并分 4 路垂直进入阀内，在每个阀层处引出该阀层所需光纤。光缆槽采用 S 形设计，以提供足够的爬电距离，保证满足绝缘要求。

二、阀层结构

阀层主要由晶闸管硅堆、电容器组件、电抗器组件和安装框架构成，结构如图 1-1-7 所示。将晶闸管硅堆和水管布置在阀层的外围，方便器件检测和试验，电容器组件和光纤等布置在阀层的内部，远离外侧的水路，降低冷却液泄漏造成的次生风险。两个阀模块左右对称放置，两端使用绝缘子将两个阀模块连成整体，结构紧凑，整体性强。

检修平台位于阀层中间，如图 1-1-8 所示，整体固定在阀层的绝缘横梁上，采用下沉式结构。检修平台的中部设有可滑动的盖板，将上一层的滑动盖板拉开，借助便携式伸缩爬梯，可在相邻两个检修平台之间移动。

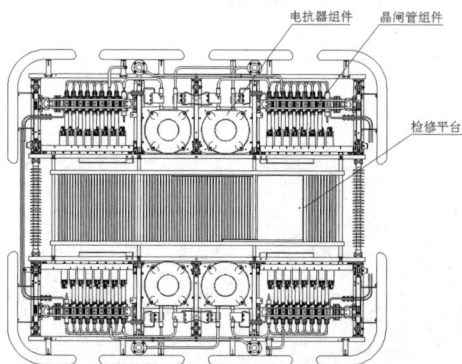

图 1-1-7　晶闸管阀层结构示意图

图 1-1-8　检修平台主体

三、阀模块结构

阀模块是换流阀包装运输的基本单元，每个阀模块包含两个晶闸管组件和两个电抗器组件。阀模块整体框架由五根金属梁和两根绝缘梁组成，用于承担晶闸管组件、电抗器组件、阀层屏蔽罩及其他连接件的重量。每个阀模块中间及两端的三个横梁上设置六个吊点，用于整个模块的吊装和拆卸。阀模块结构如图 1-1-9 所示。

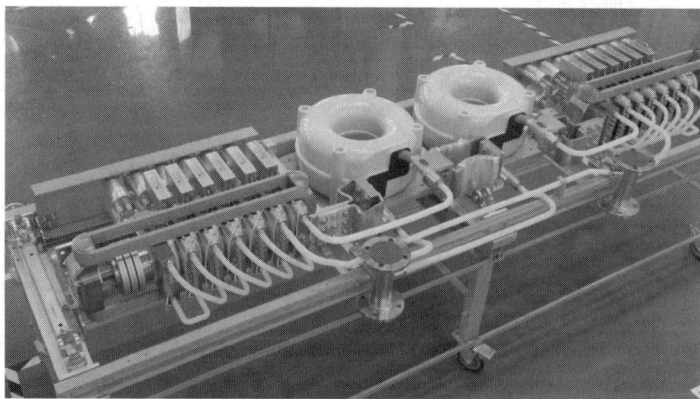

图 1-1-9　阀模块结构示意图

　　阀模块的外屏蔽罩设计以换流阀的电气分析和静电场仿真结果为基础，包含侧屏蔽罩及角屏蔽罩，可有效地均匀阀层四周与层间绝缘子、金属水管、阀层框架结构、连接结构件和其他边缘结构件周围的电场。

　　阀模块冷却水的进水管和出水管布置在外侧，通过法兰与阀塔冷却水的进出主水管连接。每个阀组件水路采用串联结构，保证每个水冷元件都得到充分冷却。

　　光缆槽固定在阀层的绝缘梁上，晶闸管硅堆侧开有"U"形出线孔，并配备橡胶软垫，保护光纤不受磨损和阻止灰尘进入。光纤在每层分线后进入电容器安装板上的光缆槽，从槽内引出后分别与该层每个晶闸管的 TCU 光纤接口连接。

四、晶闸管组件

　　晶闸管组件主要由晶闸管硅堆、阻尼电容器组及附属的冷却水管、框架支撑结构和电气连接结构等部分组成。

（一）晶闸管硅堆

　　晶闸管硅堆由若干级晶闸管、散热器串联而成，即将数只晶闸管和散热器交替压装在一起。硅堆采用拉带式结构，由绝缘拉带、安装端板、顶压装置和碟簧组成。该结构能使各级晶闸管的中心保持在一条直线上，受力均匀；另外也能确保运输及运行过程中压接力基本保持不变。晶闸管硅堆结构如图 1 - 1 - 10 所示。

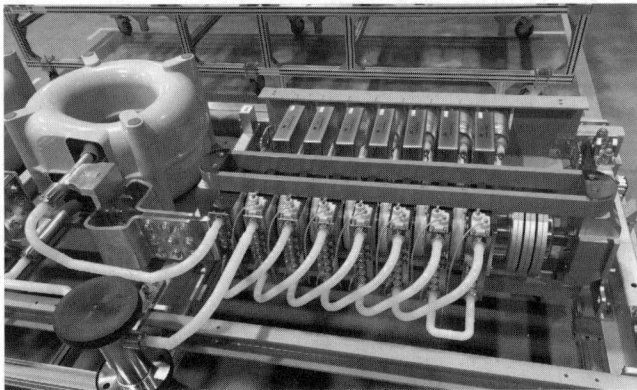

图 1 - 1 - 10　晶闸管硅堆结构

晶闸管硅堆采用串联水路，尽量减少水管的接头数量，降低漏水的风险；同时选用大口径的水管，降低堵塞的概率。阻尼棒状电阻采用间接水冷方式，电阻的金属连接片既起到机械固定作用，同时也满足电气的载流要求。晶闸管和各类电阻均可以不断开水路连接进行更换。

（二）阻尼回路

每个晶闸管级并联一个阻尼回路，由阻尼电阻和阻尼电容串联而成，电阻安装在散热器内，可以保证充分冷却；每级阻尼电容由两个电容串联，使用螺栓固定在高强度支撑板上，作为一个电容器组件固定在阀模块上，整体易于拆卸和安装，结构如图 1-1-11 所示。

图 1-1-11　阻尼电容器组件结构示意图

五、电抗器组件

电抗器组件包含电抗器和固定电抗器的环氧绝缘板等；采用四根环氧锁紧螺柱将电抗器可靠地固定上安装板上。进出水口设置不锈钢电极，防止进出水嘴的腐蚀；电抗器铁芯损耗产生的热量大部分由流经空心绕组的冷却水带走。为减小噪声，电抗器采用全封装式结构，内部填充吸噪和减震性能良好的聚氨酯材料。阀电抗器组件结构如图 1-1-12 所示。

阀电抗器的主要作用有：

（1）在陡波和雷电波冲击下承担电压，从而使晶闸管免受过电压损坏。

（2）限制晶闸管开通时的 di/dt，在晶闸管开通的最初几微秒内，电抗器在小电流下有很大的非饱和电感值，限制了晶闸管电流的上升率。在晶闸管安全开通后，电抗器进入饱和状态，电感值很小。

（3）利用足够的阻尼来阻止晶闸管电流过零时产生振荡涌流，保护晶闸管。

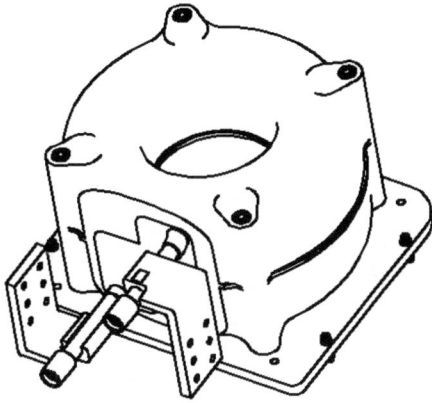

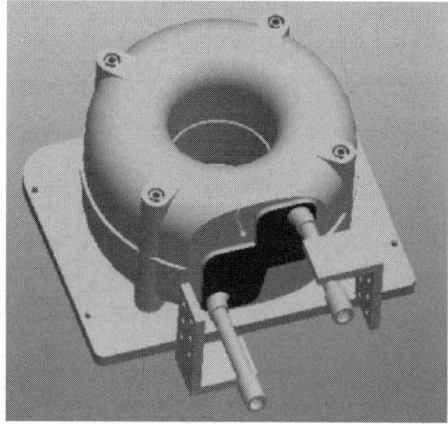

图 1-1-12　阀电抗器组件结构示意图

六、晶闸管级

晶闸管组件包含若干个晶闸管级。每一个晶闸管级由晶闸管、散热器、阻尼电阻、阻尼电容、直流均压电阻、取能电阻和 TCU 等元件组成，其结构布置和电气原理分别如图 1-1-13 和图 1-1-14 所示。

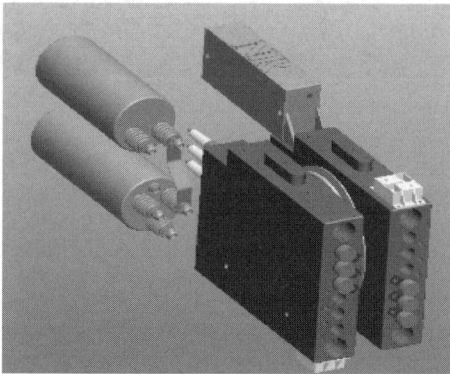

图 1-1-13　晶闸管级结构图

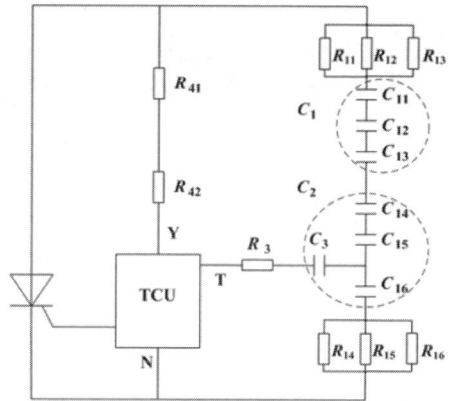

图 1-1-14　晶闸管级电气原理图

（一）晶闸管

晶闸管是半控型电力电子器件，只能控制其开通，不能控制关断。晶闸管的通态电流由尺寸决定，如钱塘江站采用的 6 英寸电控晶闸管，最大额定电压 8500V，最大通态电流 5500A，最大浪涌电流达 58kA。6 英寸电控晶闸管如图 1-1-15 所示。

图 1-1-15　6 英寸晶闸管图

（二）晶闸管控制单元（TCU）

晶闸管控制单元（TCU）的主要作用是触发和监测晶闸管，并设计有保护触发回路以及反向恢复保护触发回路。TCU 的全部控制和保护功能由电子元件完成，安装在一块电路板上，电路板置于金属壳内。电气绝缘采用特殊的树脂材料，原材料符合 UL94V-0 阻燃等级。TCU 如图 1-1-16 所示。

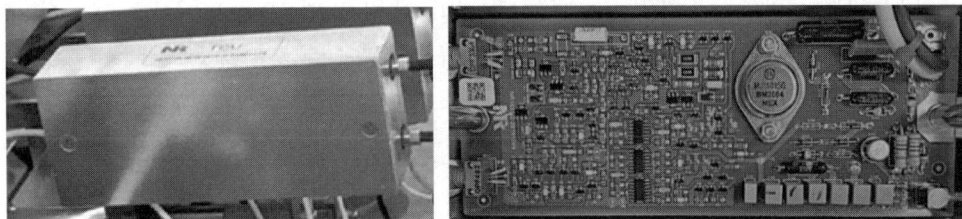

图 1-1-16　晶闸管控制单元 TCU

（三）散热器

散热器用于给晶闸管、均压电阻、阻尼电阻等元器件散热，散热器外形如图 1-1-17 所示。

（四）阻尼电阻

阻尼电阻选用间接冷却棒状电阻，插入散热器中，通过散热器进行散热，电阻采用单绝缘柱式结构，接线简洁。阻尼电阻结构及布置示意图如图 1-1-18 所示。

图 1-1-17　散热器外形图

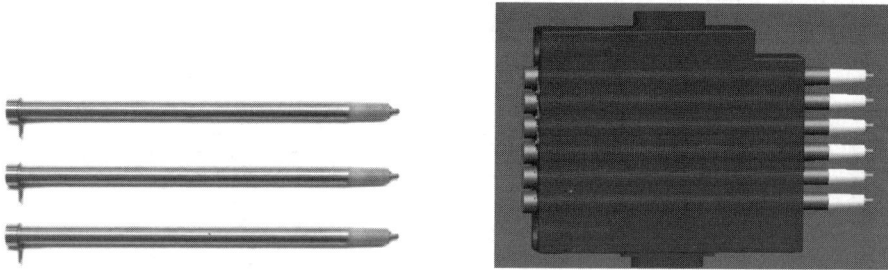

图1-1-18　阻尼电阻结构及单绝缘柱式阻尼棒电阻布置示意图

（五）阻尼电容

阻尼电容为干式电容器，内部采用绝缘气体填充，外部采用铝壳进行包裹，极大提高了电容的安全性。阻尼电容如图1-1-19所示。

（六）直流均压电阻、取能电阻

直流均压电阻和取能电阻均为厚膜电阻器，通过螺钉固定于水冷散热器表面，依靠散热器冷却。具有防水、防尘等特性。直流均压电阻参与晶闸管电压测量，取能电阻用于为TCU板取能。电阻外形如图1-1-20所示。

图1-1-19　阻尼电容外形图

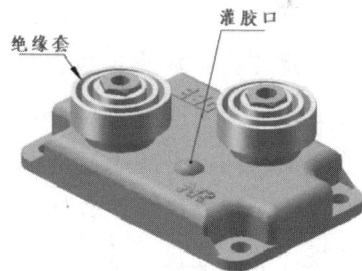

图1-1-20　均压及取能电阻外形图

七、换流阀冷却回路

换流阀内冷却系统用于将换流阀内元器件温度维持在安全运行区间。阀塔内部水管主要包括顶部主水管、层间水管和层内水管。换流阀塔顶部主水管呈"S"形结构，从阀塔顶部进入阀内；阀层水管呈螺旋形结构，以增加水管的爬距，使阀内水管中的泄漏电流维持在很低的水平。阀塔水路结构如图 1-1-21 所示。

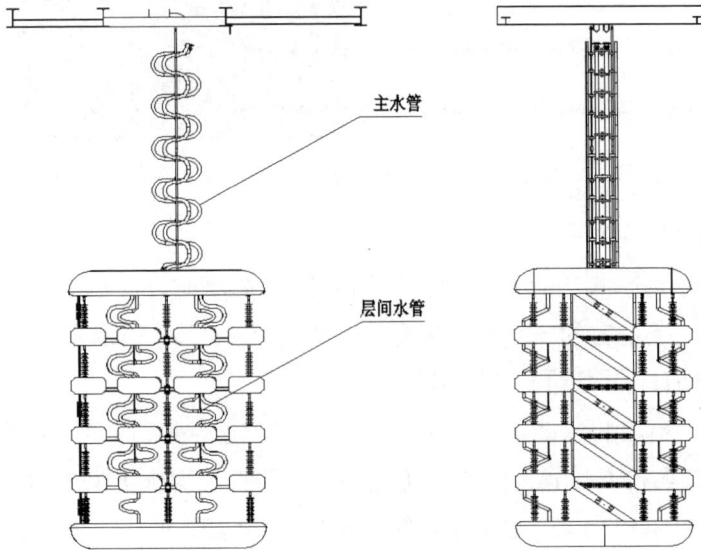

图 1-1-21 阀塔水路结构图

冷却介质采用去离子水，阀内冷回路配有水处理支路控制去离子水电导率。阀塔水路主要由聚偏氟乙烯（PVDF）水管和不锈钢管道组成，两种水管的设计压力均为 1.6MPa，远大于正常工作压力要求，为保证焊缝质量，每一道焊缝均需要通过打压及红外探伤检测。

水管路需特别注意接头处的密封性，避免连接处出现漏水或者渗水现象。主水管采用法兰连接，分支水管采用螺纹连接并采用三元乙丙橡胶（EPDM）密封垫密封。

（一）阀塔水路

整个阀塔有一根进水管和一根出水管，均从阀塔顶部进入阀内，并在顶部屏蔽罩内通过金属三通分别对左右两部分阀模块进行冷却。在阀层内，每个阀模块的两个晶闸管组件水回路为并联方式。在阀塔的底部，使用阻尼管进行短接，以保证水路进出水管压力的平衡，同时形成通路，避免形成死水区。阀塔水路原理如图 1-1-22 所示。

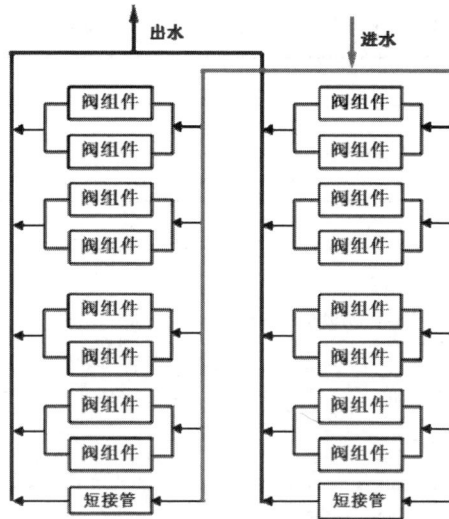

图1-1-22　阀塔水路原理图

（二）组件水路

每个阀组件采用串联水路结构，冷却水首先流进电抗器，直接冷却电抗器线圈。晶闸管采用奇偶数交替方式，保证组件内所有晶闸管均充分冷却，温升一致。阀组件的水路结构如图1-1-23所示。阀组件的水管接口全部朝向阀的外侧，水路布置远离带电元件，即使出现漏水也不影响元件的绝缘性能，漏液可以全部被汇流装置收集，流至漏水检测装置并报警。

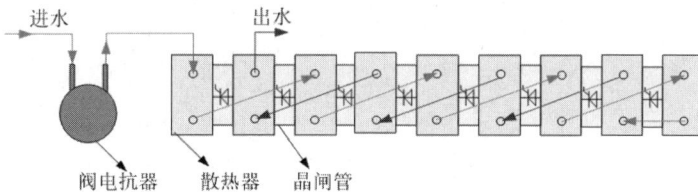

图1-1-23　阀组件水路结构示意图

八、换流阀元件配置

换流阀单阀串联最小晶闸管元件数，是在单阀避雷器操作保护水平基础上，考虑一定安全系数及电压不均匀系数确定的。钱塘江换流站一个阀组换流阀中各元件配置见表1-1-1。

表 1－1－1　　　　钱塘江换流站换流阀元件配置表（单阀组）

序号	名称	数量
1	脉冲数	12
2	双重阀数量	6
3	单阀数量	12
4	单阀中的串联阀模块数量	4
5	单个阀模块中晶闸管级的数量	15
6	单阀晶闸管数量	60
7	单阀电抗器数量	8
8	一个双重阀塔中晶闸管数量	120
9	单阀晶闸管冗余数量	4

第三节　晶闸管级工作原理

一、晶闸管电气原理图

PCS－8600换流阀晶闸管级电气原理图如图1－1－24所示，包括晶闸管、晶闸管控制单元、阻尼电容、阻尼电阻、直流均压电阻和取能电阻。

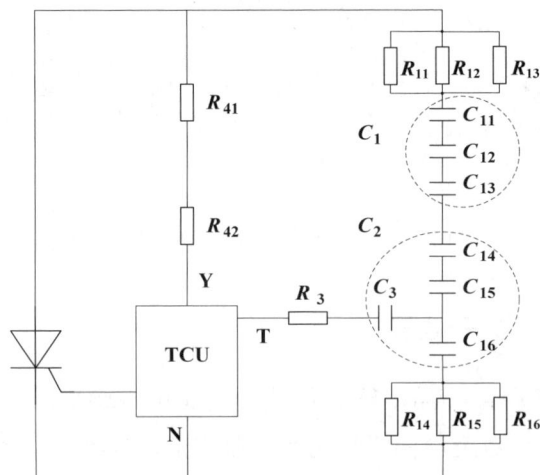

图 1－1－24　晶闸管级电气原理图

二、工作回路

（一）阻尼回路

阻尼回路由阻尼电阻、阻尼电容组成。主要功能如下：① 阀内各串联晶闸管的动态均压；② 为 TCU 提供暂态和稳态工作能量；③ 限制晶闸管关断时的反向恢复电压过冲；④ 限制阀两端的异常过电压。

（二）静态均压回路

静态均压电阻由 R_{41} 和 R_{42} 串联组成。主要功能如下：① 为 TCU 提供晶闸管两端电压的测量采样；② 使换流阀两端的低频电压分量在每级晶闸管两端均匀分配。

（三）TCU 取能回路

TCU 取能回路包括取能电容 C_3、取能电阻 R_3。取能回路可在晶闸管级承受正压时进行取能，为 TCU 提供工作所需能量。

三、晶闸管控制单元（TCU）

晶闸管控制单元（TCU）是直接作用于阀片的基层控制单元，TCU 电路板被放置在一个封闭的金属盒子里，防止电磁干扰和受潮，TCU 电路板如图 1-1-25 所示。TCU 的功能主要包括正常触发与监视、补脉冲触发、过电压保护和恢复期保护。

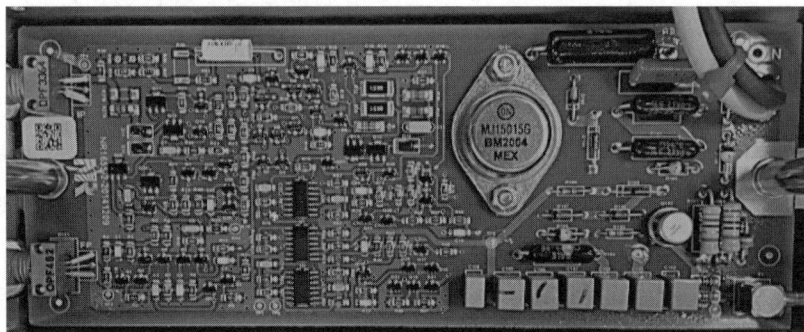

图 1-1-25 TCU 电路板

（一）TCU 正常触发和监视

TCU 检测到晶闸管两端的正电压大于 30V 时，向阀控系统 VBE 发出回报脉冲 IP 指示。VBE 将同一阀的晶闸管发出的 IP 信号进行计数，当计数值超过阈值时，VBE 认为该单桥 IP 信号满足。当 VBE 接收到 CP 时，生成触发脉冲 FP 通过发光二极管发给 TCU。TCU 收到 FP 光信号后，触发晶闸管。

TCU 在两种情况下发出 IP，一个是正电压达 30V 时，另一个是保护性触发。VBE 根据回报 IP 脉冲的宽度来区分这两种情况。

（二）补脉冲触发

在控制脉冲 CP 仍然有效的情况下，若 TCU 在触发后仍有 IP 回报，则 VBE 会补发触发脉冲给 TCU。

（三）TCU 保护性触发

某个晶闸管因某些原因未收到来自 VBE 的 FP，而其他的晶闸管收到 FP 并触发后，此晶闸管会承受高电压。为了防止晶闸管过压损坏，当电压升到设定门槛值时，TCU 会发触发脉冲导通晶闸管。

（四）TCU 恢复期保护

在晶闸管反向恢复期间，不能承受过高的 du/dt，因此在 TCU 上要通过电路实现反向恢复期间保护，当在反向恢复期的 900μs 内检测到电压超过 1500V 时，TCU 会发触发脉冲导通晶闸管。

第四节　阀　控　系　统

一、阀控系统功能概述

阀控制系统是直流控制系统和晶闸管控制单元的接口，其接收直流控制系统发送的控制脉冲，并将其转换为触发脉冲并发送给晶闸管控制单元，同时接收晶闸管控制单元返回的信号，经过处理后反馈给后台，监视换流阀的状态。

阀控系统采用双重化冗余配置，一套处于主用状态，另一套处于备用状态。阀控设备与直流控制系统的接口采用"一对一"连接，阀控系统的主备状态与对应的直流控制系统保持一致。

阀控系统与直流控制系统、晶闸管控制单元、监控系统间的信号传输关系如图 1-1-26 所示。

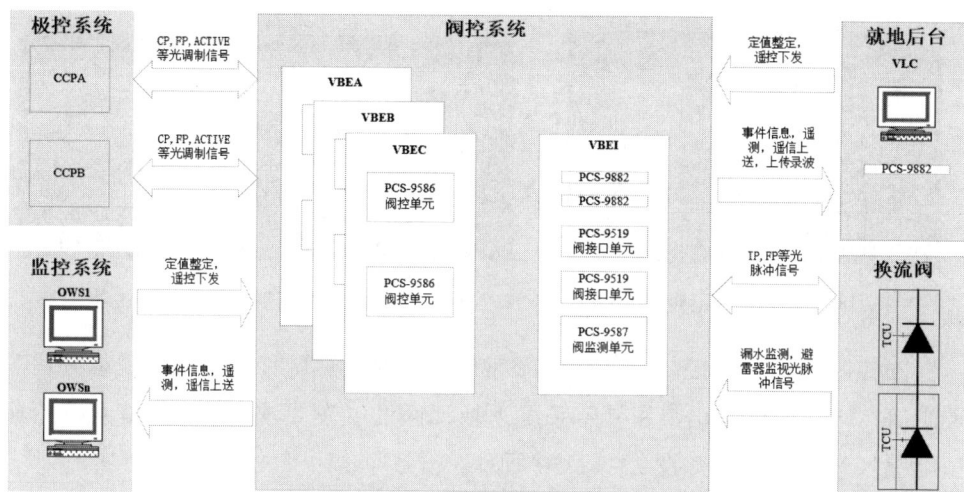

图 1-1-26　阀控系统信号传输关系示意图

二、阀控系统结构说明

一套换流阀阀控系统由 3 面阀控柜和 1 面阀控接口柜组成，其中每面阀控柜包含 2 台阀控制单元（每台装置包含 A、B 系统），分别对应同一相的两个桥臂，阀控接口柜包含 1 台阀监测单元、2 台阀控接口单元（A、B 系统各配置 1 台）以及 2 台交换机（A、B 系统各配置 1 台）。阀控系统屏柜布置如图 1-1-27 所示，阀监测单元及阀控接口单元典型配置如图 1-1-28、图 1-1-29 所示。

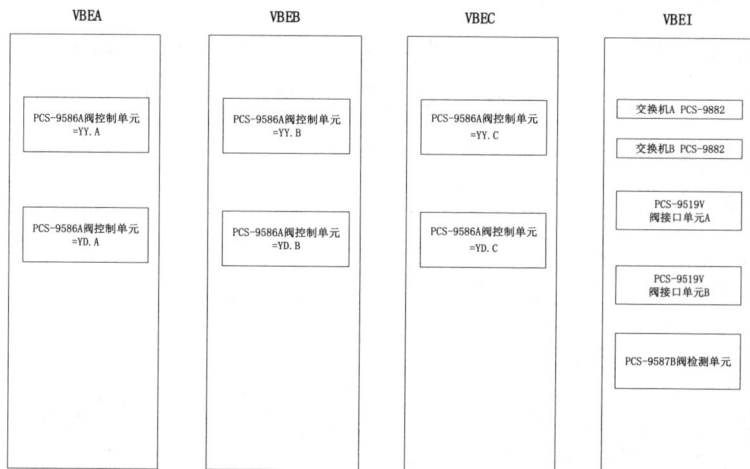

图 1-1-27　阀控系统屏柜布置图

图 1-1-28 阀监测单元典型配置图

图 1-1-29 阀控接口单元典型配置图

阀控制单元主要控制功能包括正常触发逻辑、短脉冲逻辑、投紧急旁通对逻辑等，从而满足在正常和异常工况下换流阀的触发要求。阀控制单元机箱典型配置（钱塘江站）如图 1-1-30 所示。

图 1-1-30 阀控制单元机箱典型配置图

（一）阀控制单元电源设计

每面阀控屏柜均支持独立的四路直流电源进线，每个 VBE 机箱都采用冗余电源板设计，每个电源板有两路直流电源输入，并监视其状态。阀控制单元屏柜电源配置如图 1-1-31 所示。

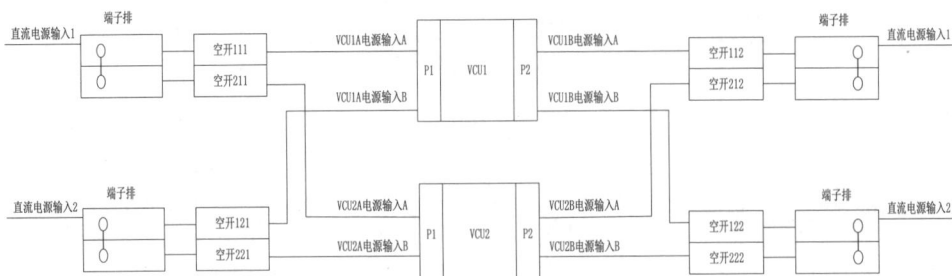

图 1-1-31 阀控制单元屏柜电源配置图

（二）阀控制单元机箱设计

每台阀控制单元包括四种板卡，典型配置（钱塘江站）情况见表1-1-2。

表1-1-2　　　　　　　　　VBE阀控制单元机箱板卡配置

序号	板卡名称	板卡功能	数量
1	NR2125	处理器板	2
2	NR2217	光接口板	8
3	NR2304	电源板	2
4	NR2805	机箱背板	1

（1）NR2125：B01、B18，DSP板，完成与直流控制主机、阀控接口单元的接口，时钟接口，SCADA LAN接口，实现与运行人员工作站通信；实现控制、保护功能，实现状态监视、故障录波等功能，如图1-1-32所示。

（2）NR2217：B04～B07、B11～B14，光接口板，完成与两个单阀所有晶闸管级TCU之间IP、FP信号的收发，完成与两个NR2125板卡通信，如图1-1-33所示。

（3）NR2304：P1、P2，电源板，为阀控制单元A、B系统提供电源，如图1-1-34所示。

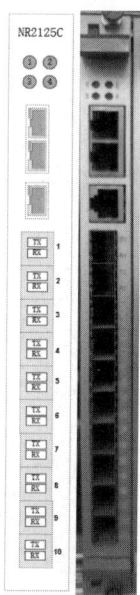

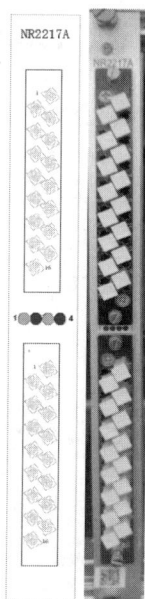

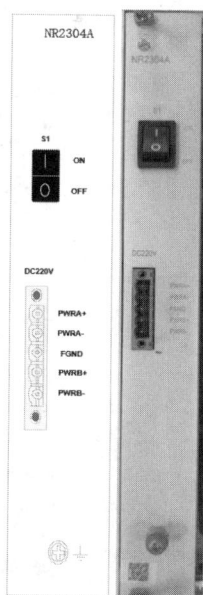

图1-1-32　DSP板卡示意图　图1-1-33　光接口板卡示意图　图1-1-34　电源板卡示意图

（4）NR2805：背板，装置内部集成板卡，为阀控制单元提供电源和信号传输，如图 1-1-35 所示。

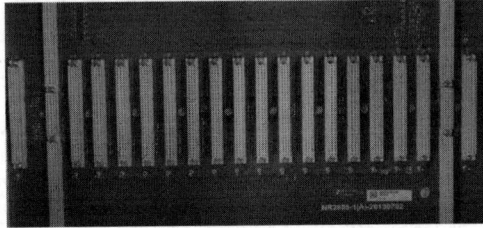

图 1-1-35　背板示意图

三、阀控系统功能说明

（一）阀控系统信号交互

阀控系统与其他设备之间的信号交互如图 1-1-36 所示，图中信号描述如表 1-1-3 所示。

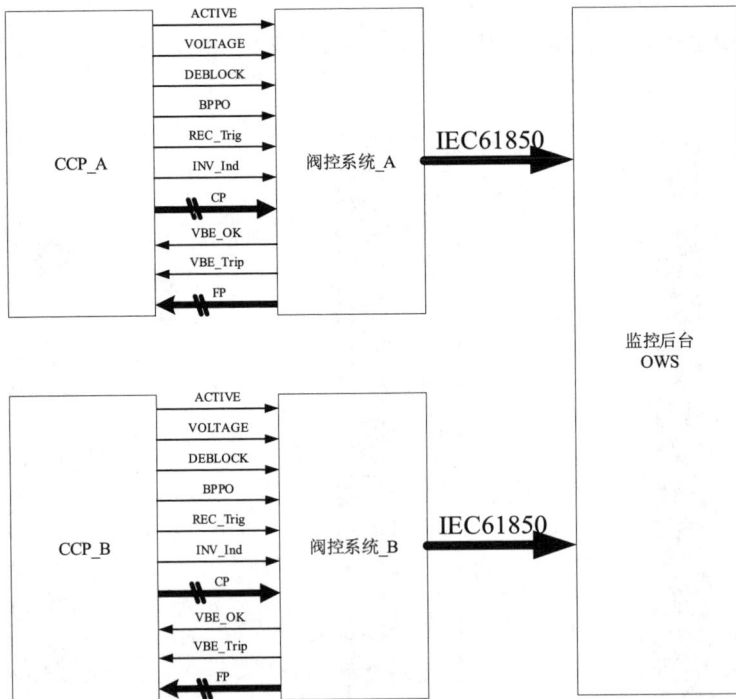

图 1-1-36　阀控系统与其他设备之间的信号交互

表 1-1-3　　　　　　　　　　阀控系统与外部系统交互信号

序号	信号名称	信号释义
1	ACTIVE	系统主用/备用信号
2	CP	控制脉冲
3	VOLTAGE	充电/断电信号
4	DEBLOCK	解锁/闭锁信号
5	BPPO	投旁通对信号
6	INV_Ind	逆变运行状态信号
7	REC_Trig	录波信号
8	VBE_OK	VBE 可用信号
9	VBE_Trip	VBE 跳闸信号
10	FP	触发脉冲回馈信号

（二）阀控制单元工作原理

1. 触发控制功能

（1）正常触发逻辑。当晶闸管两端正向电压超过设定值，TCU 会发送 IP 信号给光接口板，表示该晶闸管触发准备就绪，VBE 对同一单阀返回的 IP 信号进行计数，当计数值大于阈值时，VBE 认为该单桥 IP 信号满足，即表明该阀一次侧正向电压已经建立。IP 信号建立后，当换流阀控制单元收到直流控制系统发来的 CP，同时接收的 DEBLOCK 信号有效，主用的 VBE 就会产生一个触发脉冲，并通过光纤发送到 TCU 触发晶闸管。正常触发逻辑时序图如图 1-1-37 所示。

（2）补脉冲逻辑。在换流阀运行过程中，如果存在电流断续的情况，晶闸管两端会再次建立正向电压，此时 TCU 会再次产生新的 IP 信号，如果 CP 信号依然有效，VBE 会向 TCU 补发 FP 从而再次触发换流阀。短脉冲触发逻辑时序如图 1-1-38 所示。

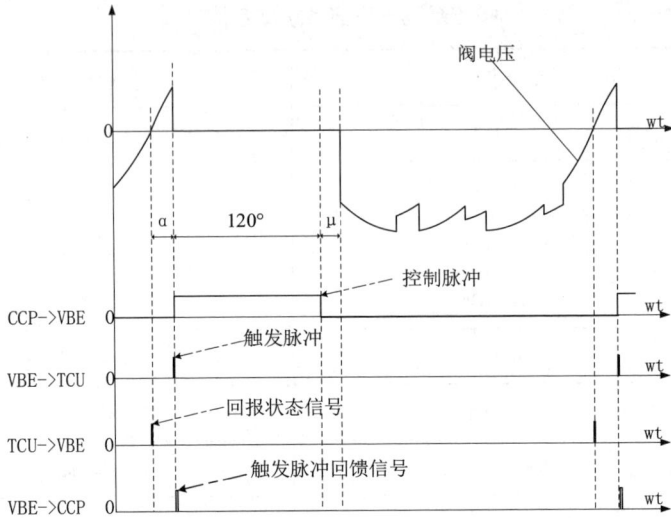

图 1-1-37 阀控系统正常触发逻辑时序

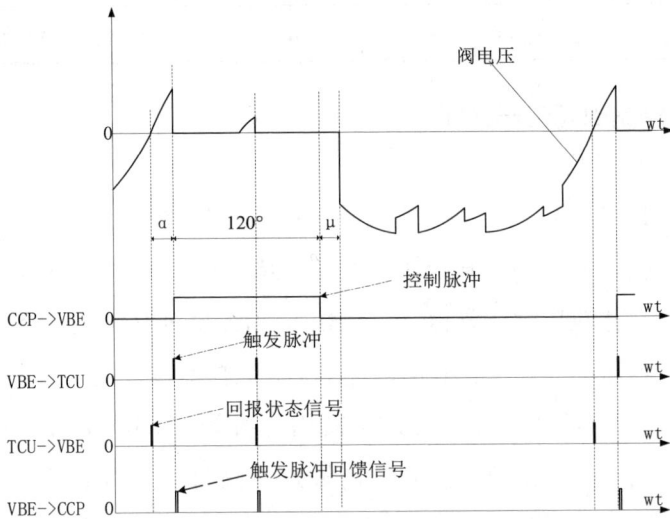

图 1-1-38 阀控系统短脉冲触发逻辑时序

（3）投紧急旁通对逻辑。冗余直流控制系统均故障时，VBE 投入选定的旁通对，实现直流系统能量泄放。逆变侧 VBE 通过监视本系统、对系统直流控制主机发送的 ACTVIE 信号状态，当双系统 ACTIVE 信号非 1M 时间都大于5ms，此时判定为直流控制主机双系统故障，VBE 投入紧急旁通对，通常直流工程中选择 A 相桥臂所在的旁通对作为紧急旁通对投入。投紧急旁通对逻辑如

图 1-1-39 所示。

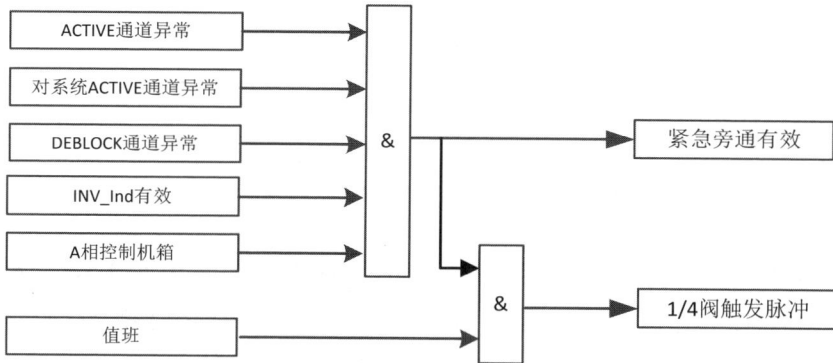

图 1-1-39　阀控系统投紧急旁通对逻辑

（4）双系统切换。VBE 的主用/备用状态取决于对应直流控制主机（CCP）发送的 ACTIVE 信号状态，即 VBE 跟随直流控制主机进行系统主备状态的切换。切换原则如下：

CCP 双系统 ACTIVE 信号同为 1MHz 或同为 10kHz 的时间在 1ms 以内，视为正常切换逻辑；CCP 双系统 ACTIVE 信号同为 1MHz 或同为 10kHz 的时间大于 1ms，发出相关报警事件；

CCP 双系统 ACTIVE 信号同为 1MHz 状态时，选取后进入主用状态的 VBE 主机为实际的主用主机，选取其触发脉冲发出；

CCP 双系统 ACTIVE 信号同为 10kHz 状态时，选取后退出主用状态的 VBE 主机为实际的主用主机，选取其触发脉冲发出。

2. 保护功能

（1）晶闸管回报信号丢失跳闸。如果晶闸管两端电压超过设定值，TCU 会发送 IP 信号给光接口板，表示该晶闸管触发准备就绪。

TCU 故障、晶闸管击穿或 IP 信号返回光纤故障导致的 IP 信号无法返回，都会导致 VBE 无法检测到晶闸管的 IP 信号，即回报信号丢失。

当 VBE 检测到一个单阀内发生 IP 丢失的晶闸管级数大于跳闸定值时，在使能有效的前提下，会产生回报信号丢失故障跳闸信号，将 VBE_TRIP 信号置为 1，发送至直流控制系统启动 VBE_TRIP 跳闸逻辑，如图 1-1-40 所示。

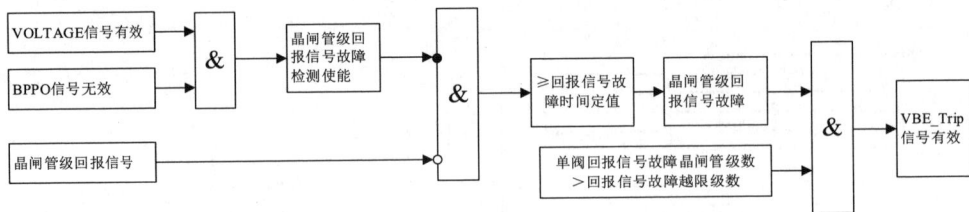

图 1-1-40 阀控系统晶闸管故障跳闸逻辑

（2）保护性触发越限跳闸。如果 VBE 的触发脉冲丢失或 TCU 故障导致某级晶闸管在导通时刻未正常开通，由于单阀内其他晶闸管均导通，因此会导致单阀承受的正向电压全部施加到未导通的晶闸管两端，造成晶闸管级过电压。为防止晶闸管级相关元件因承受过电压损坏，集成在 TCU 上的保护性触发电路将在该晶闸管正向电压超过设定的保护值时，保护性触发该级晶闸管，同时 TCU 发送特定宽度范围的 IP 信号给光接口板，表明该晶闸管发生保护性触发。

当 VBE 检测到一个单阀内发生保护性触发的晶闸管级数大于跳闸定值时，在使能有效的前提下，会产生保护性触发越限跳闸信号，将 VBE_TRIP 信号置为 1，发送至直流控制系统启动 VBE_TRIP 跳闸逻辑，如图 1-1-41 所示。

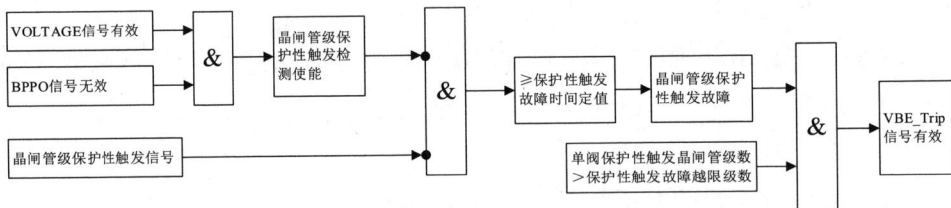

图 1-1-41 阀控系统保护性触发越限跳闸逻辑

3. 在线监视和故障录波

（1）晶闸管故障监视。VBE 将晶闸管状态信息打包，通过高速数据总线和 IEC 61850 标准通信规约上传至 SCADA 系统，将晶闸管级运行状态显示在后台工作站，如图 1-1-42 所示。

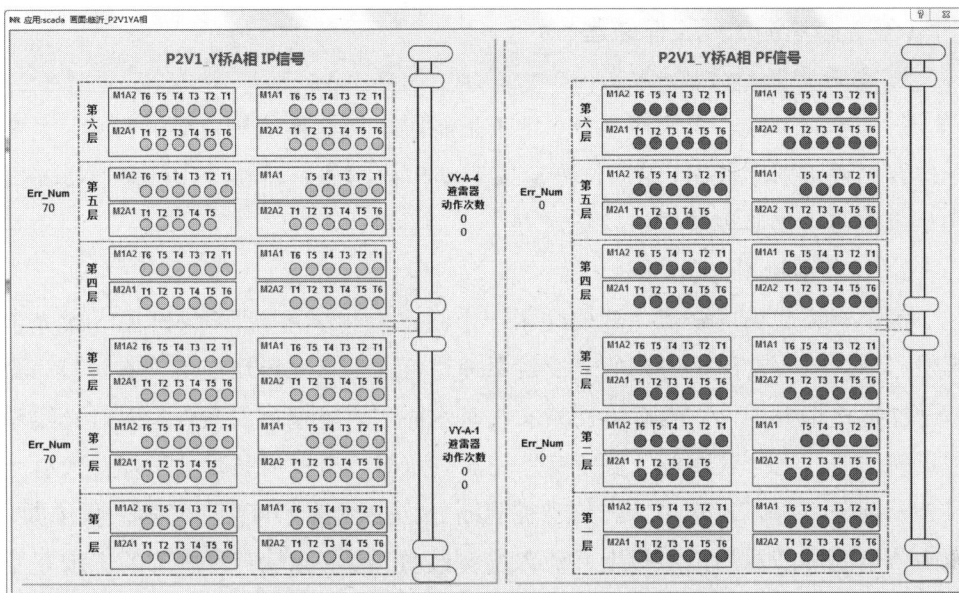

图 1-1-42　阀控系统后台晶闸管故障监视

（2）录波功能。VBE 接收到外部录波启动信号或自身检测到故障发生后，可以对晶闸管 IP、内部相关故障标志、与控制主机之间的接口信号等重要信号进行录波，录波文件采用标准的 Comtrade 格式，录波精度 50μs，录波文件自动保存至 SCADA 系统文件服务器，为故障排查与状态分析提供了信息数据，如图 1-1-43 所示。

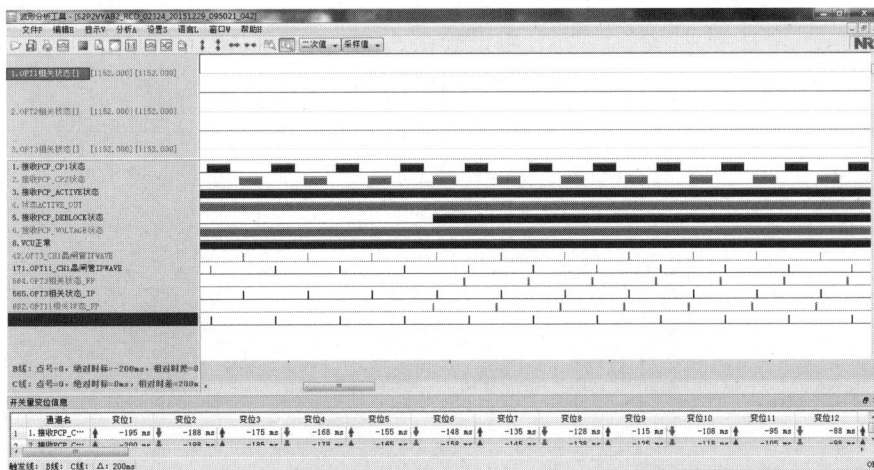

图 1-1-43　阀控制单元典型故障录波图

（三）阀监测单元工作原理

1. 阀避雷器动作监视

每个单阀并联一台阀避雷器，用于限制过电压对换流阀设备的影响。当某一位置阀避雷器动作时，对应位置避雷器动作检测传感器将动作信息通过光纤送至避雷器动作监视装置进行记录并上送后台。

2. 阀漏水检测

每个阀塔底部屏蔽罩内均安装了一个漏水检测装置，采用浮球原理或光全反射原理。多数工程采用光的全反射原理进行监测。光模块底部设有棱镜，光信号穿过棱镜并返回。当棱镜外表面没有水时，满足全反射条件，入射光线基本反射回去，光信号通畅。当棱镜外表面有水时，全反射条件被破坏，入射光很大一部分将折射入水中，光信号被阻断。当出现长时间或断续的微量渗漏，水滴落至底屏蔽罩的汇流板上并流入检测装置，漏水会从容器底部的出水孔及时流出，不发生报警；当出现持续少量漏水时，出水孔无法及时排出水，容器内液位逐渐上升，达到一级报警检测光模块的棱镜所在高度时，两组冗余的光信号首先被阻断，系统检测换流阀出现漏水并发出轻微漏水报警信号；当漏水继续发展液位持续上升，达到二级报警检测光模块的棱镜所在高度时，两组冗余的光信号也被阻断，系统发出严重漏水报警信号。

第二章 技 能 实 践

第一节 换 流 阀 检 修

一、晶闸管更换

晶闸管见图 1-2-1。

（一）工具及耗材

（1）硅堆晶闸管加压千斤顶，见图 1-2-2。

（2）硅堆加压顶杆，见图 1-2-3。

（3）硅堆加压扳手，见图 1-2-4。

（4）撑开工具，见图 1-2-5。

（5）硅堆加压工装，见图 1-2-6。

（6）晶闸管提拉带，见图 1-2-7。

图 1-2-1　晶闸管

（7）涂覆工具。连续分配器、防静电辊子，见图 1-2-8。

（8）螺丝刀。2 号十字螺丝刀、预置式扭力扳手 5～25N·m、2 号十字形旋具套筒。

（9）PCS 8600-VTF 晶闸管单元功能测试仪及相关附件。

（10）无水酒精、无毛擦拭纸、600 号砂纸、保护膜、硅油若干。

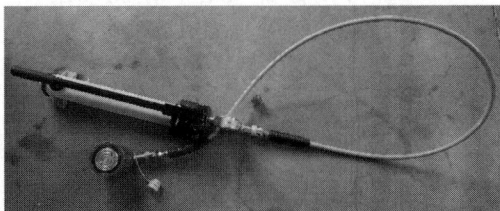

图 1-2-2　晶闸管加压千斤顶

图 1-2-3　硅堆加压顶杆

图1-2-4 硅堆加压扳手

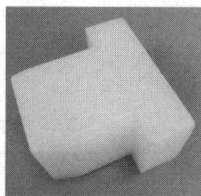

图1-2-5 撑开工具

图1-2-6 硅堆加压工装

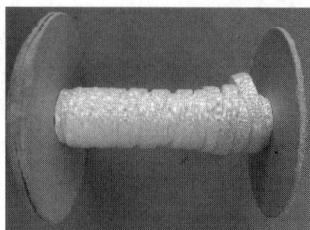

图1-2-7 晶闸管提拉带

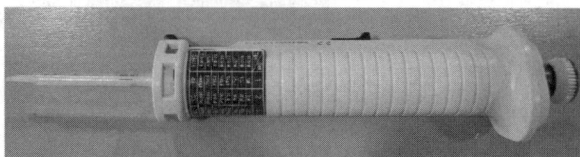

(a) 连续分配器

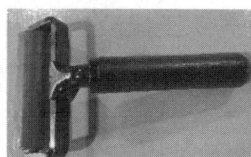

(b) 防静电辊子

图1-2-8 涂覆工具

（二）更换步骤

（1）在待更换晶闸管阀层的下层组件上覆盖保护膜，防止零件掉落和操作时划伤等。

（2）拆下晶闸管与TCU的连接跳线，见图1-2-9。

图1-2-9 拆下晶闸管与
TCU连接跳线

（3）安装换流阀硅堆加压工装组件。在硅堆端部安装硅堆加压工装，使用加压千斤顶在晶闸管碟簧侧对硅堆缓慢加压至规定数值，随后锁紧节流阀，见图1-2-10。标记碟簧顶杆上锁紧螺母与压装块的相对位置，用定制开口扳手松动锁紧螺母至碟簧顶杆底部，保证下一步操作泄压时锁紧螺母不会与安装板接触，见图1-2-11。

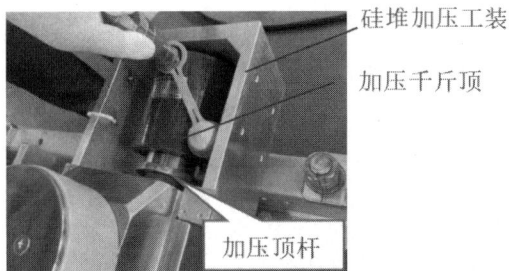

图1-2-10　安装硅堆加压工装　　　图1-2-11　松开锁紧螺母

（4）完全泄压。缓慢打开节流阀，对碟簧侧加压装置完全泄压。

（5）塞入撑开工具。把撑开工具塞入待更换晶闸管两侧散热器的中间，撑开工具对角放置，避免阻碍后续晶闸管的取出。撑开工具与散热器接触位置应预先放置无毛擦拭纸，防止划伤散热器，见图1-2-12。

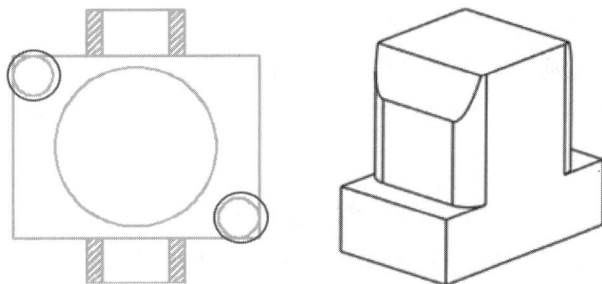

图1-2-12　塞入撑开工具

（6）拆卸盖板。用十字螺丝刀拆卸硅堆上拉环两端的盖板，随后取出上拉环放置一边，见图1-2-13。

（7）拉出晶闸管。从待检修晶闸管的下方穿过晶闸管提拉带（注意提拉带绕开定位螺钉）。在散热器棱角位置放置擦拭纸，通过提拉带将待检修晶闸管缓慢取出，拉出时避免晶闸管盘面与散热器棱角磕碰。若提拉过程困难，可沿接触面小幅度晃动后拉出，见图1-2-14。

（8）清洁散热器表面。在无毛擦拭纸上喷洒适量酒精对散热器表面进行清洁，如果散热器与晶闸管的接触面出现腐蚀，必须小心地将晶闸管从散热器上分离，分开时晶闸管的镍质镀层可能会残留在散热器上，必须去掉这些残留物才能安装新的晶闸管；如果散热器的接触面有超过30%的面积受到腐蚀，一般需要更换新的散热器，或者用 600 号砂纸磨平散热器表面的凸出部分；打磨时要在铝表面上压紧砂纸，防止表面出现凹坑。

图 1-2-13　松开盖板螺钉

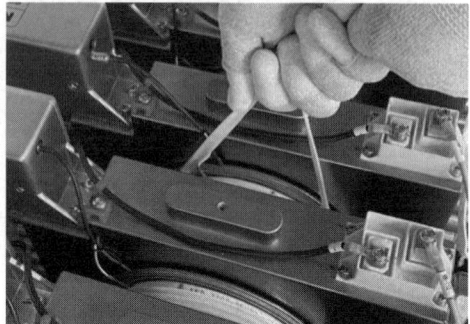

图 1-2-14　拉出晶闸管

（9）新晶闸管涂覆硅油。参照晶闸管盘面大小用连续分配器及防静电辊子给备用晶闸管表面涂覆定量的硅油。

（10）安装晶闸管。借助提拉带将处理完成的备用晶闸管放入安装位置，确认晶闸管安装方向和出线方向位置正确。记录更换的晶闸管编号并进行替换登记。

（11）安装上拉环并取下散热器间撑开工具。注意安装后的上拉环位置与未拆卸前保持一致，盖板上十字螺钉先紧固到不松动状态，硅堆加压后打力矩 8N·m。

（12）加压硅堆。使用硅堆加压千斤顶对硅堆缓慢加压，加压至规定值。以画线标记为参考，用锁紧螺母扳手紧固锁紧螺母，然后对加压千斤顶完全泄压。

（13）连接晶闸管与 TCU 接线。

（14）擦除画线标记，拆除硅堆加压工装。

（15）使用晶闸管单元功能测试仪，测试此硅堆的所有晶闸管级。

（16）检查。

1）检查晶闸管极性是否正确。

2）检查硅堆加压压力值是否正确。

3）检查模块组件上所有接线是否正确牢固。

4）检查是否有工具遗漏。

二、TCU 更换

TCU 见图 1 – 2 – 15。

（一）工具及耗材

（1）WERTE 十字螺丝刀 1～6N · m、花型旋具套筒。

（2）斜口钳。

（3）特氟龙扎带。

（4）TCU 端口保护套。

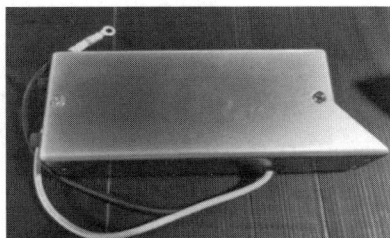

图 1 – 2 – 15　TCU

（5）光纤帽。

（二）更换步骤

（1）拆除 TCU 上的同轴跳线及光纤。备用光纤需放置在光缆槽内，防止拆卸人员造成外置备用光纤损坏。准备 TCU 数量×2 的光纤帽，将光纤从 TCU 尾部旋转拆下，光纤插头盖上光纤帽进行保护，见图 1 – 2 – 16。

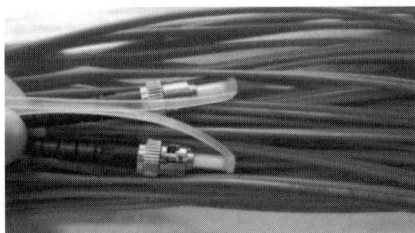

图 1 – 2 – 16　TCU 端口及光纤保护

（2）断开 TCU 的连接线束。将 TCU 与电阻上连接的线束进行拆除，拆除后的螺钉妥善保管。

（3）拆除高压线支撑扎带。使用斜口钳剪断固定在高压线支撑上的扎带，见图 1 – 2 – 17。

（4）拆除 TCU。拆除 TCU 与散热器固定的螺钉。将拆除后的 TCU 妥善放置。

（5）更换 TCU。将备用的 TCU 通过原有的 M5×16 三组合螺钉固定在散热器上。检查螺钉紧固不松动。使用备用 TCU 替换原有 TCU，并将备用的 TCU 信息登记录入，方便后续查询核实。

图 1-2-17 高压线支撑扎带拆除

（6）恢复 TCU 线束。参照《换流阀接线作业指导书》，恢复均压、取能电阻与备用 TCU 的连接线束，使用 WERTE 力矩螺丝刀进行紧固，力矩值为 2N·m。与均压电阻连接的线束需要使用扎带固定在高压线支撑上，并通过斜口钳剪去扎带多余的部分。将同轴跳线及光纤插入备用 TCU 端口内，多余的光纤保护帽及 TCU 端口保护套应放入工具包内。

（7）检查。

1）检查各组件安装是否正确，螺钉是否拧紧，确保安装正确无误。

2）按照电路原理图检查所有电缆的连接，确保电缆连接正确无误。

3）检查阀层内是否有杂物，确保阀层内无螺钉或者其他遗漏工具。

三、均压、取能电阻更换

均压、取能电阻见图 1-2-18。

（一）工具及耗材

（1）WERTE 十字螺丝刀 1～6N·m。

（2）2 号十字螺丝刀。

（3）电阻涂覆工装及刮板。

（4）导热硅脂。

（5）无水酒精、无毛擦拭纸。

图 1-2-18 均压、取能电阻

（二）更换步骤

（1）拆除电阻接线。使用 2 号十字槽螺丝刀拆卸待更换电阻上的接线线束。

（2）拆除电阻。拆除电阻与散热器上的固定螺钉。并将电阻拆离散热器表面。

（3）擦拭电阻与散热器的接触面。用酒精沾湿的无毛擦拭纸清洁散热器与电阻接触区域的表面，擦除表面导热硅脂，并确保接触面完好无划痕。

（4）涂覆电阻导热硅脂。用酒精沾湿的无毛擦拭纸清洁备用电阻金属面，用涂覆工装在电阻表面涂覆导热硅脂；用刮板在工装表面进行刮涂，使其表面涂上一层均匀而且薄的导热硅脂；电阻边缘有导热硅脂溢出的应及时清理干净。

（5）安装电阻。将涂覆好的备用电阻轻轻放置在散热器上，注意备用电阻的固定孔位与散热器上孔位重合。通过 4 个 M4×8 内六角花型盘头螺钉紧固电阻，力矩值为 1.8N·m。

（6）恢复电阻接线。恢复接线线束并使用 M5×10 螺钉进行紧固，力矩值为 2N·m。

（7）检查。

1）检查各组件安装正确，螺钉紧固，力矩符合要求，确保安装正确无误。

2）检查阀层内无杂物，确保阀层内无螺钉或者其他遗漏工具。

四、阻尼电容更换

阻尼电容见图 1-2-19。

（一）工具及耗材

（1）可换头预置式扭力扳手 5～25N·m。

（2）力矩套筒头 13、19mm。

（3）全抛光两用快板 13、19mm。

（4）10kV 绝缘手套。

（5）200Ω 放电电阻。

图 1-2-19 阻尼电容

（二）更换步骤

（1）电容放电。操作人员佩戴 10kV 及以上绝缘手套，用 200Ω 电阻进行正负极短接放电。两瓷柱电容直接使用电阻进行正负极短接放电，三瓷柱电容使用电阻正负极短接放电，正负极连接至水平同排的两个瓷柱，见图 1-2-20。

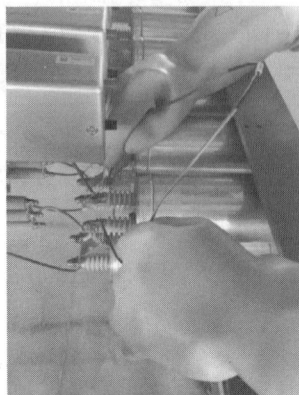

(a) 两磁头电容放电　　　　　　　　(b) 三磁头电容放电

图 1-2-20　电容放电

（2）拆除电容瓷头螺母。用套筒力矩扳手拆除电容瓷柱上的紧固螺母，见图 1-2-21。

（3）拆除电容底部固定螺母。使用套筒力矩扳手松开电容底部的固定螺母，见图 1-2-22。

图 1-2-21　电容磁头螺母拆卸　　　　图 1-2-22　电容端部固定螺母拆除

（4）测量电容阻值。使用容值测量仪对新的电容进行容值测量，确保符合要求。

（5）把新的电容安装到电容安装板上，使用套筒力矩扳手进行紧固，力矩要求 15N·m。注意：紧固时，操作人员应用手固定电容器绝缘柱，禁止无固定情况下直接使用力矩扳手。

（6）恢复电容线束接线。紧固电容瓷柱螺母时，操作人员应用手握住电容瓷柱跟套筒力矩扳手，缓慢紧固，避免横向受力过大损坏电容瓷柱。

（7）检查。

1）根据换流阀组件电气原理图，检查各组件线束连接正确。

2）检查螺钉拧紧，力矩符合要求，确保安装正确无误。

3）检查阀层内无杂物，确保阀层内无螺钉或者其他遗漏工具。

五、阻尼电阻棒更换

阻尼电阻棒见图 1-2-23。

图 1-2-23　阻尼电阻棒

（一）工具及耗材

（1）可换头预置式扭力扳手 5～25N·m、30mm 力矩扳手头。

（2）可调式扭力扳手 1～5N·m、花型 T30 旋具套筒。

（3）8mm 力矩套筒头。

（4）8mm 开口扳手。

（5）无水酒精、无毛擦拭纸。

（二）更换步骤

（1）拆卸阻尼电阻棒接线。使用扭力扳手拆卸阻尼电阻棒水管侧线束的连接。使用套筒力矩扳手或开口扳手拆卸阻尼电阻棒与电容的线束连接。

（2）拆卸阻尼电阻棒。使用扭力扳手，拆除阻尼电阻棒与散热器固定的螺钉。当阻尼电阻棒被支路水管挡住时，掰动支路水管避让与电阻棒干涉部分，直至能顺利抽出阻尼电阻棒。

（3）清洁阻尼电阻棒表面。用喷有酒精的擦拭纸清洁新阻尼电阻棒的安装接触面，并确保接触面没有损坏。

（4）安装新阻尼电阻棒。安装新的阻尼电阻棒，M6 螺钉的紧固力矩值为 5N·m，拆除过程中松动过的支路水管需重新紧固，水管力矩值为 8N·m。

（5）恢复阻尼电阻棒接线。恢复线束连接，M5 盖型螺母的力矩值为 4N·m。

（6）检查。

1）根据换流阀组件电气原理图，检查各组件线束连接正确。

2）检查螺钉拧紧，力矩符合要求，确保安装正确无误。

3）检查阀层内无杂物，确保阀层内无螺钉或者其他遗漏工具。

六、电抗器更换

电抗器见图1-2-24。

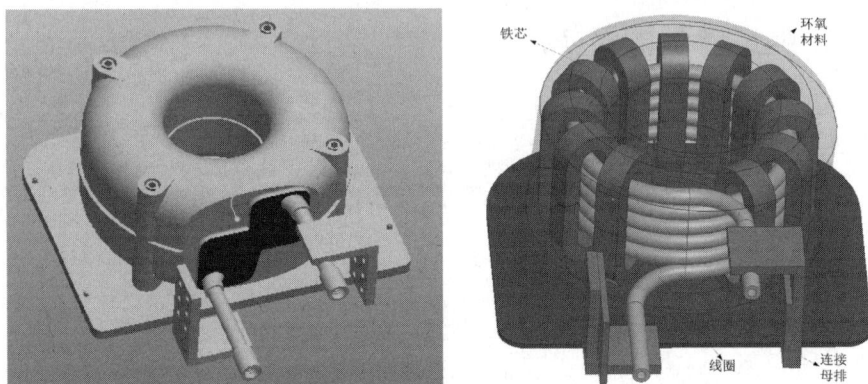

图1-2-24 电抗器

（一）工具及耗材

（1）CHA-0.5组合式手拉葫芦，见图1-2-25。

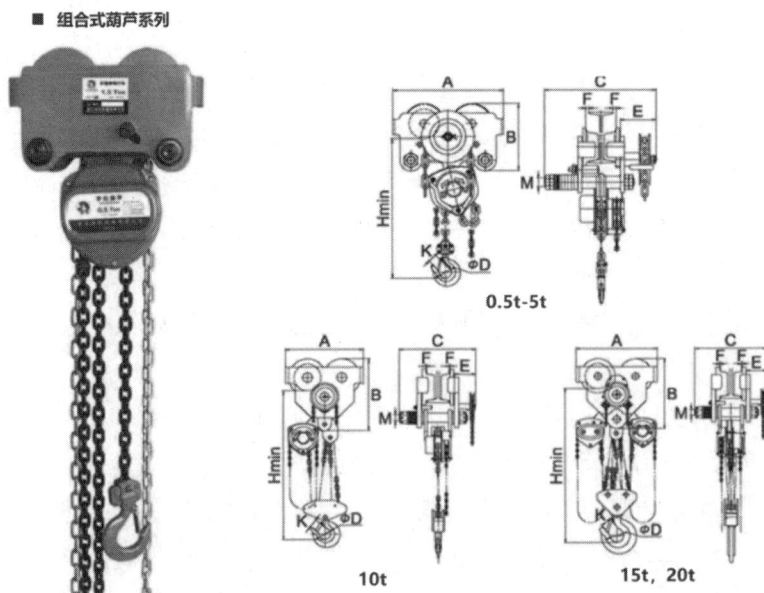

图1-2-25 CHA-0.5组合式手拉葫芦

（2）C 字挂钩，见图 1-2-26。

（3）Z 字挂钩，见图 1-2-27。

图 1-2-26　C 字挂钩

图 1-2-27　Z 字挂钩

（4）H 型横梁 1，见图 1-2-28。

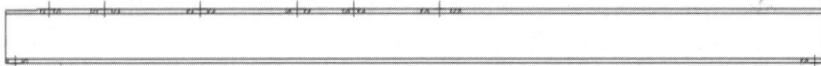

图 1-2-28　H 型横梁 1

（5）H 型横梁 2，见图 1-2-29。

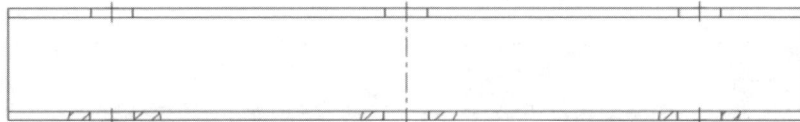

图 1-2-29　H 型横梁 2

（6）垫块，数量 2，见图 1-2-30。

（7）电抗器支撑工装，见图 1-2-31。

（8）可换头预置式扭力扳手 20～100N·m。

（9）可换头预置式扭力扳手 40～200N·m。

（10）力矩套筒头 19、24mm。

（11）全抛光两用快扳 17、19、24、30、36mm。

（12）内六角扳手 8mm。

（13）紧固件。M16、M12 螺栓、螺母、弹平垫若干。

（14）法兰密封堵头、保护膜、密封贴纸、泡棉等。

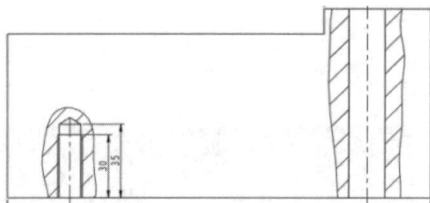

图 1-2-30 垫块

图 1-2-31 电抗器支撑工装

（二）更换步骤

1. 电抗器拆卸准备工作

（1）拆除屏蔽罩组件（为了不影响安装工装，拆除所要更换的电抗器上层的屏蔽罩）。拆除屏蔽罩及屏蔽罩支撑与阀层间的 M10 内六角螺栓和 M10 外六角螺栓，拆卸时注意避免螺栓、垫片、螺母的掉落。

（2）拆除层间水管（拆除前需确保水管中的冷却液已排空）。拆卸层间水管上法兰和下法兰共 8 个 M16 螺栓。首先拆卸主水管下法兰间的 4 个 M16 螺栓，然后拆卸主水管上法兰间的 4 个 M16 螺栓，主水管上下法兰拆卸后需要注意防止密封垫掉落，应随螺栓一同拆卸，并用密封堵头进行法兰的封闭，见图 1-2-32；然后拆卸主水管拉杆上下的两个 M10 尼龙螺母；拆除的水管头部贴上贴纸，见图 1-2-33；拉杆拆卸后将主水管及拉杆用登高车送下阀塔，避免占用阀塔内空间。

图 1-2-32 法兰密封堵头

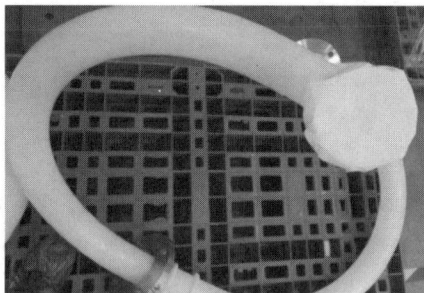

图 1-2-33 水管头部保护

（3）拆卸支路水管。用开口扳手拆除支路水管与散热器间的连接，用开口扳手拆除支路水管与电抗器间的连接。拆除时需要注意防止支路水管内侧的密封垫掉落。

（4）拆卸电抗器两侧铜排软连接螺栓。拆卸电抗器两侧与软连接直接连接螺栓。

（5）拆卸电抗器固定螺栓。电抗器与阀层依靠 4 颗 M10 内六角螺栓固定，拆除后可将电抗器吊起。

2. 非顶层电抗器更换步骤

（1）电抗器拆卸工装各零件与阀层绝缘梁有接触，为保护产品表面，在各零件与绝缘梁接触部位使用双面胶贴上泡棉。

（2）将工装各零件和其他拆卸装备随登高车带上阀塔，按照工装总装图组装，工装为整体拼接结构，各组件间通过 M16×50 内六角圆柱头螺钉配合平垫圈、弹簧垫圈、螺母进行紧固并做好标记，装配图见图 1-2-34。

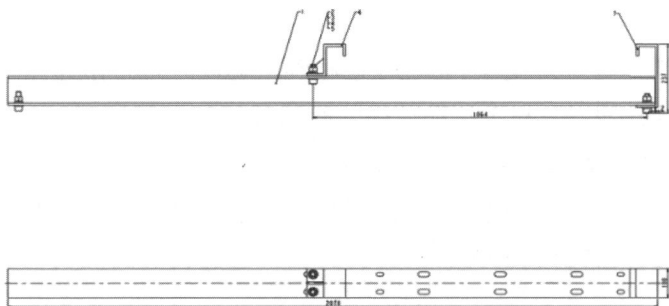

图 1-2-34　电抗器拆卸工装（非顶层）装配图

（3）C 字挂钩安装在内侧绝缘横梁上，安装位置在电抗器的正中；Z 字挂钩安装在外侧绝缘横梁上，位置与 C 字挂钩对应，保证 H 型横梁 1 与阀层垂直，见图 1-2-35。

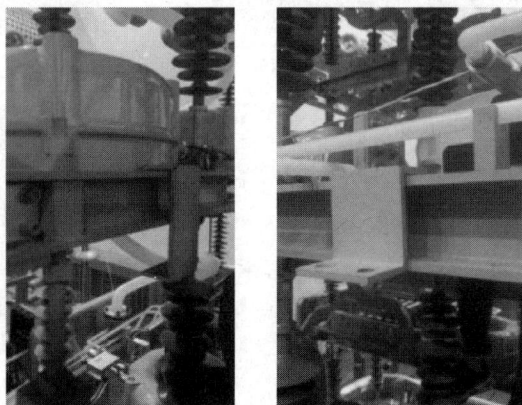

图 1-2-35　C 字挂钩、Z 字挂钩安装位置示意图

（4）安装 H 型横梁 1，首先对准 C 字挂钩处孔位，带上螺钉（不拧紧），再对准 Z 字挂钩处孔位，带上螺钉，螺钉都带上后紧固，见图 1-2-36。

图 1-2-36　H 型横梁 1 安装示意图

（5）调节手拉葫芦宽度，保证能够顺利滑动同时防止吊起电抗器时出现偏斜导致滑轮无法滑动，在手拉葫芦中间两侧各垫两个厚垫片，边上垫上若干垫片，见图 1-2-37（箭头指示为中间两侧厚垫片位置），保证手拉葫芦能在轨道上平顺滑动且不发生偏斜。手拉葫芦安装完成后在 H 型横梁 1 外端安装 2 个 M16 螺栓，用于限制手拉葫芦活动范围，见图 1-2-38。

图 1-2-37　手拉葫芦宽度调节示意图　　　图 1-2-38　手拉葫芦限位示意图

（6）从电抗器下方装入支撑工装，拉动手拉葫芦的升降链条，使手拉葫芦吊钩下降钩住电抗器支撑工装的吊耳，见图 1-2-39。

（7）拆除电抗器。拉动升降链条将电抗器抬起，起升过程中电抗器固定板与绝缘子吊耳上的螺栓头会发生干涉，此时两名操作人员配合，一人拉动滑动链条使电抗器外移，另一人再拉动升降链条使电

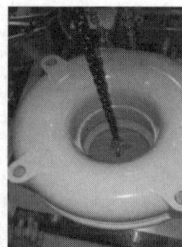

图 1-2-39　手拉葫芦钩住电抗器支撑工装示意图

抗器上升，交替操作避开干涉部位，见图1-2-40。无干涉后拉动升降链条，吊起电抗器，直至挂钩拉至最上端。

（8）移出电抗器。手拉葫芦挂钩拉至顶端后，拉动滑动链，将电抗器向外移至H型轨道外侧，将电抗器拉至登高车上方，降入登高车内，见图1-2-41。

图1-2-40　避开螺栓与固定板干涉示意图　　　　图1-2-41　移出电抗器

（9）更换电抗器。将待更换的新电抗器吊入登高车内，由登高车将新电抗器送到更换高度，用组合式手拉葫芦连接新电抗器并吊回需更换位置与阀层紧固，使安装板上孔对准位置，穿入螺栓，再将电抗器完全降下并紧固螺栓。

（10）拆除工装并恢复阀层原结构。拆除吊钩，移除电抗器吊装工装；移出手拉葫芦，拆除电抗器拆卸工装；依次复原电抗器两侧铜排软连接螺栓、支路水管、主水管、屏蔽罩组件，恢复时注意避免螺栓、垫片、螺母的掉落，有力矩要求的螺栓按要求紧固。

3. 顶层电抗器更换步骤

（1）顶层电抗器拆卸工装装配图见图1-2-42。

（2）H型横梁2放置在顶屏蔽罩框架上；在H型钢2与H型钢1间放置两个垫块；使用6颗M16×140六角螺栓将H型横梁1、H型横梁2、垫块连接并紧固，见图1-2-43。

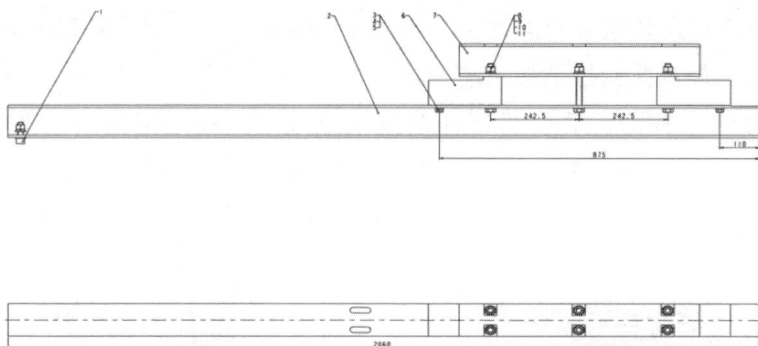

图1-2-42 电抗器拆卸工装（顶层）装配图

图1-2-43 H型横梁1、2及垫块

（3）重复非顶层电抗器更换工序步骤，更换顶层电抗器组件。

4. 检查

（1）检查各组件安装正确，螺钉拧紧，确保安装正确无误。

（2）检查阀层内无杂物，确保阀层内无螺钉或者其他遗漏工具。

七、电极更换

电极见图1-2-44。

（一）工具及耗材

（1）FEP放水软管。

（2）19号开口扳手。

（3）力矩扳手1～5N·m、19号力矩扳手套筒。

（4）2号十字螺丝刀。

（5）干净水桶。

（6）无水酒精、无毛擦拭纸等。

（二）更换步骤

（1）用十字起拆除电极与框架的等位线连接。

（2）用开口扳手拆卸待更换的电极，同时打开排水阀门进行同步放水（排气阀门不打开）。注意连接处的密封圈避免掉落，如密封圈掉落必须找回，见图1-2-45。

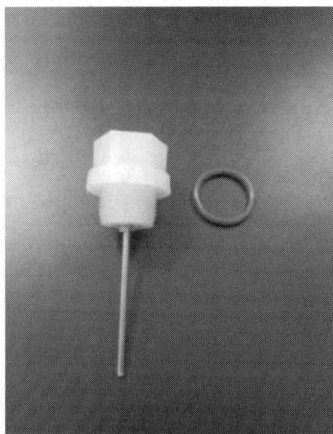

图1-2-44　电极和O形密封圈　　　　图1-2-45　拆卸水电极

（3）检查电极是否磨损及磨损比例。检查探针直径是否发生变化，如直径没有发生变化，检查插针的长度，电极插针的初始长度为33mm；用喷有酒精的擦拭纸擦拭电极，检查均压电极的磨损比例，伸进液体的插针体积不小于新电极的80%。

（4）去除O形密封圈，更换一个新的浸泡过的O形密封圈。将新的水电极和新的O形密封圈安装至水管上，力矩值为4N·m。新密封圈更换前应用水浸泡去除表面涂层。

（5）连接框架与水电极等位线，拧紧不松动。注意：等位线的出线方向，避免等位线折断。

（6）取走所有的工具和物料等，检查无工具或物料遗漏。

（7）对阀塔进行注水，检查无漏水情况，水的电导率应在规定范围内。

（8）检查。

1）检查电极接线是否正确，螺钉拧紧，确保安装正确无误。

2）检查无杂物、螺钉及检修工具遗漏。

八、水管及密封圈更换

（一）工具及耗材

（1）FEP 放水软管。

（2）5 号内六角扳手。

（3）开口扳手 24 号、30 号、36 号、52 号。

（4）力矩扳手 5～25N·m、20～100N·m。

（5）力矩扳手套筒头 24 号、30 号、36 号。

（6）干净水桶。

（7）1.5m 水平尺。

（8）散热器水电极拆卸工装，见图 1-2-46。

（9）无水酒精、无毛擦拭纸等。

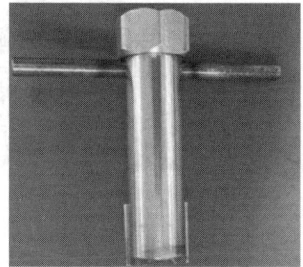

图 1-2-46　散热器水电极
安装拆卸工装

（二）更换步骤

1. 准备工作

关闭进水阀门，停止对阀塔供水，打开顶部排气阀，用 FEP 软管排出阀塔内的冷却水，用干净水桶收集排水，以便重新注入冷却回路。先将阀塔内冷却水排空并确认。

2. 主水管更换步骤

（1）拆除主水管下部连接。用力矩扳手拆除主水管下部与顶屏蔽罩框架上金属水管的连接，见图 1-2-47。

（2）拆除主水管上部连接。用力矩扳手拆除主水管顶部法兰连接，用 52 号大开口扳手拆除绝缘横杆与顶部框架连接，见图 1-2-48。

图 1-2-47　拆除主水管下部连接

图 1-2-48　拆除主水管上部连接

（3）运送主水管主光缆槽组件。将主水管主光缆槽组件抬入登高车，运送水管组件到达地面，再使用登高车将新的主水管主光缆槽组件提升到顶部框架下方。

（4）安装主水管主光缆槽组件。将绝缘横杆与顶部框架使用 M30 绝缘螺母进行固定，紧固力矩值为 25N·m。将主水管进出法兰与阀厅顶部水管法兰通过金属编织水管连接固定，更换上新的阀层间主水管和新的密封圈，法兰紧固力矩值为 45N·m。再将主水管下部水管法兰与金属水管连接固定，更换上新的阀层间主水管和新的密封圈，法兰紧固力矩值为 45N·m。

3. 层间水管更换步骤

（1）拆除螺栓连接。用力矩扳手拆除水管法兰盘之间的螺栓连接，用 5 号内六角扳手拆除密封垫挡圈与等位线之间的螺栓连接。注意连接处的密封圈避免掉落，如密封圈掉落必须找回。拆除水管护套和绝缘拉杆连接。

（2）取出零部件。取下两个等位线，抬起法兰盘，取出法兰连接处的密封圈与密封垫挡圈。取下水管护套。

（3）更换层间水管与密封圈。更换上新的阀层间主水管和新的密封圈，要求密封圈平整，不能扭曲、划伤。

（4）安装零部件。安装水管护套，连接水管护套和绝缘拉杆。将两个密封圈与密封垫挡圈叠放至法兰连接处，要求密封垫挡圈放置在两个密封圈的中间，密封垫挡圈的凸起方向朝向 PVDF 水管。然后放入法兰盘，安装等位线。

（5）连接螺栓。用 5 号内六角扳手紧固密封垫挡圈与等位线之间的螺栓，要求紧固不松动。用力矩扳手紧固法兰盘的螺栓，紧固力矩值为 75N·m。紧固力矩时，确保上下等位线扭转角度在 30°～90° 之间，且线鼻子不受力。法兰连接处的密封垫挡圈和等位线的安装效果见图 1-2-49。

图 1-2-49　水管法兰密封垫挡圈与等位线

4. 支路水管更换步骤

（1）用开口扳手拆除支路水管与散热器间的连接。注意连接处的密封圈避免掉落，如密封圈掉落必须找回。

（2）取出水管上的 O 形密封圈。

（3）更换一个新的浸泡过的 O 形密封圈，去除表面涂层。将新的支路水管和新的 O 形密封圈安装至散热器（电抗器）上，要求密封圈平整，不能扭曲、划伤，力矩值为 8N·m。

5. 散热器水电极更换步骤

（1）用开口扳手拆除支路水管与散热器间的连接。

（2）使用散热器水电极专用安装拆卸工装，将散热器水电极拆卸并取出密封圈。

（3）更换新的浸泡过的 O 形密封圈（去除表面涂层）及散热器水电极，并用力矩扳手及散热器水电极安装拆卸工装拧紧散热器水电极及密封圈，力矩值为 10N·m。

6. 检查

（1）安装过程中任何掉落的零件必须找回。

（2）确保更换后的零件安装正确，力矩符合要求。

（3）检修后取走所有的工具和物料等，检查无工具或物料遗漏。

九、光纤更换

（一）工具及耗材

（1）2 号十字螺丝刀。

（2）斜口钳。

（3）扎带。

（4）光纤测试仪。

（二）更换步骤

（1）用 2 号十字起拆开备用光纤盒，见图 1-2-50。

（2）剪掉故障光纤的接头，并将光纤尾部放在主槽内，用扎带绑紧固定，见图 1-2-51。

（3）移除备用光纤的接头，剪掉绑在光纤上的扎带。

（4）根据门极单元需要的长度，取出备用光纤。用光纤测试仪测试光纤是否完好（一个接头在门极侧，一个接头在 VBE 侧）。

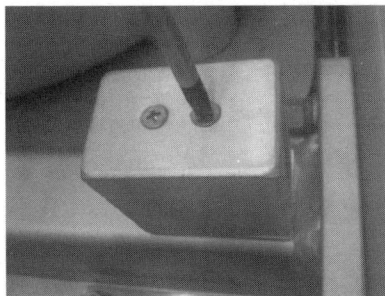

图1-2-50 拆开备用光纤盒

图1-2-51 备用光纤盒内部

（5）将备用光纤沿电容安装板上的光缆槽盒布置，安装至需要更换光纤的TCU上。

（6）恢复光缆槽盒盖，注意保护光纤。

（7）检查。

1）检查备用光纤盒、光缆槽等组件安装正确，螺钉拧紧，确保安装正确无误。

2）检查工作区域无杂物或辅料、工具遗漏。

十、避雷器更换

（一）工具及耗材

（1）力矩扳手20～100N·m、开口头18号。

（2）开口扳手18号、30号。

（3）吊绳2t、2m，数量2。

（4）SHH3-5T电动葫芦。

（5）5t、3m扁平吊带。

（二）更换步骤

（1）断开换流变的软连接，见图1-2-52。

（2）断开软铜母线连接，断开避雷器串和阀组母线接线端连接，见图1-2-53。

（3）在避雷器顶部法兰附近悬吊两根吊绳。在顶部横梁靠近避雷器外侧大约300mm位置用扁平吊带悬挂1台电动环链葫芦，小心地吊起避雷器。吊绳受力后松开并拔出穿在避雷器连接处吊耳内的螺栓，取下避雷器。

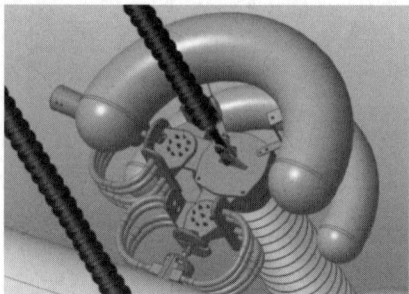

图 1-2-52　拆除换流变软连接

图 1-2-53　拆除阀组母线接线端连接

（4）在避雷器放在地面前应先拆除均压环。

（5）更换损坏的避雷器。

（6）吊起新的避雷器，将它固定在避雷器串中。

（7）检查。

1）检查各组件安装正确，螺钉是否拧紧，确保安装正确无误。

2）取走所有的工具和物料等，确保阀塔上无螺钉或者其他工具遗漏。

十一、漏水检测系统更换

漏水检测装置见图 1-2-54。

（一）工具及耗材

（1）可预置式力矩扳手 5～25N·m。

（2）内六角扳手。

（3）2 号十字螺丝刀。

（4）硅酮胶。

（5）无水酒精、无毛擦拭纸。

（二）更换步骤

（1）拆除光学模块两端的收发光纤，拆除前记录两端收发光纤的对应关系。

图 1-2-54　漏水检测装置

（2）用内六角扳手拆下漏水检测装置四角的紧固螺钉。

（3）用螺丝刀等工具将漏水检测装置四周的硅酮胶分离并清理。

（4）取出漏水检测装置，取出前需记录装置的安装方向。

（5）新漏水检测装置装之前检查装置本体安装正确（进水口与安装转接板平齐）及本体上的螺钉、画有紧固力矩线，见图 1-2-55。

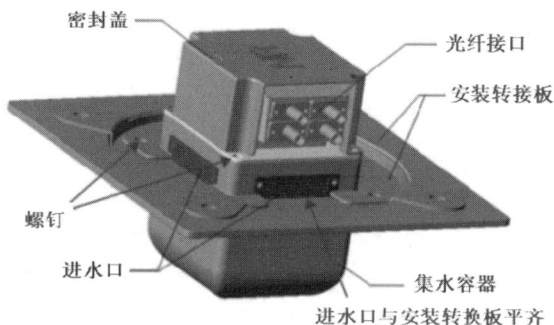

图 1-2-55　新漏水检测装置检查

（6）新漏水检测装置检查合格后，在积水容器外侧缝隙涂覆硅酮胶防漏，并用无毛擦拭纸清除多余硅酮胶，见图 1-2-56。要特别注意光模块精密元件的防静电保护。

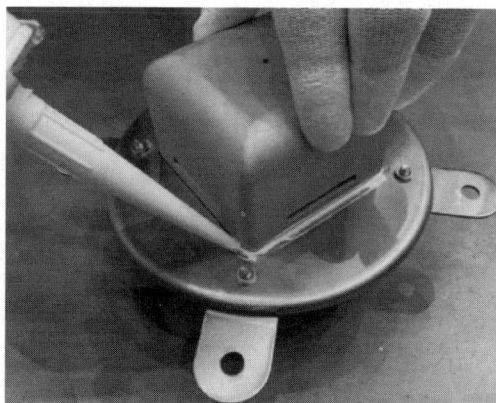

图 1-2-56　积水容器外侧缝隙涂覆硅酮胶

（7）放入新漏水检测装置，注意安装方向与拆除方向一致。

（8）用力矩扳手紧固四角的 M8×25 镀彩锌螺钉，紧固力矩值为 23N·m。

（9）在四周边缘位置涂覆硅酮胶防漏，并用无毛擦拭纸清除多余硅酮胶。

（10）恢复光模块上的光纤，光纤编号与模块上的编号一一对应。

（11）检查。

1）检查所有固定螺钉紧固。

2）检查无工具遗漏。

十二、硅堆整体更换

（一）工具及耗材

（1）可换头预置式扭力扳手，40～200N·m；力矩套筒头，19、24mm。

（2）内六角扳手，8、10mm。

（3）力矩开口头，24mm。

（4）全抛光两用快扳，13、14、17、18、19、24、30、36mm。

（5）光纤帽。

（6）TCU 端口保护套。

（7）法兰密封贴纸。

（8）两端做扣，800×25mm；额定载荷，200kg；吊绳，数量2。

（9）1t 弓形卸扣，数量4。

（10）保护膜。

（11）泡棉。

（12）CHA－0.5 组合式手拉葫芦，数量2，见图1－2－25。

（13）C 字挂钩，数量2，见图1－2－26。

（14）Z 字挂钩，数量2，见图1－2－27。

（15）H 型横梁1，数量2，见图1－2－28。

（16）H 型横梁2，数量2，见图1－2－29。

（17）垫块，数量4，见图1－2－30。

（18）紧固件。M16 螺栓、螺母、弹平垫若干。

（二）更换步骤

1. 准备工作

（1）拆除屏蔽罩组件。拆除所要更换硅堆本层和上层的屏蔽罩，拆除上层屏蔽罩为了不影响安装工装，拆除本层屏蔽罩为了保证手拉葫芦起吊硅堆高度能够移出。

（2）拆卸侧屏蔽罩的 M8 螺栓，再拆除角屏蔽罩的 M8 螺栓及 M10 螺栓。

（3）拔出 TCU 连接光纤。光纤需放置在光缆槽内，防止拆卸人员造成光纤损坏。准备 TCU 数量×2 的光纤帽，将光纤从 TCU 尾部旋转拆下，并用光纤帽将光纤插头进行保护。

（4）拆卸电容与阻尼电阻棒间的连接线。阻尼电阻棒上的连接线不容易拆卸，所以拆卸电容侧接线；接线拆卸时注意防止电容头部螺母及垫片掉落，接线拆卸后应将螺母及垫片再次安装到电容头部上。

（5）拆除层间水管。拆卸层间水管上法兰和下法兰共 8 个 M16 螺栓，首先拆卸层间水管下法兰间的 4 个 M16 螺栓，然后拆卸层间水管上法兰间的 4 个 M16 螺栓，层间水管上下法兰拆卸后需要注意防止密封垫掉落，应随螺栓一同拆卸，并用阀层连接法兰的密封贴纸进行法兰的封闭，要求贴纸将法兰孔遮住，见图 1-2-57；然后拆卸主水管拉杆上下的两个 M10 尼龙螺母；拆除的水管头部贴上贴纸，见图 1-2-58；拉杆拆卸后将主水管及拉杆分别用登高车送下阀塔，避免占用阀塔内空间。

图 1-2-57　法兰使用贴纸密封	图 1-2-58　水管头部保护

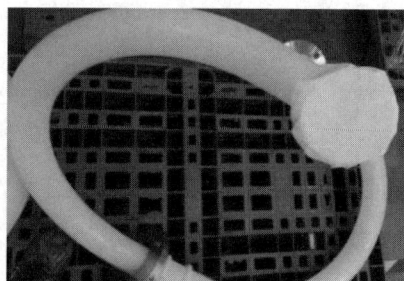

（6）拆卸支路水管。拆除支路水管与散热器间的连接，拆除支路水管与电抗器间的连接。拆除时需要注意防止支路水管内侧的密封圈掉落。

（7）拆卸硅堆两侧铜排软连接连接螺栓。此处螺栓力矩为 95N·m，所用力矩扳手必须带加长杆。

（8）缠绕保护膜。为防止之后起吊时手拉葫芦的铁链刮伤产品，在硅堆组件和下层屏蔽罩上缠绕塑料保护膜，见图 1-2-59。

（9）拆卸硅堆固定螺栓。硅堆组件拆卸工装组装完成后再松开硅堆与阀层的固定螺栓，不要完全拆除，等到手拉葫芦挂钩钩上硅堆组件时再拆除螺钉。

图 1-2-59　保护膜缠绕硅堆示意图

（10）安装吊绳。在吊绳两头穿入弓形卸扣，与硅堆组件两侧安装板支撑上的预留吊孔连接，吊绳另一端连接方式相同，后续步骤中手拉葫芦吊钩挂在吊绳中间，见图 1-2-60。

图 1-2-60　吊绳安装示意图

2. 非顶层硅堆组件更换步骤

（1）将工装各零件和其他拆卸装备随登高车带上阀塔，按照工装总装图组装，工装为整体拼接结构，各组件间通过 M16×50 外六角全螺纹螺栓配合平垫圈、弹簧垫圈、螺母进行紧固并做好标记，装配图见图 1-2-61。

（2）C 字挂钩安装在电容侧绝缘横梁上，尽量靠两侧安装，右侧挂钩靠近光缆槽安装，左侧挂钩与右侧挂钩关于硅堆中心面对称安装，如产生干涉，可向内调节位置；Z 字挂钩安装在硅堆侧绝缘横梁上，位置与 C 字挂钩对应，保证 H 型钢 1 与阀层垂直；安装 H 型钢 1，如下图所示，首先对准 C 字挂钩处孔位，带上螺钉（不拧紧），再对准 Z 字挂钩处孔位，带上螺钉，螺钉都带上后紧固，安装完成的工装见图 1-2-62。

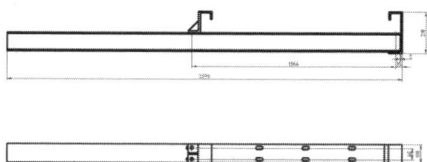

图 1-2-61　硅堆拆卸工装（非顶层）装配图

图 1-2-62　拼装完成的拆卸工装

（3）安装两个手拉葫芦时注意安装方向，保证滑动链位置在 H 型钢 1 的外侧，防止链条与硅堆接触损伤硅堆表面，两个手拉葫芦安装完成后在每根 H 型钢 1 两端分别安装 2 个 M16 螺栓，见图 1-2-63。

（4）拉动手拉葫芦的滑动链，使手拉葫芦在 H 型钢 1 滑轨上滑动，滑动葫芦速度不宜太快，防止葫芦出现偏斜，当葫芦吊钩位置靠近硅堆组件的吊绳时，进行微调，使吊钩在绳子的中间位置的正上方，挂上吊钩，另一侧操作相同。

（5）吊钩挂上吊绳，注意吊绳位置，要求吊绳在硅堆拉环和安装板的两侧。两个手拉葫芦各由一人操作，拉动升降链条，吊起硅堆组件，直至挂钩拉至最上端，为保证硅堆被吊起时保持水平，两人应尽量同步操作，如速度不好控制，可交替拉动升降链条，使硅堆位置不发生大角度偏斜，见图 1-2-64。

图 1-2-63　手拉葫芦安装示意图

图 1-2-64　起吊硅堆组件

（6）两侧挂钩均拉至顶端后，两人同时拉动滑动链，将硅堆组件向外移至 H 型轨道外侧，拉动滑动链的速度也应尽量保持一致，防止硅堆组件左右偏斜，如速度不好控制也可交替缓慢拉动链条。将硅堆拉至登高车上方，降入登高车内，见图 1-2-65。

（7）将检修完的硅堆组件吊回原处，与阀层紧固，见图 1-2-66，在箭头指示位置由下至上穿入螺栓,硅堆吊至螺栓正上方,缓慢降下硅堆,使安装板支撑上的孔穿过螺栓,再将硅堆完全降下并紧固螺栓,向内移动手拉葫芦注意事项与移出时一致。

图1-2-65 移出硅堆组件

图1-2-66 硅堆组件复原位置示意图

(8)拆除工装并恢复阀层原结构。拆除吊绳及弓形卸扣,移除硅堆上的保护膜;移出手拉葫芦,拆除硅堆拆卸工装;依次复原硅堆两侧铜排软连接连接螺栓、支路水管、主水管、电容与阻尼电阻棒间的连接线、TCU 连接光纤、屏蔽罩组件。

3. 顶层硅堆组件更换步骤

(1)顶层硅堆拆卸工装。装配图见图1-2-67。

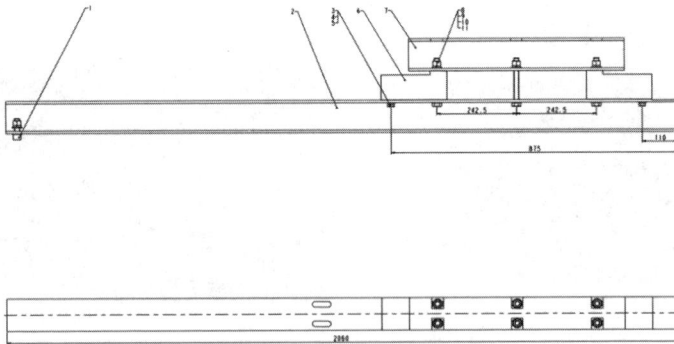

图1-2-67 硅堆拆卸工装(顶层)装配图

(2)H 型钢 2 放置在顶屏蔽罩框架上,两侧对称,放置位置见图1-2-68;在 H 型钢 2 与 H 型钢 1 间放置两个垫块,见图1-2-69;使用 6 颗 M16×140 螺栓将 H 型钢 1、H 型钢 2、垫块 1、垫块 2 连接并紧固。

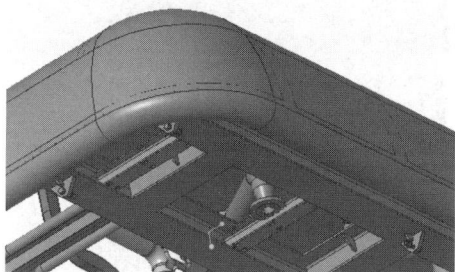

图 1-2-68　H 型钢 2 安装

图 1-2-69　H 型钢 1、H 型钢 2、
垫块 1、垫块 2 连接

（3）重复非顶层硅堆更换工序步骤，拆卸顶层硅堆组件。

4. 检查

（1）检查各组件安装是否正确，螺钉拧紧，确保安装正确无误。

（2）检查阀层内无杂物，确保阀层内无螺钉或者其他遗漏工具。

十三、电容组件整体更换

（一）工具及耗材

（1）可换头预置式扭力扳手，5～25N·m、20～100N·m。

（2）力矩套筒头，14mm、17mm。

（3）全抛光两用快扳，17mm。

（4）内六角扳手，8mm。

（5）10kV 绝缘手套。

（6）200Ω 放电电阻。

（7）光纤帽。

（8）TCU 端口保护套。

（9）斜口钳。

（10）扎带。

（二）更换步骤

（1）电容放电。操作人员佩戴 10kV 及以上绝缘手套，用 200Ω 电阻进行正负极短接放电。两磁头电容使用电阻进行正负极短接放电，三磁头电容使用电阻正负极短接放电，正负极为其中水平同排两个磁头，见图 1-2-70。

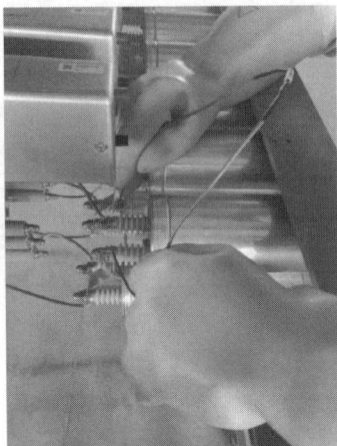

(a) 两磁头电容放电

(b) 三磁头电容放电

图 1-2-70　电容放电

图 1-2-71　电容磁头螺母拆卸

（2）拆除电容磁头螺母。用套筒力矩扳手拆除电容磁头紧固螺母，防止螺母及垫片掉落，见图 1-2-71。

（3）拔出 TCU 连接光纤。光纤需放置在光缆槽内，防止拆卸人员造成光纤损坏。准备 TCU 数量×2 的光纤帽，将光纤从 TCU 尾部旋转拆下，并用光纤帽将光纤插头进行保护。拔出光纤时注意防静电措施，需佩戴防静电手套。

（4）将电容安装板上固定光缆槽的固定螺钉拆除后，拆除光缆槽放置于硅堆组件上，保证移动电容组件时不碰到光纤，操作时注意防止损伤光纤，所有扎带剪断后将光纤收拾整齐。

（5）拆除电容组件与阀模块之间的连接螺栓。使用 8mm 内六角扳手和力矩扳手拆除电容组件与阀模块之间的连接螺栓，见图 1-2-72。

（6）将拆卸下的电容组件抬起，放置于登高车内，注意轻拿轻放，防止磕碰损伤产品表面，操作时佩戴防静电手套，见图 1-2-73。

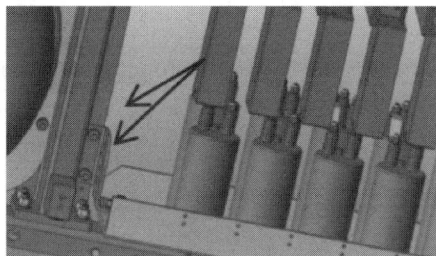

图 1-2-72 电容组件与阀模块连接螺栓拆除

图 1-2-73 整体抬起电容组件

（7）将新的电容组件从登高车抬到所需安装位置，依次安装电容组件与阀模块连接螺栓（力矩值 50N·m）；连接硅堆与电容的导线，电容磁头螺母力矩值 8N·m；将光纤按顺序插入 TCU 中，最后用扎带将光纤固定在电容组件安装板上。

（8）检查。

1）检查各组件安装是否正确，螺钉拧紧，确保安装正确无误。

2）检查阀层内无杂物，确保阀层内无螺钉或者其他遗漏工具。

第二节 换流阀试验

一、试验目的

对换流阀晶闸管级开展功能试验的主要目的是检查每个晶闸管级接线正确、晶闸管级阻容参数一致性强、晶闸管控制单元各项功能正常、晶闸管级内各电气元件耐压能力满足要求。

二、试验接线

使用阀测试仪 VFT 进行晶闸管测试，首先需要将高压电缆连接到晶闸管两侧，采用 TCU 模式还需要将测试仪的触发与回报光纤替换连接到 TCU 上。具体方法与步骤如下：

（1）将接地线与仪器的接地端可靠连接。

（2）将电源线的一端插入仪器的电源输入接口，另一端插入带接地的三孔插座。

（3）将脚踏开关连接到仪器。

（4）如采用 TCU 模式（见图 1-2-74），则需要将测试光纤一端连接到仪器的触发 1 和回报 1，另一端替换连接至 TCU；VBE 模式下（见图 1-2-75）仪器不需要外接光纤；

（5）将测试线的一端连接到仪器的高压输出 + 和高压输出 −，另一端连接到待测晶闸管两侧；

（6）合上仪器背面的电源空开，等待仪器启动，如图 1-2-76 所示。

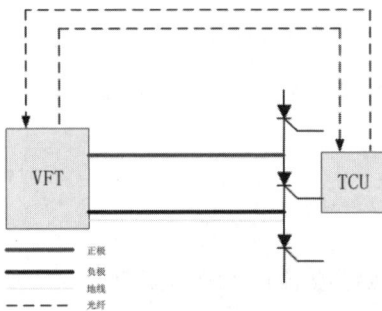

图 1-2-74　TCU 模式接线拓扑图

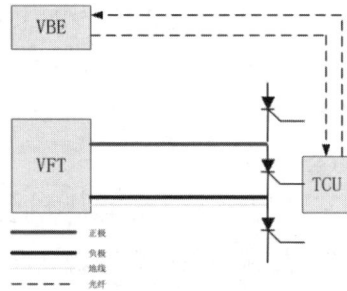

图 1-2-75　VBE 模式接线拓扑图

图 1-2-76　VTF 试验仪器及接线

三、仪器操作

图 1-2-77 是仪器开机后的模式选择界面。仪器启动后，可根据需要选择 TCU 模式（见图 1-2-78）或者 VBE 模式（见图 1-2-79），TCU 模式采

用 VFT 提供的光脉冲信号。

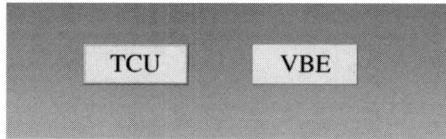

图 1-2-77　VFT 模式选择界面

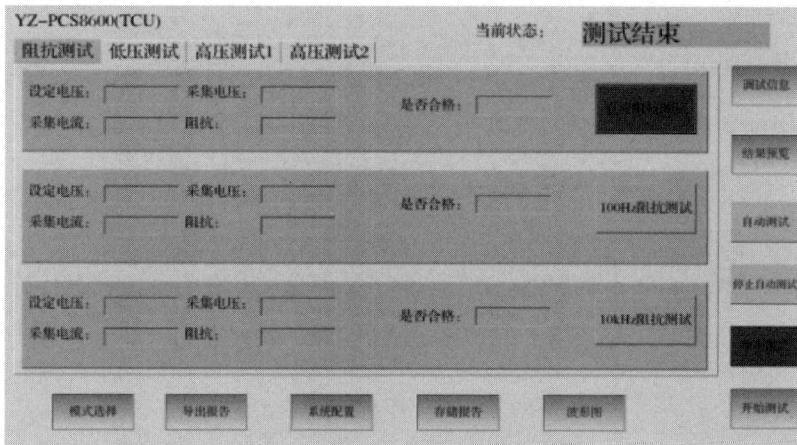

图 1-2-78　TCU 模式下的界面

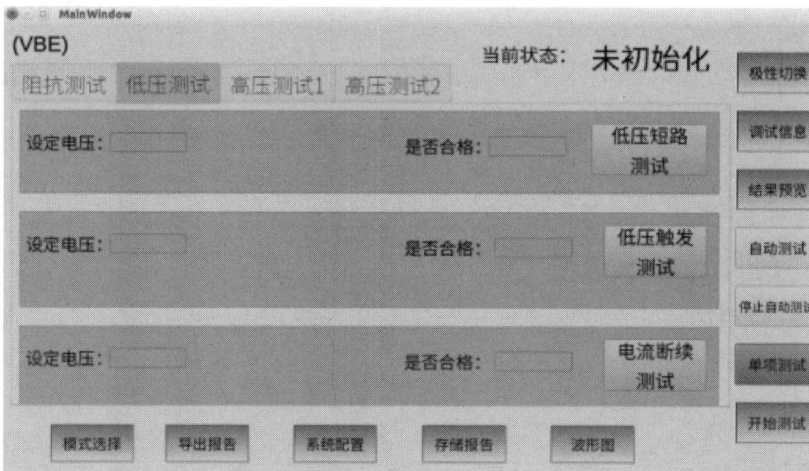

图 1-2-79　VBE 模式下的界面

（一）TCU 模式下的换流阀试验

1. 阻抗测试

（1）选中"阻抗测试"分页栏，进入阻抗测试界面，如图 1-2-80 所示。

（2）旋出"急停"按钮。

（3）点击"直流阻抗测试"按钮，选中，如图 1-2-80 所示。

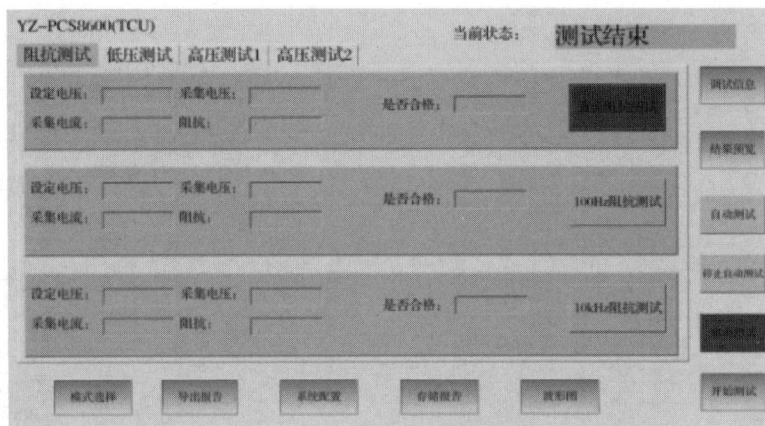

图 1-2-80　阻抗测试画面

（4）用脚踩住脚踏开关。

（5）点击右下角的"开始测试"按钮，或用手按下仪器面板上的"开始测试"按钮。

（6）测试开始，在电压电流显示区显示出当前测量到的电压和电流，运行指示灯会闪烁，并最终显示测试是否合格。

（7）运行指示灯停止闪烁，测试结束，松开脚踏开关。

（8）阻抗测试完成后，按下"急停"按钮。

典型的测试波形如图 1-2-81～图 1-2-83 所示。

2. 低压测试

（1）将鼠标移动到"低压测试"分页栏上，并单击按钮，进入低压测试界面，如图 1-2-84 所示。

（2）旋出"急停"按钮。

（3）点击项目选择区，可选择"低压短路测试""低压触发测试""电流断续测试"。

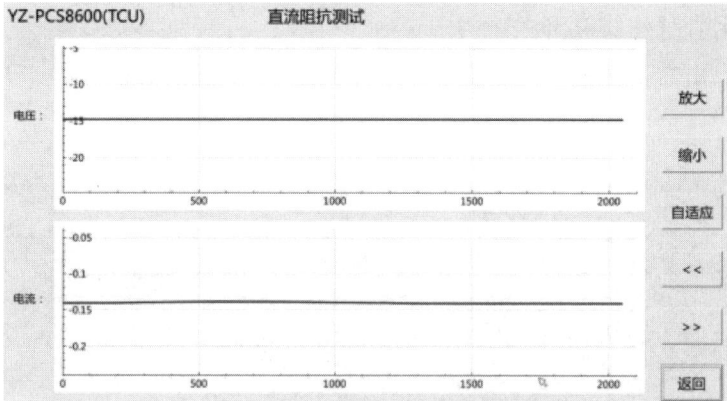

图 1-2-81 直流阻抗测试波形

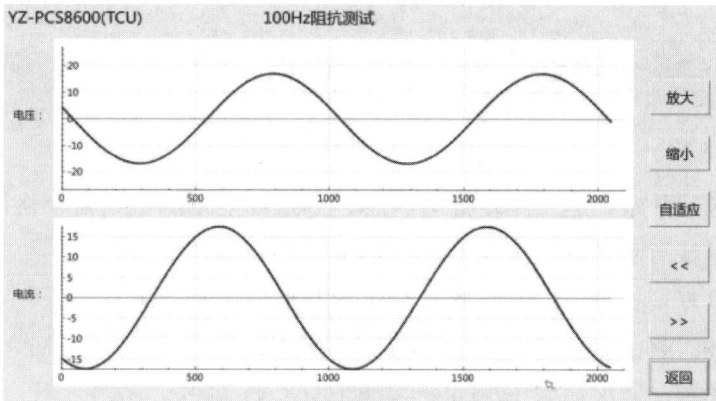

图 1-2-82 100Hz 阻抗测试波形

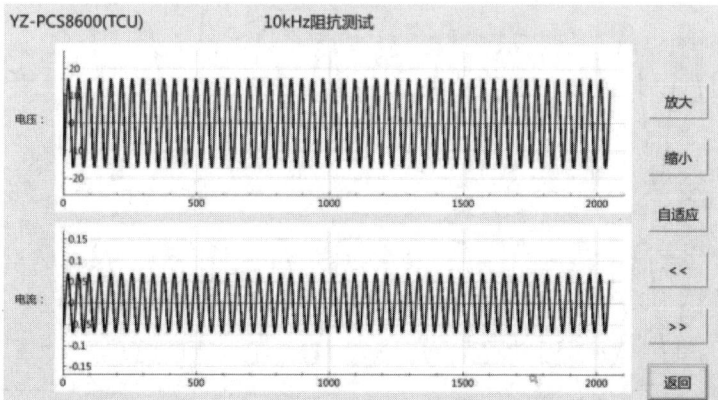

图 1-2-83 10kHz 阻抗测试波形

（4）用脚踩住脚踏开关。

（5）点击右下角的"开始测试"按钮，或按下仪器面板上的"开始测试"按钮。

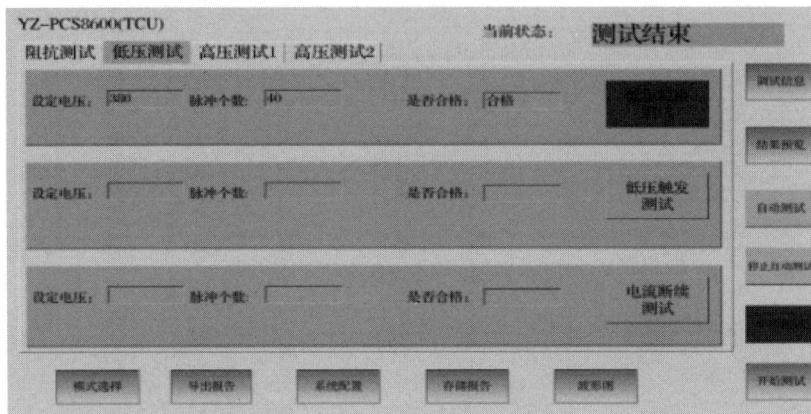

图 1-2-84 低压测试画面

（6）测试开始，运行指示灯会闪烁，并最终显示测试是否合格；

（7）运行指示灯停止闪烁，测试结束，松开脚踏开关；

（8）重复（2）～（7）步骤继续进行其他低压测试项目；

（9）低压测试完成后，按下"急停"按钮。

典型的测试波形如图 1-2-85～图 1-2-87 所示。

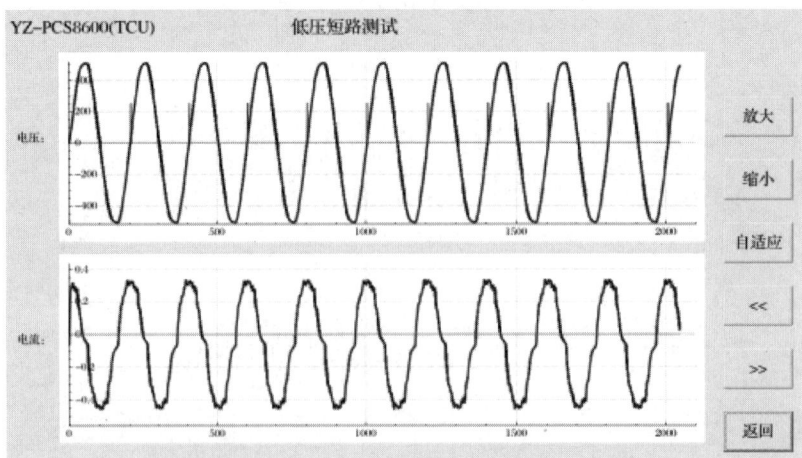

图 1-2-85 低压短路测试

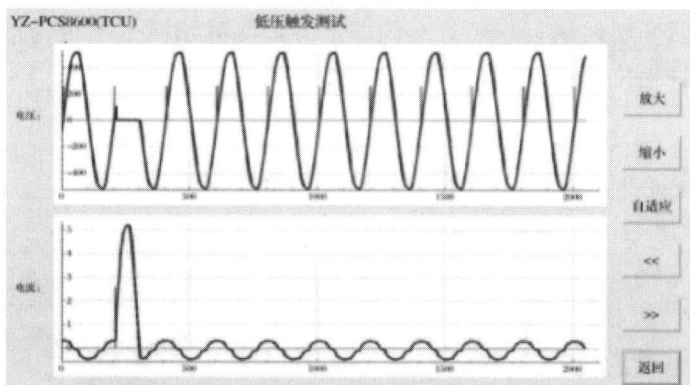

图 1-2-86　低压触发测试

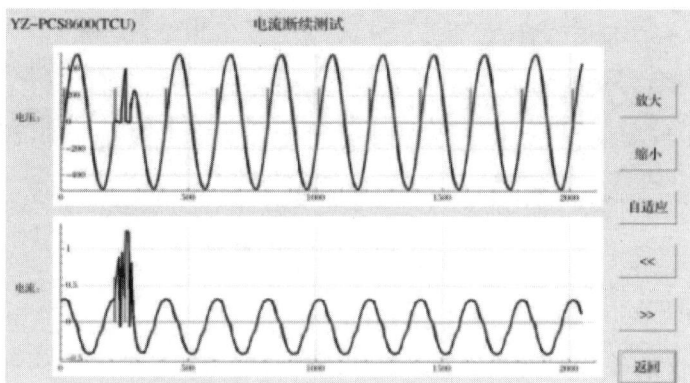

图 1-2-87　电流断续测试

3. 高压测试

（1）点击选中"高压测试 1"或者"高压测试 2"分页栏，进入高压测试界面，如图 1-2-88 所示。

（2）开启高压电压模块电源。

（3）旋出"急停"按钮。

（4）点击项目选择区，可分别选择"反向恢复保护触发测试""反向恢复结束耐受""正极性冲击耐受""正向过压保护""负极性冲击耐受"，图 1-2-88 显示所选为"反向恢复保护触发测试"。

（5）用脚踩住脚踏开关。

（6）点击右下角的"开始测试"按钮，或按下仪器面板上的"开始测试"按钮。

（7）测试开始，运行指示灯会闪烁，并最终显示测试是否合格。

（8）运行指示灯停止闪烁，测试结束；若需要可以点击"波形图"，查看测试波形。

（9）重复（6）～（8）步骤继续进行其他高压测试项目。

（10）高压测试完成后，按下"急停"按钮，关闭仪器电源。

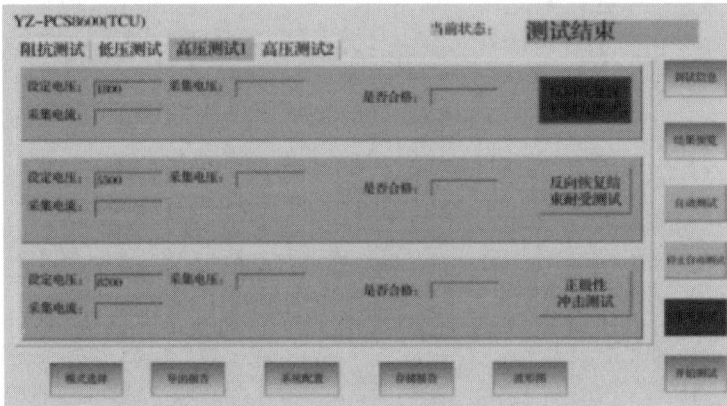

图 1-2-88　高压测试画面

4. 自动测试

阀测试仪具备自动测试功能。自动测试时的接线方式与手动测试时相同，准备工作完成后选择"自动测试"，然后点击右下角的"开始测试"按钮，或按下仪器面板上的"开始测试"按钮，VFT 仪器会逐个完成所有测试项目，若某个项目不合格，则自动停止测试，如图 1-2-89 所示。

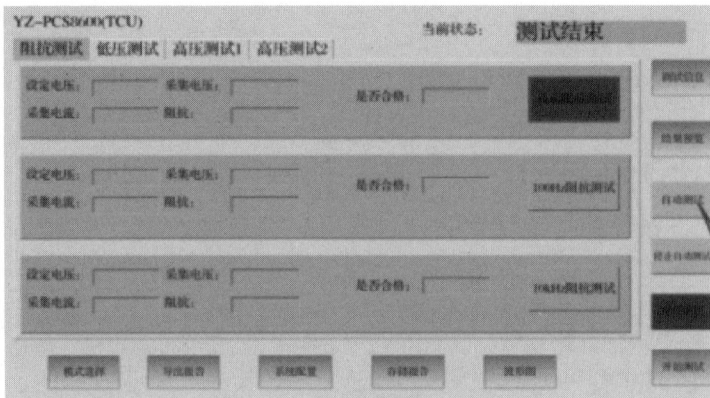

图 1-2-89　自动测试画面

注意：自动测试期间要始终踩住脚踏开关！

（二）VBE 模式下换流阀试验

1. 阻抗测试

（1）操作滚球将鼠标移动到"阻抗测试"分页栏上，单击人机界面"选项确定"按钮，进入阻抗测试界面，如图1-2-90所示。

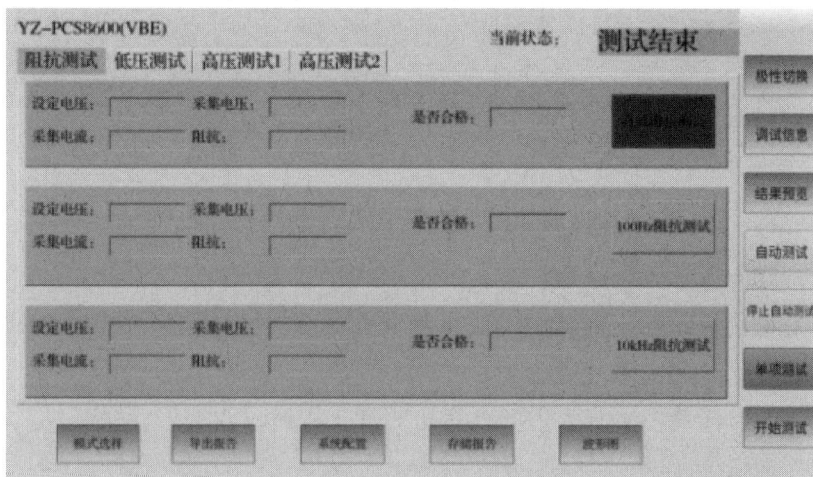

图1-2-90 阻抗测试画面

（2）将鼠标移动到"频率设置"下拉菜单上，选择"直流测试"。

（3）旋出"急停"按钮。

（4）用脚踩住脚踏开关。

（5）用鼠标单击工具栏上的"开始测试"按钮，或按下仪器面板上的"开始测试"按钮。

（6）测试开始，在电压电流显示区显示出当前测量到的电压和电流，运行指示灯会闪烁，并最终显示测试是否合格。

（7）运行指示灯停止闪烁，测试结束。

（8）重复（2）～（7）步骤继续进行 100Hz 和 10kHz 的阻抗测试。

（9）阻抗测试完成后，按下"急停"按钮。

2. 低压测试

（1）操作滚球将鼠标移动到"低压测试"分页栏上，并单击人机界面"选项确定"按钮，进入"阻抗低压测试"界面，如图1-2-91所示。

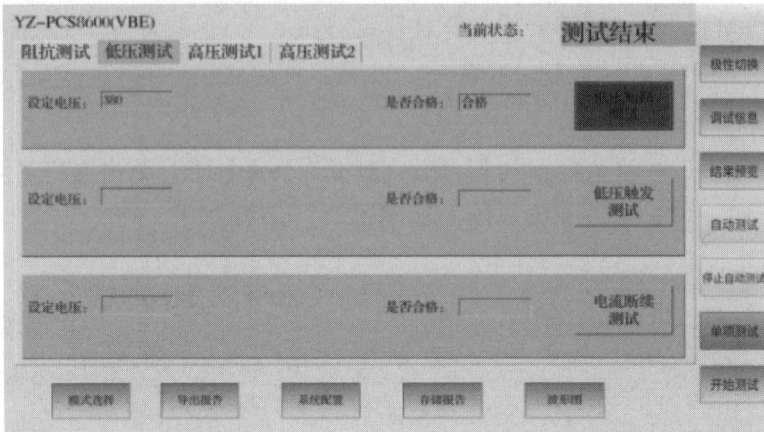

图 1-2-91　低压测试画面

（2）旋出"急停"按钮。

（3）将鼠标移动到屏幕中部低压测试项目选择区，选择"短路测试"。

（4）用脚踩住脚踏开关。

（5）用鼠标单击工具栏上的"开始测试"按钮，或按下仪器面板上的"开始测试"按钮。

（6）测试开始，运行指示灯会闪烁，并最终显示测试是否合格。

（7）运行指示灯停止闪烁，测试结束，松开脚踏开关。

（8）重复（3）～（7）步骤继续进行其他低压测试项目。

（9）低压测试完成后，按下"急停"按钮。

3．高压测试

（1）点击屏幕选中"高压测试 1""高压测试 2"分页栏，进入高压测试界面。

（2）开启高压电压模块电源。

（3）旋出急停开关。

（4）将鼠标移动到屏幕中部高压测试项目选择区，可分别选择"反向恢复保护触发测试""反向恢复结束耐受""正极性冲击耐受""正向过压保护""负极性冲击耐受"，图 1-2-92 选择"反向恢复保护触发测试"。

（5）用脚踩住脚踏开关。

（6）单击右下角的"开始测试"按钮，或按下工控机面板上的开始按钮。

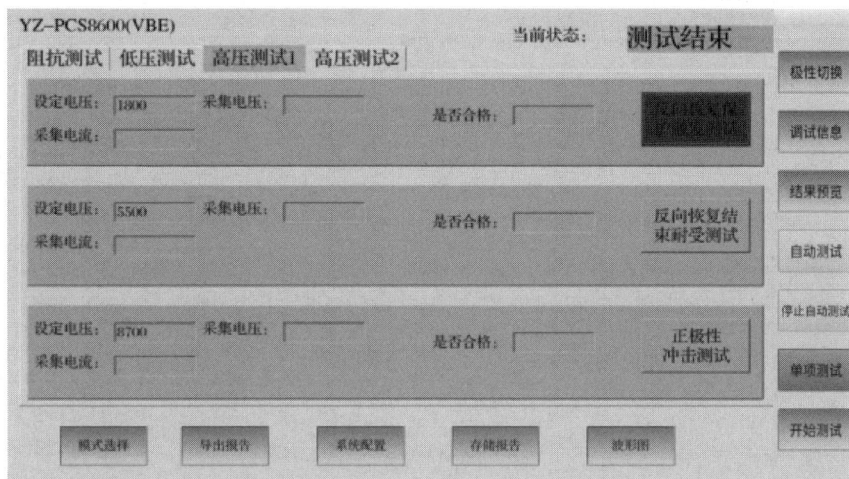

图 1-2-92 高压测试画面

（7）测试开始，运行指示灯会闪烁，并最终显示测试是否合格。

（8）运行指示灯停止闪烁，测试结束；若需要可以点击"波形图"，查看测试波形。

（9）重复（6）～（8）步骤继续进行其他高压测试项目。

（10）高压测试完成后按下急停按钮，关闭高压电源模块电源。

4．自动测试

阀测试仪 VFT 具备自动测试功能。自动测试时的接线方式与手动测试时相同，接线完成后参照手动高压试验部分导入试验参数配置文件。准备工作完成后用鼠标选择起始的测试项目点击右侧的按钮"自动测试"，然后点击"开始测试"按钮，或按下仪器面板上的"开始测试"按钮，VFT 仪器会逐个完成所有测试项目，若某个项目不合格，则自动停止测试。

注意：自动测试期间要始终踩住脚踏开关！

第三节 阀 控 系 统 检 修

PCS-9586 装置用于换流阀触发，一个机箱中包含冗余的 A、B 系统，其中 NR2304B、NR2125C 板卡为冗余设计，NR2217A 板卡为非冗余设计。其背面如图 1-2-93 所示。

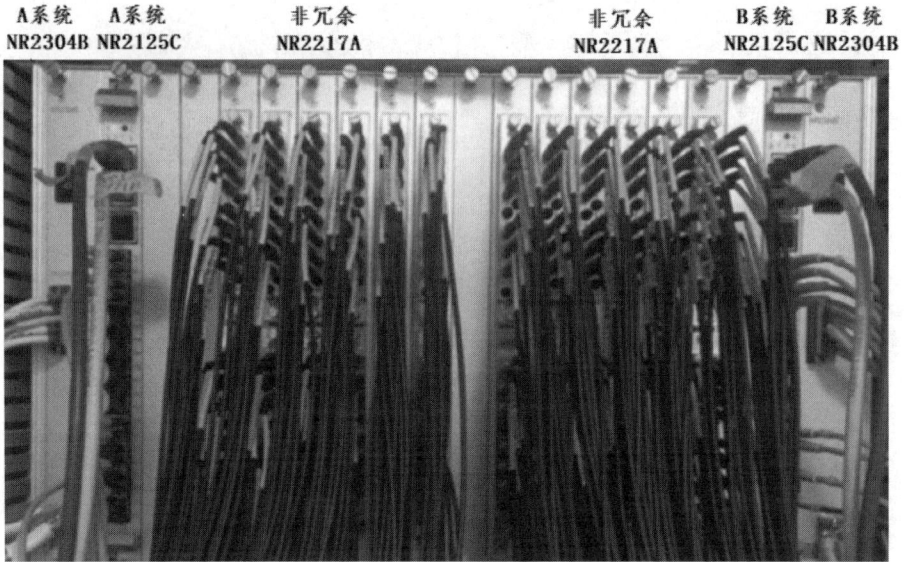

图 1-2-93 PCS-9586 背面图

一、NR2125 处理器板更换步骤

(一)工具与耗材

(1)一字螺丝刀(刀头宽 3mm);

(2)十字螺丝刀(刀头直径 3mm);

(3)数字万用表;

(4)绝缘胶布;

(5)防静电手环或手套;

(6)光纤帽。

(二)更换步骤

在换流器运行期间,可以更换备用系统的故障微理器板。更换前,必须确认备用板卡装载的软件版本和故障板卡相同。

(1)将故障系统切换为"测试"状态;

(2)戴上防静电护腕;

(3)将故障系统电源板卡 NR2304 上 S1 开关打至 OFF;

(4)断开 NR2304 电源板卡对应空开;

（5）拆除待更换故障板卡上的外部接线；

（6）拔出故障板卡，将备用板卡插入机箱；

（7）恢复 NR2304 电源板卡对应空开；

（8）将该系统电源板卡 NR2304 上 S1 开关打至 ON；

（9）调试笔记本通过单独网线与 NR2125C 板卡连接，下载装置程序（UAPC_DBG 工具），NR2125 默认 IP 为 198.120.0.1，下载完成后按照目标装置定值单进行定值整定（TelDevice 工具），断电重启板卡，确认运行灯亮起，表明新换板卡功能正常，如图 1-2-94 所示。

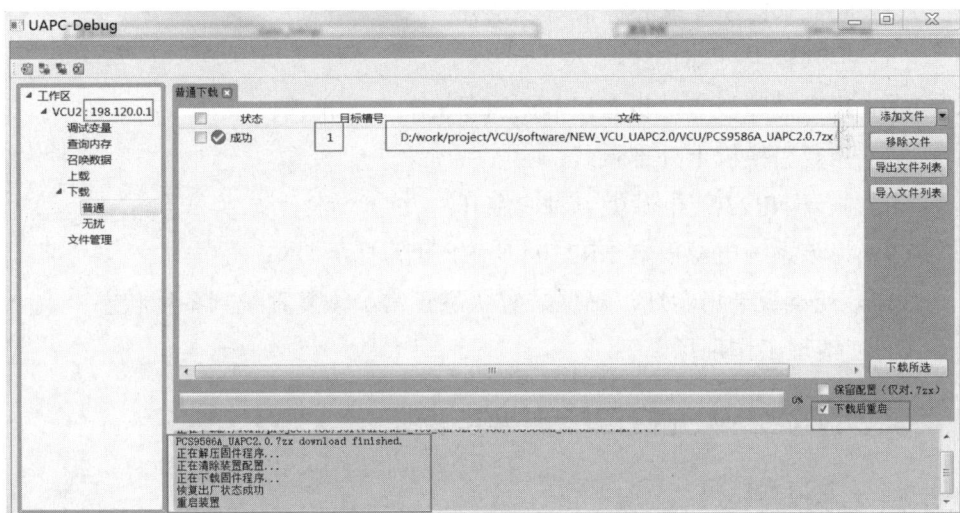

图 1-2-94　程序下载示意图

（10）恢复处理器板卡外部接线；

（11）观察板卡指示灯，确保装置状态正常，根据情况恢复系统到备用状态；

（12）清理工作现场。

二、NR2304 电源板卡更换步骤

（一）工具与耗材

（1）一字螺丝刀（刀头宽 3mm）；

（2）十字螺丝刀（刀头直径 3mm）；

（3）数字万用表；

（4）绝缘胶布；

（5）防静电手环或手套；

（6）光纤帽。

（二）更换步骤

（1）将故障系统切换为"测试"状态；

（2）戴上防静电护腕；

（3）将故障系统电源板卡 NR2304B 上 S1 开关打至 OFF；

（4）断开 NR2304 电源板卡对应空开；

（5）拆除板卡外部接线；

（6）拔出故障板卡，将备用 NR2304 板卡插入机箱；

（7）恢复新换板卡外部接线；

（8）恢复 NR2304 电源板卡对应空开；

（9）将该系统电源板卡 NR2304 上 S1 开关打至 ON；

（10）观察板卡指示灯，确保装置状态正常，恢复系统到备用状态；

（11）清理工作现场。

三、NR2217 光接口板更换步骤

（一）工具与耗材

（1）一字螺丝刀（刀头宽 3mm）；

（2）十字螺丝刀（刀头直径 3mm）；

（3）数字万用表；

（4）绝缘胶布；

（5）防静电手环或手套。

（二）更换步骤

（1）将故障系统所在阀组转为检修状态（该工作需换流器处于检修状态）；

（2）戴上防静电护腕；

（3）将故障系统所在机箱两块电源板卡 NR2304 上 S1 开关打至 OFF；

（4）断开两块 NR2304 电源板卡对应空开；

（5）拆除故障板卡外部接线；

（6）拔出故障板卡，将备用板卡插入机箱；

（7）恢复两块 NR2304 电源板卡对应空开；

（8）将该系统所在机箱两块电源板卡 NR2304 上 S1 开关打至 ON；

（9）后台连接故障板卡所在装置，NR2217 板卡须在 A/B 系统均完成程序下载（UAPC_DBG 工具），重启装置，确认测试装置运行灯亮起，表明新换板卡功能正常；

（10）恢复板卡外部接线；

（11）观察板卡指示灯，确保装置状态正常；

（12）清理工作现场。

PCS－9587 阀检测单元主要用于避雷器动作监视和阀塔漏水检测，一个机箱中包含冗余的 A、B 系统，其中 NR2304B、NR2123A 为冗余设计，NR2213A 板卡为非冗余设计。因不涉及跳闸，该机箱所有板卡均可在直流运行时更换。其背面如图 1－2－95 所示。

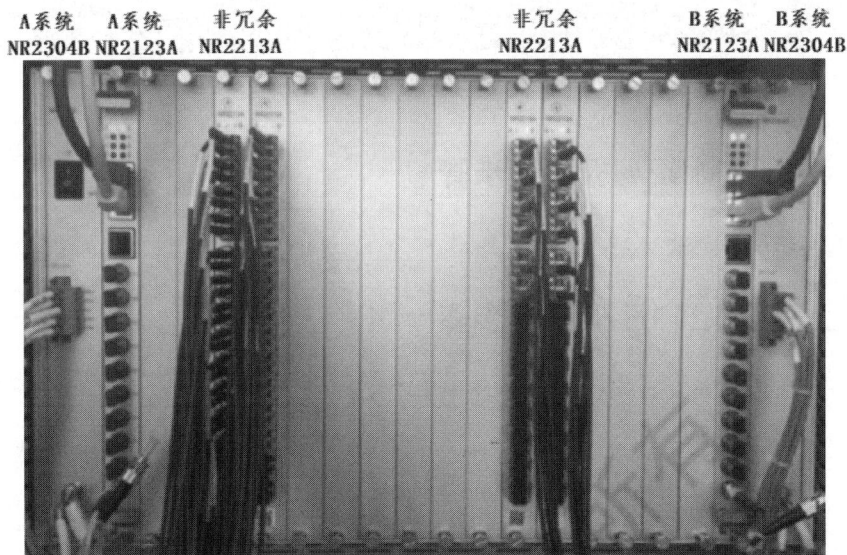

图 1－2－95 PCS－9587 背面图

四、NR2123A 处理器板更换步骤

更换步骤同 NR2125。

五、NR2213A 处理器板更换步骤

更换步骤同 NR2217。

PCS-9519V 阀接口单元为冗余配置,用于与直流控制系统间的数据通信,包含 NR1192A 板与 NR1211B 板,如图 1-2-96 所示。在换流器运行期间,可以更换备用系统的故障板卡。

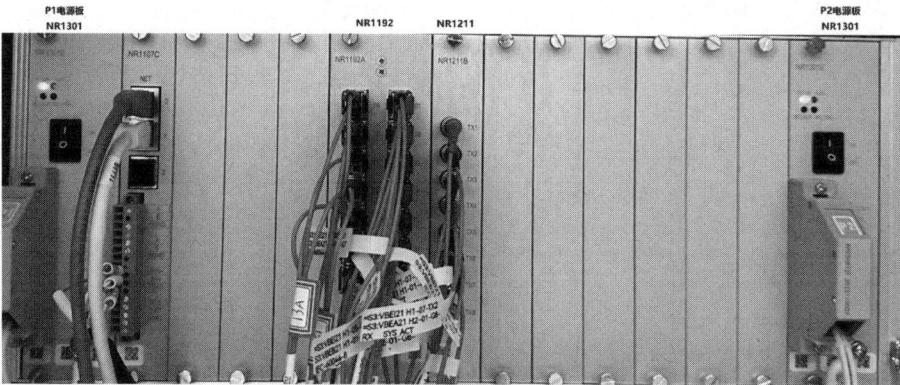

图 1-2-96 PCS-9519V 背面图

六、NR1192A 板更换步骤

更换步骤同 NR2125。

七、NR1211B 板更换步骤

更换步骤同 NR2125,但无需下载程序。

第四节 典型故障处理

一、典型晶闸管本体故障

晶闸管本体及其附属回路如阻尼回路、均压及取能回路以及触发回路故障,均算作晶闸管本体故障。阀控系统报晶闸管故障后,可按如表 1-2-1、表 1-2-2 所示处理。

表1-2-1　　　　　　　　　　　晶闸管 IP 丢失出现/晶闸管故障

报警名称	Lx_My_Az_Tn 晶闸管回检信息丢失/晶闸管故障
故障解析	VYA 阀控主机报文"L1_M1_A1_T3 晶闸管 IP 丢失出现",表明 VYA 阀塔第一层 M1 阀模块 A1 阀组件 T3 号晶闸管出现 IP 故障
类型	报警事件
可能原因	NR2217A 接收器件损坏、IP 回报光纤损坏、TCU 故障、晶闸管故障
可能故障位置	晶闸管、TCU、回报光纤、阀控机箱光收发板光接收通道
检修方法	1. 检查 NR2217A 板卡光器件是否损坏,若损坏需要更换板卡; 2. 检查光纤回路是否存在插接不牢、光纤损坏现象,若损坏需更换光纤; 3. 检查晶闸管是否被击穿,若击穿需要更换晶闸管; 4. 检查 TCU 是否损坏,若损坏需要更换 TCU; 5. 故障排除后,采用阀测试仪对该级晶闸管进行功能试验

表1-2-2　　　　　　　　　　　晶闸管保护性触发动作

事件名称	Lx_My_Az_Tn 晶闸管保护性触发出现/消失
故障解析	VYA 阀控主机报文"L1_M1_A1_T3 晶闸管保护性触发出现",表明 VYA 阀塔第一层 M1 阀模块 A1 阀组件 T3 号晶闸管出现保护性触发
类型	报警事件
可能原因	NR2217A 触发器件损坏、FP 触发光纤损坏、阀组件分压不均
可能故障位置	晶闸管、触发光纤、VBE、直流均压电阻
检修方法	若在系统暂态过程中报警信息出现后立刻复归,可以理解为暂态情况下分压不均造成,不需要处理; 若报警信息出现后不复归,则换流阀检修期间: 1. 检查该级晶闸管触发回路光纤是否存在插接不牢、光纤损坏现象,若损坏需更换光纤; 2. 检查 TCU 是否损坏,若损坏需要更换 TCU; 3. 故障排除后,采用晶阀测试仪对该级晶闸管进行功能试验

二、典型阀控系统故障

阀控系统常见故障主要为电源故障、阀控处理器单元故障、阀控光接口板故障及通信板卡故障。表 1-2-3~表 1-2-7 列出部分阀控系统故障可能的产生原因和处理方法。

表 1-2-3 　　　　　　　　　　电源故障产生机理及处理方法

报警名称	装置 A（B）路电源故障出现/消失
故障解析	对应 NR2304 板卡 A/B 路电源供电故障
故障原因	屏柜电源故障、空开故障或 NR2304 板卡硬件故障
检修方法	将故障系统切为"测试"状态，进行如下排查： 1. 检查屏柜电源、空开是否正常； 2. 检查 NR2304 端子 A/B 两路电源输入是否正常，若端子电压正常，则表明 NR2304 板卡故障，更换故障板卡

表 1-2-4 　　　　　　　　　　VBE_OK 信号产生机理及处理方法

报警名称	VBE_OK 出现/消失
故障解析	VBE_OK 消失表明 VBE 出现故障，不能完成正常的解锁功能
故障原因	ACTIVE 通道故障、DEBLOCK 通道故障、60044-8 通道故障、光口板故障等，以上故障发生时均会有故障报文出现
检修方法	将故障系统切换为"测试"状态，根据相应的故障报文排查

表 1-2-5 　　　　　　　　　　VBE_TRIP 信号产生机理及处理方法

报警名称	VBE_TRIP 出现/消失
故障解析	VBE_TRIP 出现表明 VBE 发出跳闸，跳闸原因是晶闸管 IP 故障跳闸和晶闸管保护性触发跳闸两种
故障原因	发生晶闸管 IP 丢失或保护性触发的晶闸管级数大于相应的跳闸定值
检修方法	根据报文排查发生故障的晶闸管进行逐一检修消缺

表 1-2-6 　　　　　　　　ACTIVE 信号通道故障信号产生机理及处理方法

报警名称	接收 CCP 装置 ACTIVE 信号通道故障
故障解析	NR2125 板卡 ETH8_RX 接口接收到 ACTIVE 信号既非 1MHz 也非 10kHz
故障原因	光纤故障、NR2125 板卡接收模块故障，或直流控制系统发送 ACITVE 信号故障
检修方法	将故障系统切为"测试"状态，进行如下排查： 1. 更换备用光纤，排除光纤故障； 2. 更换 NR2125 板卡接收光模块，排除光模块故障； 3. 检查直流控制系统，排除直流控制系统发出 ACITVE 信号故障

表 1-2-7　接收 CCP 装置 CPx 信号通道故障信号产生机理及处理方法

报警名称	接收 CCP 装置 CPx 信号通道故障
故障解析	VBE 装置检测到 CP 通道故障
故障原因	光纤故障、NR2125 板卡接收模块故障，或控制系统发送 CP 信号故障
检修方法	将故障系统切为"测试"状态，进行如下排查： 1. 更换备用光纤，排除光纤故障； 2. 更换 NR2125 板卡接收光模块，排除光模块故障； 3. 检查直流控制系统，排除直流控制系统发出 CP 信号故障

三、典型跳闸问题故障

换流阀保护跳闸有保护性触发数量越限跳闸、晶闸管故障数量越限跳闸，表 1-2-8 和表 1-2-9 列出产生原因。

表 1-2-8　　　　　　　　保护性触发数量越限跳闸

信息	Vx 晶闸管保护性触发跳闸出现/消失
原因	Vx 发生保护性触发晶闸管级数大于保护性触发跳闸定值
类型	严重故障事件
解析	VYA 阀控主机报文"V1 保护性触发跳闸出现"，表明 Y1 单桥发生保护性触发的晶闸管级数大于保护性触发跳闸定值，VYA 主机发出 VBE_TRIP 信号闭锁换流器
检修方法	根据晶闸管保护性触发检修方法，对发生保护性触发的晶闸管级逐一进行检修消缺

表 1-2-9　　　　　　　　故障晶闸管数量越限跳闸

信息	Vx 晶闸管 IP 故障跳闸出现/消失
原因	Vx 发生 IP 故障晶闸管级数大于 IP 故障跳闸定值
类型	严重故障事件
解析	VYA 阀控主机报文"V1 晶闸管 IP 故障跳闸出现"，表明 Y1 单桥发生晶闸管 IP 故障的级数大于 IP 故障跳闸定值，VYA 主机发出 VBE_TRIP 信号闭锁换流器
检修方法	根据晶闸管 IP 故障检修方法，对发生 IP 故障的晶闸管级逐一进行检修消缺

四、典型故障案例

换流阀故障分析处理的思路，通常根据事件和波形中的异常，结合触发逻辑或保护跳闸逻辑进行分析，充分利用排除法和时序推理，并结合设备现场检查试验，查找出故障设备。现列出两个典型案例供参考。

（一）案例1：某站阀塔保护性触发故障分析处理

1. 概述

某站阀控主机出现 3 次晶闸管保护性触发报警与消失，此后出现光口板 PF 振荡告警。06 时 39 分 27 秒 601 毫秒阀控主机出现单级晶闸管保护性触发报警，29 秒 932 毫秒报警消失；39 分 49 秒 907 毫秒再次出现同一级晶闸管保护性触发报警，49 秒 996 毫秒报警消失；42 分 12 秒 798 毫秒再次出现同一级晶闸管保护性触发报警，14 秒 028 毫秒报警消失；此后出现光口板 PF 振荡报警。

2. 分析诊断

（1）光口板 PF 振荡报警逻辑：某晶闸管级出现第一次保护性触发报警后开始计时，10h 内，该晶闸管级前 3 次保护性触发事件正常上送，该晶闸管级第 4 次及以后报警出现后仅屏蔽对应通道的保护性触发报警，防止刷屏，同时上报对应光口板 PF 振荡（振荡的含义为保护性触发报警频繁出现/消失）；10h 计时结束后光口板 PF 振荡复归，恢复晶闸管级报警事件。

（2）查看阀控录波，如图 1-2-97 所示。B15_CH14 晶闸管 IPWAVE 为 B15 板卡通道 14 正向电压信号检测通道。该通道每个周期除与其他通道同时接收到的正向电压信号以外，额外接收到一次的正向电压信号，同时 B15_CH14 通道 PF 信号为 1，此为典型的保护性触发波形。初步判定报警为 L3M1A2T6 晶闸管对应的触发异常所致。

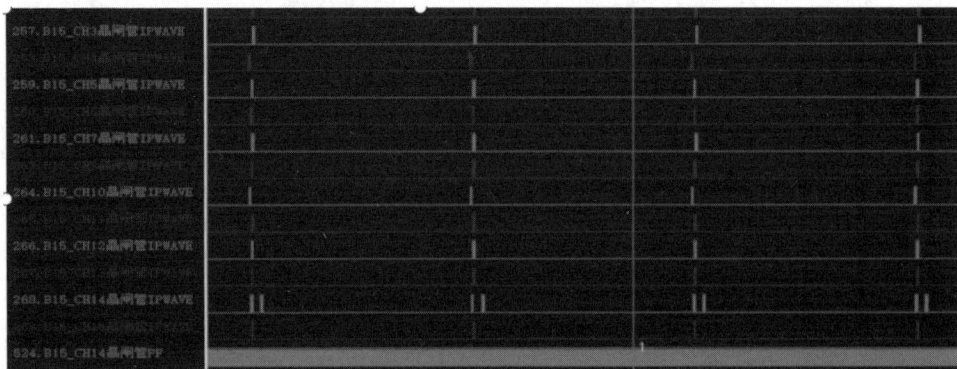

图 1-2-97　阀控录波

3. 处理方法

保护性触发故障，我们一般选择在换流阀检修期间进行处理：

（1）查找图纸，确认故障晶闸管对应的板卡槽位，确认该故障晶闸管阀塔位置。

（2）使用排除法确认故障位置。保护性触发的故障位置有以下可能：① 晶闸管触发回路光纤；② TCU；③ NR2217 光接口板光口。

（3）采用与相邻 TCU 对调触发光纤、开展晶闸管级试验确认故障位置，若对调触发光纤后本级晶闸管不能正常触发则本级晶闸管 TCU 故障，若对调光纤后本级晶闸管可正常触发则光纤或光口板故障。

（4）用光纤助插拔工具将 NR2217 上故障通道位置的触发光纤拔出，通过对调光纤确认是光纤故障或是光口故障。

（5）本次故障确认为光接口板 NR2217 光口故障，更换光接口板。

（6）采用阀测试仪对该光接口板 NR2217 连接的所有晶闸管进行功能试验。

4. 预防措施

无。

（二）案例 2：某站极 1 低端阀控板卡故障引起阀组保护性触发跳闸

1. 概述

某站 OWS 后台×时×分×秒 585 毫秒两套阀控系统报极 Ⅰ 低端 YD-B 相换流阀"VBETRIP 信号出现""V3 保护性触发跳闸出现""L4-M2-A1-T1 至 L4-M2-A1-T7 晶闸管保护性触发出现""L4-M2-A2-T1 至 L4-M2-A2-T7 晶闸管保护性触发出现"。×时×分×秒 589 毫秒 CCPA 系统接收到 VBE 跳闸信号后启动系统切换，2ms 后 CCPB 系统转为主用。

2. 分析诊断

（1）事件分析。得出本次故障为 YD-B 3 号单阀的第 4 层第 2 个阀模块的所有晶闸管，对应事件"L4_M2_Ax_Ty"晶闸管的保护性触发事件。

系统切换后仍出口原因分析：理论上系统切换后触发脉冲应转为正常，保护性触发信号应复归，但南瑞 VBE 程序中对保护性触发信号复归有 120ms 的延时，加上保护性触发信号本身有 100ms 展宽，则保护性触发信号至少会维持 220ms，因此 B 系统转为主用后 VBE_TRIP 信号仍然存在，所以 CCPB 系统发出 X 闭锁指令。

（2）阀控结构及逻辑。换流阀保护性触发闭锁定值为大于 5 级。光接口板型号为 NR2217，用于发送 16 路晶闸管的触发脉冲，并接收其回报信号。该站 NR2217 板卡使用了 14 路光收发，2 路备用，如图 1－2－98 所示。该板卡分为电路部分和光路部分，电路部分采用双重化冗余设计，光路部分冗余系统共用。光接口板向晶闸管输出触发脉冲的条件包括：该系统为主用系统、FPGA 无死机信号、FPGA 发出的触发脉冲。

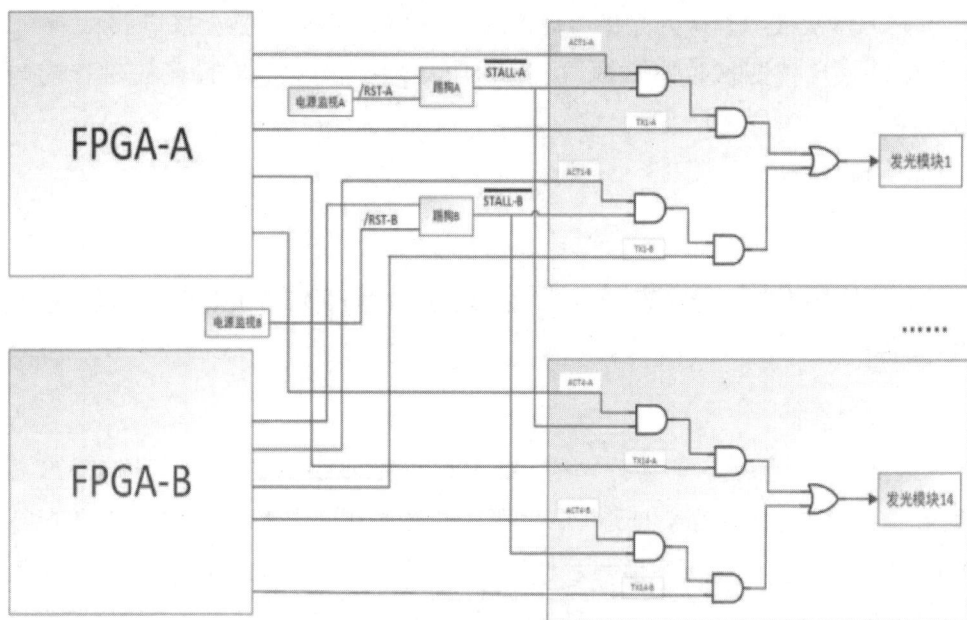

图 1－2－98　阀控触发回路框图

（3）阀控波形分析。如图 1－2－99 所示，B05 板卡接收到对应晶闸管返回的保护性触发回报信号。

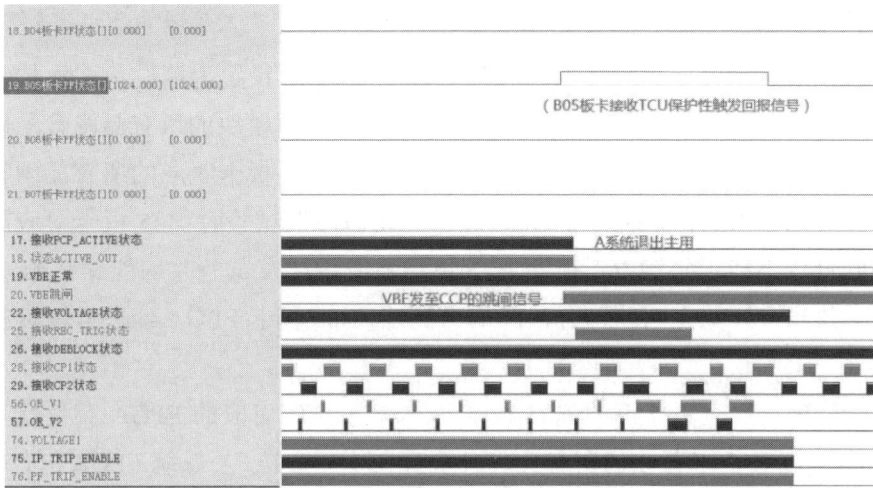

图 1-2-99　阀控录波 1

图 1-2-100 显示同时刻 B05 板卡对应的所有晶闸管均返回了保护性触发回报信号，可见控制脉冲（CP）正常，除 B05 号板卡外，其他板卡工作正常。根据上述信息可见，该板卡对应的所有晶闸管保护性触发动作，数量超过了保护性触发闭锁换流器定值，保护动作正确。

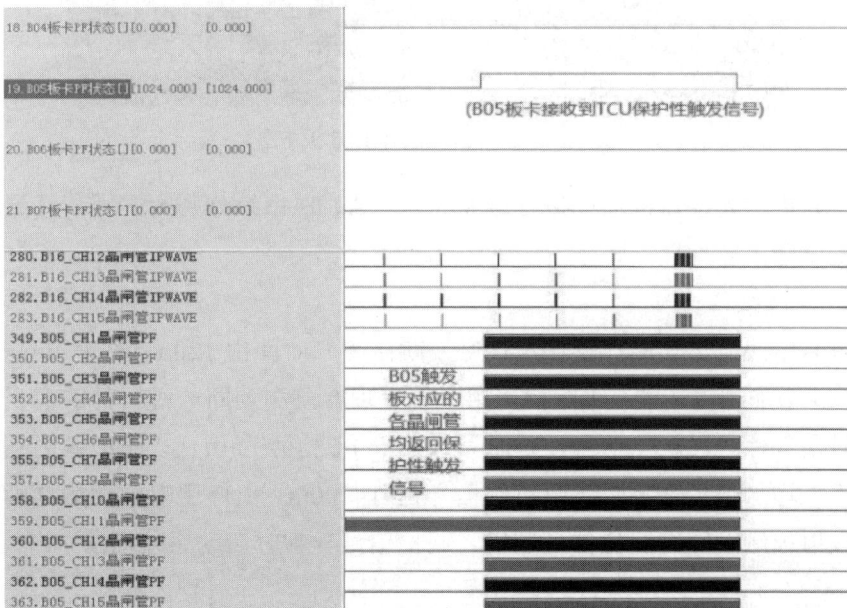

图 1-2-100　阀控录波 2

3. 处理方法

（1）开展光接口板触发通道光信号检测。VBE 设置为测试模式，持续发送触发脉冲，在阀塔侧检测 YD-B 相第 4 层第 2 个阀模块的所有晶闸管的触发脉冲光强信号。A、B 系统分别为主用，检测到 B05 板卡对应的所有晶闸管的触发脉冲光强均正常，但 A 系统为主用系统做触发试验时 B05 板卡对应的所有晶闸管均不能正常触发，B 系统为主用系统做触发试验时均能正常触发.根据以上信息可排除光回路部分故障的可能性，B05 板卡 FPGA 器件故障可能性较大。

（2）现场检查更换下的 B05 板卡。发现 A 系统对应的 FPGA 芯片及芯片所在位置 PCB 板卡背面的阻容元件外观存在变色痕迹（A 系统 FPGA 611 管脚发黄，如图 1－2－101 所示）。基本确定本次故障由 B05 板卡 A 系统对应的 FPGA 故障导致。

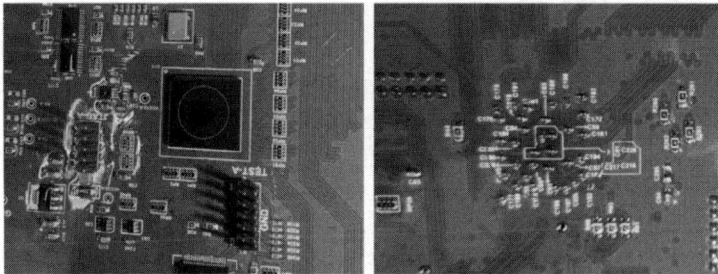

图 1－2－101　故障 B05 板卡

（3）更换光接口板后先进行触发试验，A、B 系统分别为主用，开展晶闸管触发试验。

4. 预防措施

（1）修改逻辑功能：将保护性触发跳闸复归时间由 120ms 改为 40ms。

（2）增加逻辑功能：①阀控主用系统处理器监测到同一阀组件的多个晶闸管同时出现保护性触发信号，延时置 VBE_OK 信号为 0；②VBE 备用系统转主用后，增加保护性触发越限跳闸信号延时 200ms 出口逻辑；③增加阀控系统光发射板触发脉冲回检信号逻辑，回检信号异常时启动系统切换。

第二篇

许继技术换流阀

第一章 理 论 知 识

第一节 概 述

本篇介绍许继技术路线 HVTV2000 型换流阀。

许继换流阀主要有以下特点：换流阀采用模块化设计，晶闸管组件和电抗器组件是组成换流阀的基本模块；每个组件由若干个晶闸管（8～15 个）串联组成，组件集成度高；阀塔采用悬吊式结构；阀塔材料采用阻燃设计，防火性能良好；采用全密封的树脂浇注电抗器，最大限度地减小电抗器运行时的噪声；阀塔采用错层设计，阀塔内部设置有维修平台，方便进入阀塔进行检修维护；阀控系统触发通道冗余配置，通过独特的光分配方式，提升可靠性并减少了光纤连接数量；阀控内置故障录波功能，能够高速记录阀控系统与直流控制系统、阀控系统与换流阀之间的接口信号，方便系统分析和故障快速定位。

许继电气自主化换流阀及阀控设备已在国内外二十多个直流输电工程成功应用，其中国网系统包括锦苏、哈郑、溪浙、灵绍、晋南、锡泰、扎青、青豫、巴基斯坦默拉、土耳其凡城、白江、白浙、葛南改造等重点工程。

第二节 换 流 阀 设 计

换流阀是换流站的核心设备，主要由串联的晶闸管元件、均压回路、阻尼回路、控制单元、阀电抗器以及阀避雷器、阀内冷却管道等部件组成。

高压直流输电工程单个阀组的典型电气连接为 12 脉动换流器，其由两个串联的 6 脉动换流器组成。每个桥臂称为单阀，两个单阀串联构成的一个阀塔称为双重阀，一个阀组共 6 个双重阀塔；四个单阀串联构成的一个阀塔称为四重阀，一个阀组共 3 个四重阀塔。单阀、双重阀、四重阀如图 2-1-1 所示。

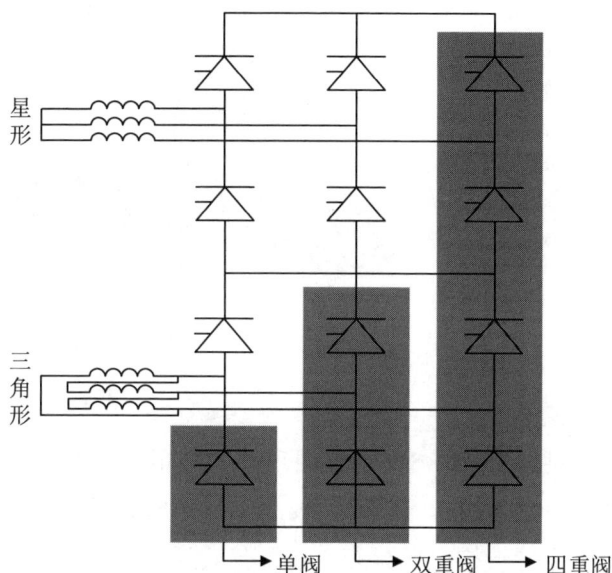

图 2-1-1　单阀和多重阀构成示意图

一、阀塔结构

（一）阀塔整体结构

许继技术路线换流阀阀塔主要由若干阀层、阀屏蔽罩、悬吊结构、阀避雷器、阀冷却回路、光纤回路等部件构成。一般采用双重阀塔结构，每个阀塔内含 2 个单阀，2 个单阀上下排列，每个单阀分为 2 个或 3 个阀层，每个阀层包括 2 个阀组件，每个双重阀阀塔由 8 个或 12 个阀组件构成，上下、侧面配备屏蔽罩，结构上形成一个阀塔。阀塔采用复合绝缘子悬吊于阀厅顶部钢梁上，不需要专门的支撑结构。每个单阀并联一台阀避雷器，通过母线将其连入相应的阀中。阀塔通过冷却水管、通讯光纤等实现与外冷却回路、直流控制系统的连接。图 2-1-2 是双重阀阀塔的三维效果图和实物图。

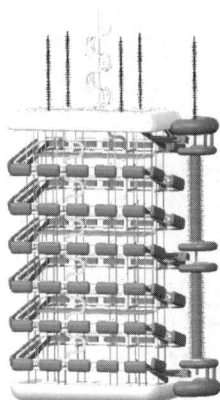

(a) 双重阀阀塔效果图　　　　　　　　(b) 双重阀阀塔实物图

图 2-1-2　双重阀阀塔三维效果及实物图

（二）屏蔽结构

阀塔屏蔽罩（见图 2-1-3）主要由顶部屏蔽罩、底部屏蔽罩和阀层屏蔽罩组成，采用边缘和棱角按圆弧设计，表面光洁平整、无毛刺和凸出部分，均匀阀塔自身悬吊及连接结构电场分布，从而有效降低电晕放电的风险。底部屏蔽罩上装有漏水检测装置，检测整个阀塔的漏水情况。

(a) 阀塔顶部屏蔽罩　　　　　　　　(b) 阀塔底部屏蔽罩

图 2-1-3　阀塔屏蔽罩实物图

（三）悬吊及支撑结构

换流阀悬吊结构主要包含顶部悬吊复合绝缘子和垂直安装在阀塔内的铝框架中的增强玻璃纤维树脂棒，见图 2-1-4。顶部悬吊复合绝缘子主要用于连接阀塔顶部的铝框架；增强玻璃纤维树脂棒主要是将各个阀层串联起来，增强玻璃纤维树脂棒具有足够的强度和韧性，而且树脂棒是全螺纹的，易于将阀塔中的支架固定在需要安装电气单元的地方。这种设计可确保阀体具有足够的柔韧性，同时通过调整固定螺母之间的间距，保证阀层之间必要的绝缘距离。

（四）阀避雷器

阀避雷器（见图 2-1-5）并联于单阀的两端，主要作用是限制换流阀的过电压水平，对换流阀起到保护作用。阀避雷器通常采用复合外套氧化锌避雷器，其内部为具有非线性特性的氧化锌电阻片，外部为复合硅橡胶外套。阀避雷器为悬吊式安装结构，平时不需要维护。阀避雷器设置压力释放装置、具备防爆功能。阀避雷器配置动作计数器，动作次数既能在本地显示，也可通过光纤上传至后台。

图 2-1-4　阀塔绝缘子及框架　　　　　图 2-1-5　阀避雷器实物图

（五）阀塔绝缘设计和模块连接

阀塔基本结构为对称设计，有效减少了使用的连接母线类型及数量，结构简单。阀层采用错层布置。阀层内及层间阀组件用铝制管形母线连接于阀端部的铝排上。光缆槽固定在阀塔顶部并分 2 路垂直进入阀内，在每个阀层处分线。光缆槽采用圆弧形设计，保证不同的电压水平之间满足绝缘要求，并有足够的爬电距离，同时这种柔性设计有效隔离了振动时的相互影响，保证在各种应力下光缆不会断裂。此外，晶闸管组件和电抗器组件之间的阀塔通流铝排连接点采用双碟形弹簧垫圈防松设计，可有效避免震动造成连接点松动引起的发热等问题。

二、阀层结构

阀层主要由晶闸管硅堆、电容器组件、电抗器组件和安装框架构成，如图 2-1-6 所示。在换流阀结构设计中，为了便于检修和安装，采用独特的阀层结构设计，将 2 个晶闸管组件布置成矩形，两端对称放置 2 个电抗器组件，将 2 个晶闸管组件与 4 个电抗器组件串联，构成了一个阀层。阀层采用错层布置，在满足必要电气绝缘要求的前提下，可以使阀塔结构更加紧凑，而且最大限度地增加了阀塔检修空间，降低了现场检修维护难度。

在阀层的中间，设计有绝缘材料制成的检修平台，在阀塔远离阀避雷器侧的铝排上安装了爬梯，维修人员可以很方便地通过爬梯到维修平台上对所有阀层进行维护，如图 2-1-7 所示。

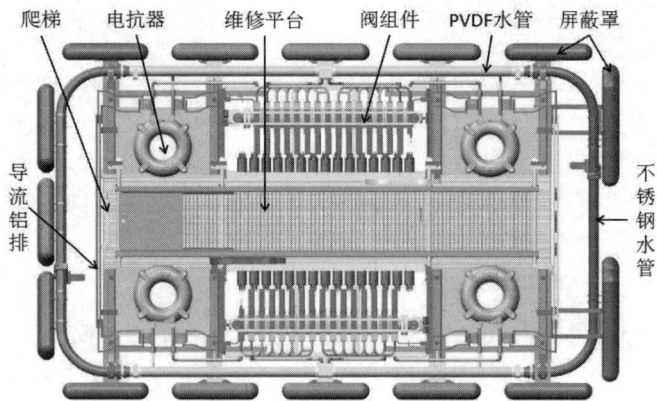

图 2-1-6 阀层布置示意图

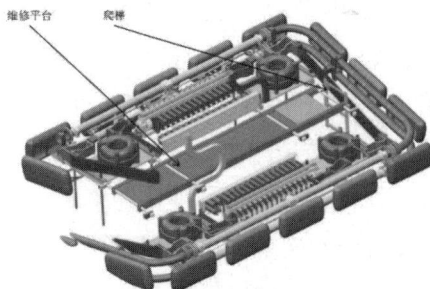

(a) 阀塔检修平台布置示意图

(b) 阀塔检修平台实物图

图 2-1-7 阀塔检修平台

三、晶闸管组件

每个晶闸管组件包含若干个（最多 15 级）串联的晶闸管级。每个晶闸管配备有阻尼和均压回路，以及控制和保护晶闸管的 TCE（晶闸管控制电子设备）。每个晶闸管组件串联若干饱和电抗器。图 2-1-8 为电控换流阀晶闸管组件的等效电路图。

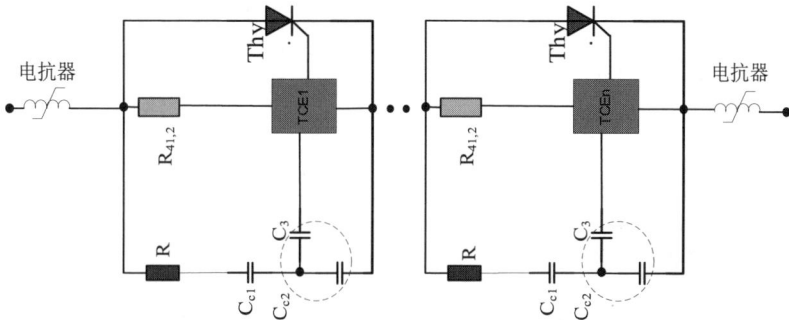

图 2-1-8　晶闸管组件等效电路图

例如泰州站双极换流阀的每个单阀包括 6 个晶闸管组件，分上下两层布置。一个双重阀由 12 个晶闸管组件和 24 台电抗器构成，每个单阀上并联阀避雷器。每个晶闸管级具有各自的触发系统，触发系统为各个晶闸管级提供正向保护触发功能。耐受反向过电压时，阀避雷器与均压回路相配合，保护晶闸管级免受过高电压的损坏。

晶闸管组件（见图 2-1-9）由若干个晶闸管串联而成，晶闸管位于两个铝散热器之间。晶闸管和散热器通过两条夹紧带压接在一起，提供所规定的压

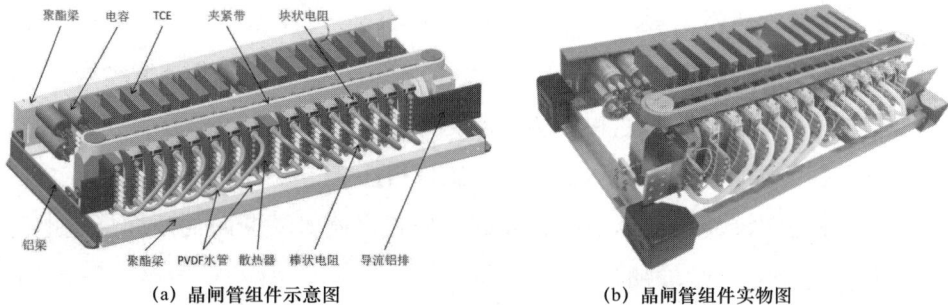

(a) 晶闸管组件示意图　　　　　(b) 晶闸管组件实物图

图 2-1-9　晶闸管组件示意图和实物图

紧力，满足散热和电气连接的要求。为达到规定夹紧力，采用了具有专利技术的夹紧装置，夹紧装置由两根玻璃纤维增强环氧树脂夹紧带、碟簧单元及两个钢质端板组成，见图 2-1-10。碟簧单元可以消除晶闸管/散热器组件上温度变化产生的应力。

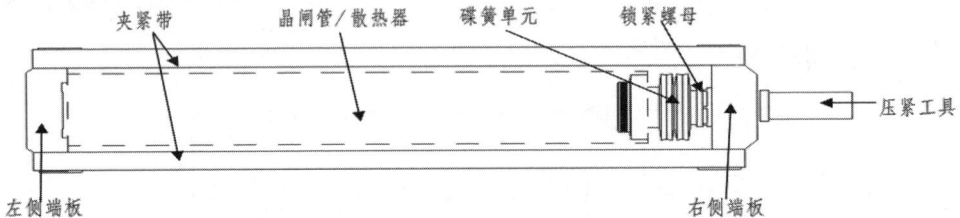

图 2-1-10　晶闸管和散热器组装件内的夹紧装置示意图

四、电抗器组件

电抗器组件主要包含电抗器、固定电抗器的聚酯绝缘板等。本体包括聚酯外壳、PEX-软质绝缘套、铝管线圈、铁芯以及内部填充 PUR 材料。线圈由一根完整的空心铝管绕制而成，不存在断点，此铝管水路负责整个电抗器的冷却，无其他附属水路管道，且铝管直径达 30mm，冷却效率高且不易堵塞。其进出水口为电抗器整体线圈的两端，通过铝合金螺纹与两根 ϕ25mm 硬质 PVDF 水管相连，两根水管相互间和其他元件均不存在接触，水管固定采用 M36 铜质螺母进行紧固，紧固力矩 10N·m，密封可靠。使用专用的吊装工具可以方便地吊装电抗器，图 2-1-11 为电抗器组件示意图及实物图。

阀电抗器主要作用有：

（1）限制晶闸管刚开通时的 di/dt。在晶闸管开通的最初几个微秒内，电抗器在小电流下有很大的非饱和电感值，限制了晶闸管电流的上升率。在晶闸管安全开通后，电抗器进入饱和状态，电感值很小。

（2）在晶闸管关断过程中限制 di/dt，降低晶闸管关断时的反向恢复电荷，从而也起到抑制反向过冲的作用。

（3）利用足够的阻尼来阻止电流过零时产生振荡涌流，保护晶闸管。

（4）在冲击电压下起辅助均压作用，使晶闸管免受电压损坏。

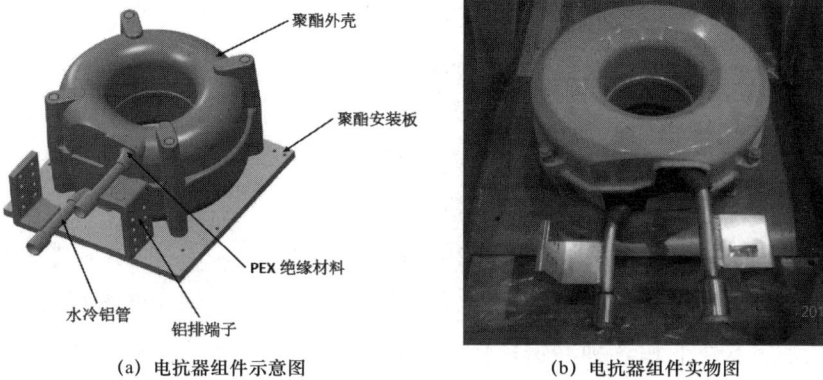

（a）电抗器组件示意图　　　　　　（b）电抗器组件实物图

图 2-1-11　电抗器组件示意图及实物图

五、晶闸管级

晶闸管组件包含若干个晶闸管级。每一个晶闸管级具体组成元件包括：晶闸管、TCE、阻尼回路（阻尼电阻、阻尼电容）及直流均压回路（均压电阻）等，其结构原理示意图如图 2-1-12 所示。以泰州站为例，晶闸管级电气元件主要技术参数为：

晶闸管：电控 6 英寸、7500V/6250A；

阻尼回路：30Ω/1.8μF；

直流均压电阻：72kΩ。

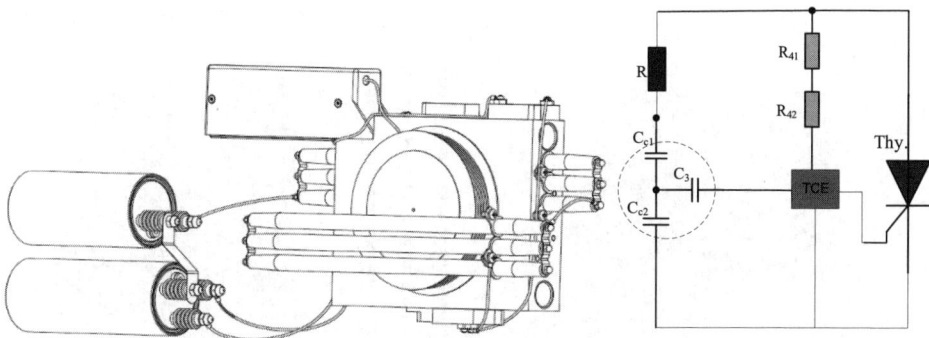

图 2-1-12　晶闸管级结构原理示意图

（一）晶闸管

晶闸管是半控型电力电子器件，只能控制其开通，不能控制关断。晶闸管开通需要两个条件：一是晶闸管阳极和阴极之间承受正向电压；二是晶闸管门极有触发信号。晶闸管开通后，门极就失去控制作用，需流过晶闸管的电流下降到维持电流以下，晶闸管才可关断。泰州站双极换流阀采用电控 6 英寸晶闸管，额定电压为 $U_{RSM}/U_{RRM} = 7500V$，额定电流 6250A。

（二）晶闸管控制电子设备（TCE）

晶闸管控制电子设备（TCE）用于触发和保护晶闸管，TCE 还带有保护触发回路以及反向恢复保护触发回路。TCE 的电源取自晶闸管两端的电压，确保在各种运行条件下和各种冲击电压下，晶闸管都能够可靠触发。TCE 安装在晶闸管阴极侧的散热器上。TCE 电路板整个装在一个金属屏蔽盒内，可防止 EMI 的干扰，同时也可以防潮、防水、防尘。金属铝屏蔽盒用两个螺丝固定在散热器上，不仅可以给电路板散热，而且拆卸和安装十分方便。

（三）阻尼回路

阻尼回路的主要作用是限制阀关断时的换相过冲，使晶闸管间的电压分布均匀，并为 TCE 提供工作电源。每个晶闸管级并联一个阻尼回路，阻尼回路由阻尼电阻和阻尼电容（实物见图 2－1－13）串联而成，电阻插装在散热器内，可以保证充分冷却，保证运行的可靠性。阻尼回路的电容和电阻分别用螺栓紧固，可以很方便对其中任一电容和电阻进行拆卸和安装。阻尼电阻由 6 根电阻并串联而成，其中某个电阻失效，只会造成阻值变大，不会影响相应晶闸管级的运行。

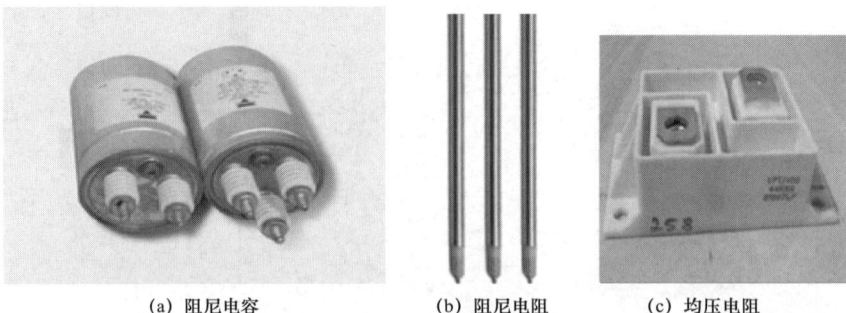

(a) 阻尼电容　　　　　　(b) 阻尼电阻　　　　　(c) 均压电阻

图 2－1－13　晶闸管级电阻、电容实物图

（四）均压电阻

均压电阻的主要作用是为 TCE 提供运行和保护信息，同时在低频电压下实现晶闸管间的均压。均压电阻并联在每个晶闸管级两端，由成对使用的电阻串联组成。均压电阻采用外散热式功率电阻器，需借助水冷散热器散热，电阻值取决于晶闸管两端所允许的最高电压和 TCE 测量装置的电流限值，且必须配对使用。安装时，直接用螺丝将直流均压电阻固定在散热器上，并用导线将其串联。工程上要求两个电阻串联后的阻值误差不超过±2%。

六、换流阀冷却回路

水冷却系统的目的是把晶闸管换流阀在各种运行情况和环境温度下产生的绝大部分热损耗散掉，使晶闸管的温度保持在较低的水平。冷却剂采用 100%的去离子水；阀塔水路中与冷却水直接接触的元器件均选用耐腐蚀材料：PVDF、铝、EPDM 橡胶垫圈、铂和不锈钢等；水路中采用铂电极和不锈钢电极，能有效钳制冷却介质的电位。阀塔阀层 PVDF 主水管和不锈钢主水管之间采用法兰连接，牢固可靠，可以有效避免渗漏水隐患，易于阀的维护。阀塔水路、水管及均压电极实物图见图 2－1－14。

图 2－1－14　阀塔水路、水管及均压电极实物图

（一）阀塔水路

换流阀与阀冷却系统的接口位于每个阀塔顶部水管接口法兰处。进水管和

出水管沿着阀塔螺旋向下。阀层之间，采用弯曲水管，使阀内主水管中的漏电流维持在很低的水平。水管分制成段，管内冷却介质的电位通过铂电极进行控制。图 2－1－15 为一个双重阀阀塔水路向示意图。

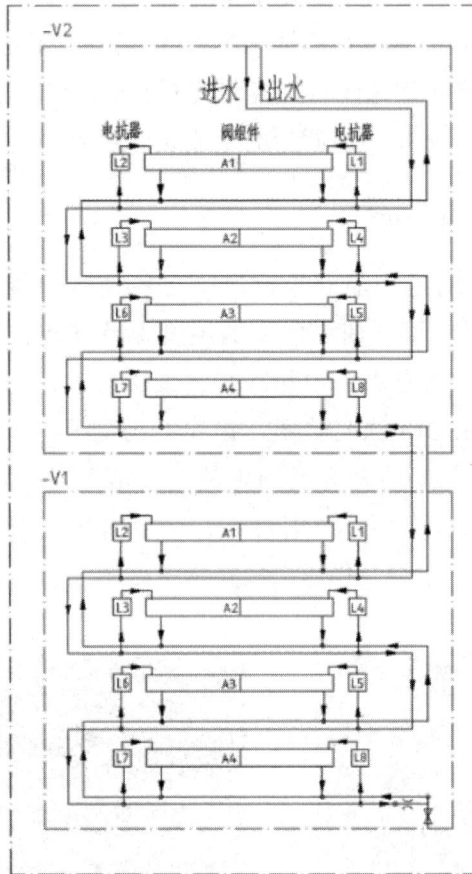

图 2－1－15　双重阀阀塔水路

（二）阀层水路

去离子冷却水流入换流阀塔，然后采用并联方式分配给各个组件，这种设计的主要优点是可以减少阀内水管的连接，最大限度降低漏水的隐患。晶闸管阀层的水分配如图 2－1－16 所示。

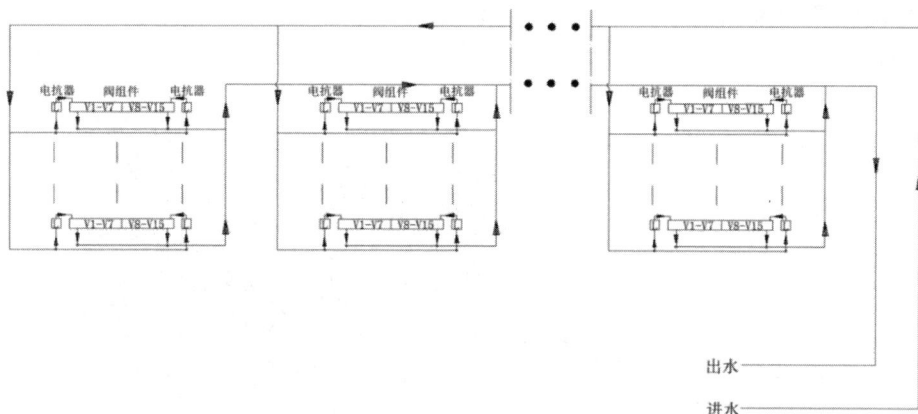

图 2-1-16 晶闸管阀层的水分配图

（三）阀组件水路

阀组件设计中晶闸管采用双面冷却的方式，晶闸管的两边各有一个铝散热器。晶闸管组件采用的是串并联水路，不仅水路结构简单，水管接头数量少，而且散热效果好。由于晶闸管一侧散热器的进水是凉冷却水，而另一侧散热器的进水是温冷却水，因此每个晶闸管通过平均水温的冷却水冷却，具有散热均匀的优点。图 2-1-17 中给出了阀组件中冷却水的流动情况。

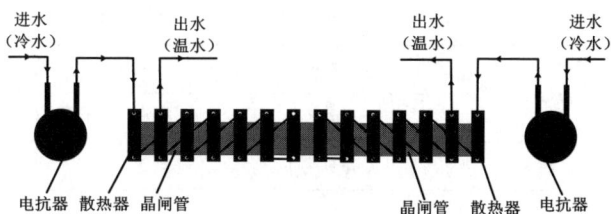

图 2-1-17 阀组件串并联水水路示意图

（四）阀塔漏水检测

每个阀塔底部屏蔽罩内放置有一个集水装置，用于收集泄漏的水，装置内装设有一个浮子监测水位。阀塔内发生漏水时，泄漏的水将沿着阀塔流到屏蔽罩上，之后水将通过倾斜面收集到装有液位指示的集水装置里。浮子上的阻光器将随着水位的升降，位置上下移动。当升高至一级报警或二级报警位置时，相应的光通道被闭锁（通光孔与光通道错位），阀控漏水检测光接收插件如果收不到相应的返回信号，就会发送相应等级的报警事件到控制系统。阀的结构设计能保证泄漏出的液体自动沿沟槽流出，离开带电部件。阀塔漏水检测装置如图 2－1－18 所示。

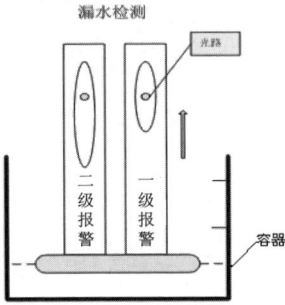

(a) 漏水检测装置示意图　　　　(b) 漏水检测装置实物图
图 2－1－18　阀塔漏水检测装置

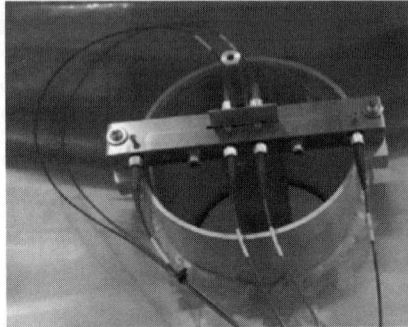

七、换流阀元件配置

换流阀单阀串联最小晶闸管元件数是在阀避雷器操作保护水平基础上，考虑一定安全系数及电压不均匀系数所确定的。泰州换流站换流阀中各元件配置见表 2－1－1。

表 2－1－1　　　　泰州换流站换流阀元件配置表（单阀组）

序号	名称	数量
1	脉冲数	12
2	双重阀数量	6
3	单阀数量	12
4	单阀中的串联阀组件数量	6
5	单个阀组件中晶闸管级的数量	11/12
6	单阀晶闸管数量	70
7	单阀电抗器数量	12
8	一个双重阀塔中晶闸管数量	140
9	单阀晶闸管冗余数量	3

第三节 晶闸管级工作原理

一、晶闸管级电气原理图

每个晶闸管级都配有阻尼电路、直流均压回路和晶闸管控制单元 TCE 板，晶闸管级电气连接示意图如图 2-1-19 所示。

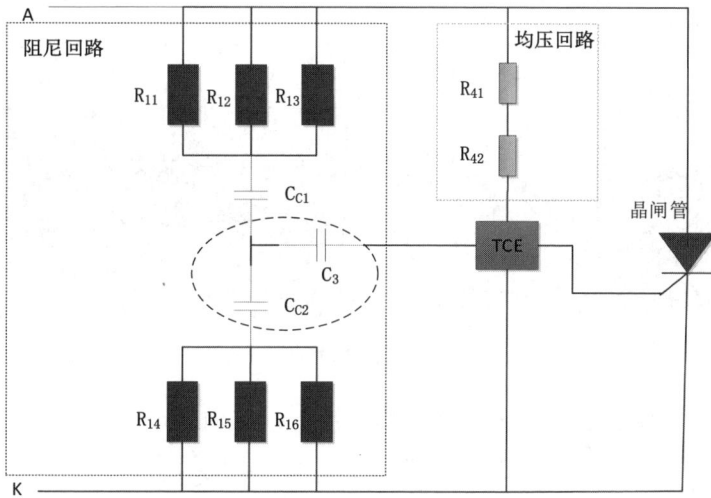

图 2-1-19 晶闸管级电气原理图

二、工作回路

均压回路包括与晶闸管并联的 RC 阻尼回路、直流（DC）均压电阻，以及与晶闸管组件串联的饱和电抗器，其作用是保护晶闸管免受暂态过电压的损坏，在各种电压条件下，实现阀内电压的均匀分布。

（一）RC 阻尼回路

RC 阻尼回路由阻尼电阻、阻尼电容组成。包含 R_{11}、R_{12}、R_{13}、R_{14}、R_{15}、R_{16} 及电容 C_{C1}、C_{C2}、C_3。其功能如下：① 阀内各串联晶闸管的动态均压；② 为 TCE 提供工作电源；③ 限制晶闸管关断时的反向恢复电压过冲；④ 限制阀两端的异常过电压。

（二）直流均压电阻回路

直流均压电阻由 R_{41} 和 R_{42} 串联组成。均压电阻的作用为：① 为 TCE 提供晶闸管两端电压的测量采样；② 使换流阀两端的低频电压分量在每级晶闸管两端均匀分配。

三、晶闸管控制单元

晶闸管控制单元（TCE）是一块 7.2cm×20cm 的电路板，安装在密闭的铝金属盒内，防止电磁干扰及防水、防尘、防火。TCE 板外形如图 2-1-20 所示。

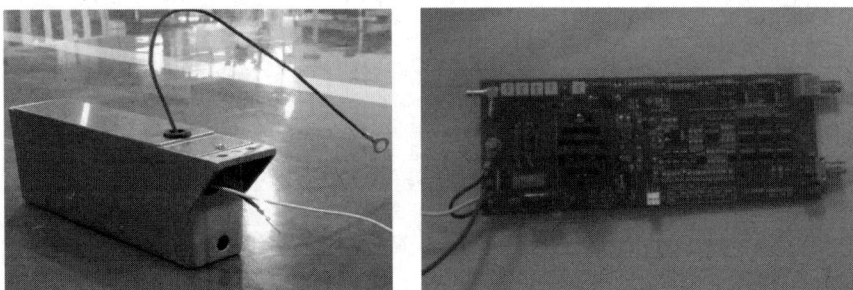

图 2-1-20 TCE 板实物图

TCE 板是阀控系统与换流阀本体的接口。它由 8 个功能模块组成：① 直流均压及电压检测；② 反向恢复期保护；③ 正向过电压保护；④ 取能及电源转换；⑤ 门极触发脉冲放大；⑥ 逻辑处理；⑦ 光发射；⑧ 光接收。其原理框图如图 2-1-21 所示。TCE 板的主要功能是将收发至阀控系统的信号进行光电转换，从而实现高、低压电路之间的光隔离，并对晶闸管进行触发、监测和保护。

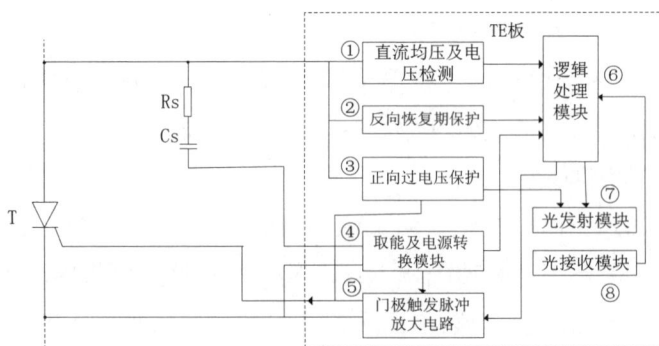

图 2-1-21 TCE 板原理框图

（一）触发功能

直流均压电阻同时作为电压检测电路的分压电阻，TCE 板通过取样电阻实时监测晶闸管两端电压，如果达到正电压建立值，且同时 TCE 板接收到阀控设备发送的触发光脉冲信号，TCE 板将向晶闸管发送触发电脉冲信号，使晶闸管导通。触发电脉冲通过 TCE 板的门极脉冲放大器，将强触发电脉冲发送到晶闸管门极。

（二）电流过零检测功能

当通过晶闸管正向电流过零后，端电压达到一定负值时，此时刻晶闸管端电压被称作负电压建立值，达到负电压被视为晶闸管过零关断的标志。TCE 板一旦检测到晶闸管两端电压达到负电压建立值时，便会向阀控系统发送负向电压建立回检光回报脉冲。阀控系统收到后便会向 TCE 板发送开启反向恢复期保护功能的光信号脉冲。

（三）反向恢复期保护功能

TCE 板具有 du/dt 检测电路，它会实时计算晶闸管两端电压上升率，当 TCE 板检测到负电压建立，并且接收到阀控系统发送的启动光脉冲时，TCE 板开启反向恢复期保护功能。当 TCE 再次接收到阀控系统的光脉冲时，反向恢复期保护功能便会关闭。在此期间晶闸管两端电压上升率一旦超过既定值，TCE 板将向晶闸管发送保护触发脉冲触发晶闸管，并向阀控设备发送回报光信号。

（四）过电压保护功能

TCE 板会实时监测晶闸管两端电压，当晶闸管两端承受的电压峰值高于过电压保护值时 TCE 板就会产生保护触发脉冲，使晶闸管导通，从而避免晶闸管被击穿，同时产生回报光信号发送给阀控系统。这部分电路是完全独立于 TCE 板其他功能之外的，它不需要任何电源的供给，即使 TCE 板其他功能故障，这部分电路仍然能够正常工作，并能够长时间运行，没有时间限制，具有极高的可靠性。

（五）取能功能

TCE 板取能电路通过 RC 阻尼回路进行耦合取能，并储存在 TCE 板储能电容中。储能电容能够在交流系统故障时，仍可以提供足够的能量，使 TCE

板可以在电压降至正常电压的 30%以下时持续工作至少 0.7s，足以安全的触发晶闸管，不会因为储能电容需要再次充电而造成触发的延迟。

第四节 阀 控 系 统

一、阀控系统功能概述

换流阀控制设备 VCE（许继阀控型号）主要功能是实现对晶闸管阀的触发和监测功能，同时提供换流阀与其他控制和保护系统的接口。阀控系统与换流站各系统连接示意如图 2-1-22 所示，阀控与直流控制系统、换流阀信号连接示意图如图 2-1-23 所示。

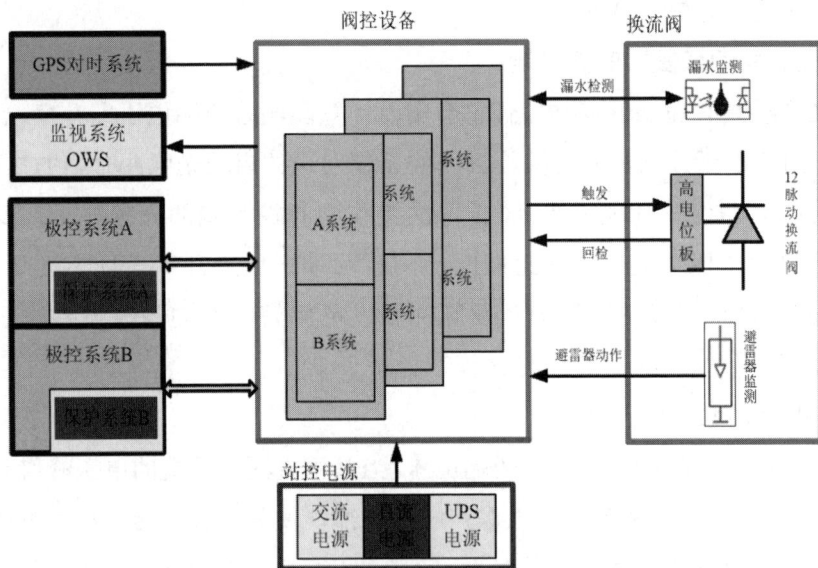

图 2-1-22 阀控系统与换流站各系统连接示意图

VCE 阀控系统采用双重化冗余设计，一套处于主用状态，另一套处于备用状态。阀控系统与直流控制系统的接口采用"一对一"连接。每个独立的阀控系统包括冗余的电源系统、独立的信号输入接口、VCE_RDY 信号输出接口和跳闸输出接口及独立的通信通道。电源系统采用冗余的设计，能够独立控制。阀测控装置和漏水检测装置在机箱内通过配置冗余的插件，实现系统的冗余。

VCE 阀控系统实现了完全冗余配置，除光接收插件外的其他板卡均能够在换流阀不停运的情况下进行故障处理。

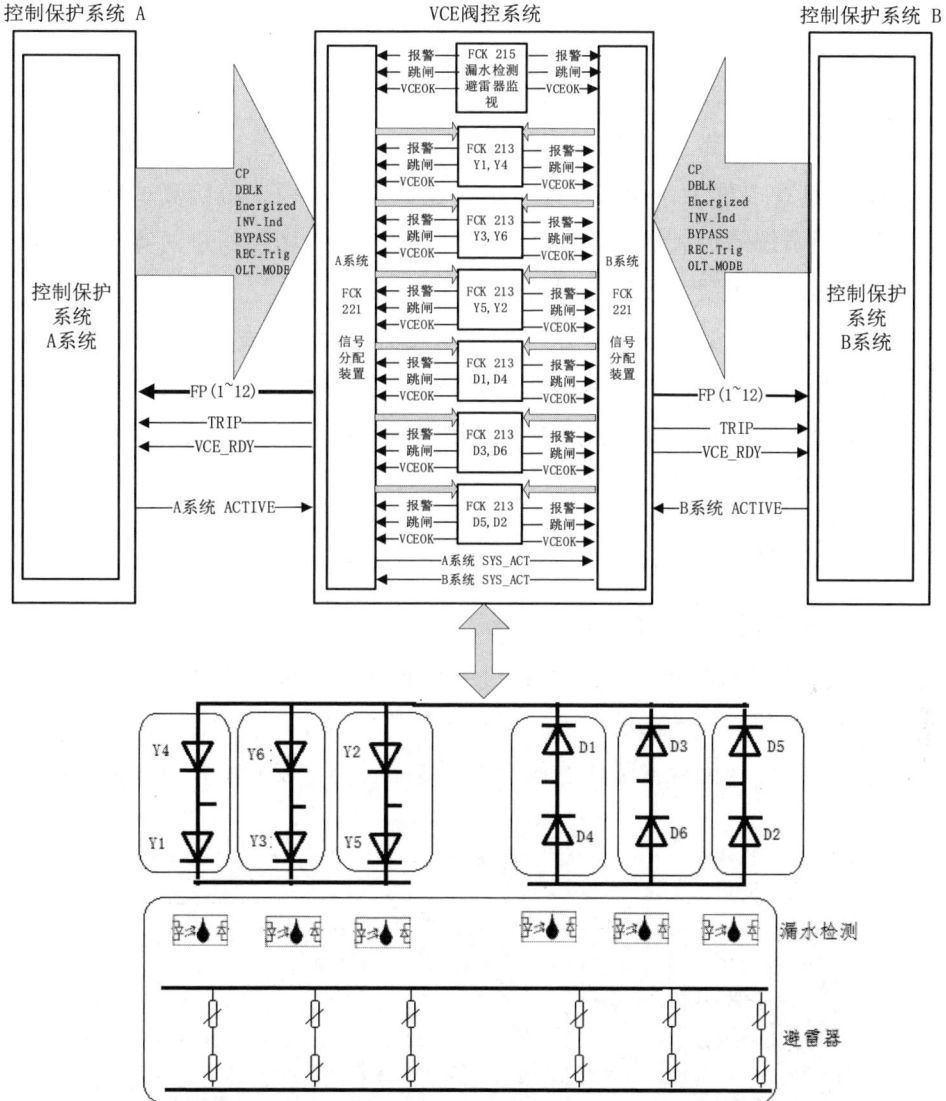

图 2−1−23　阀控与直流控制系统、换流阀信号连接示意图

VCE 的主要功能包括：

（1）产生触发控制脉冲，发送到晶闸管触发控制单元（TCE 板），控制晶闸管的触发；

（2）监视晶闸管状态，输出报警事件或跳闸请求信号；

（3）监视来自直流控制系统的接口信号；

（4）发送换流阀触发反馈信号到直流控制系统；

（5）阀控系统的自检；

（6）监视避雷器动作输出避雷器动作事件报文；

（7）检测阀塔漏水情况，输出报警信息和事件报文。

VCE 具备多种工作模式，如上电预检、正常解锁、单级测试等模式，根据直流控制系统的控制指令，VCE 进行工作模式的切换，进而实现对换流阀的预检、解锁、闭锁、投旁通对等操作。

根据晶闸管的触发方式可分为光直接触发式和电触发式，其中电触发阀控系统根据控制逻辑又可分为单脉冲技术路线和五脉冲技术路线。锡泰直流工程逆变侧泰州站阀控设备由许继供货，采用五脉冲技术路线。以下以泰州站阀控为例进行详细说明介绍。

二、阀控系统结构

（一）阀控系统总体结构

VCE 阀控系统总体结构如图 2-1-24 所示，主要完成换流阀脉冲下发、状态监视及相关的保护功能。阀控系统下发触发脉冲至换流阀，同时通过 TCE 板反馈的回检信号监视换流阀晶闸管级状态。阀控下发漏水检测脉冲经阀塔漏

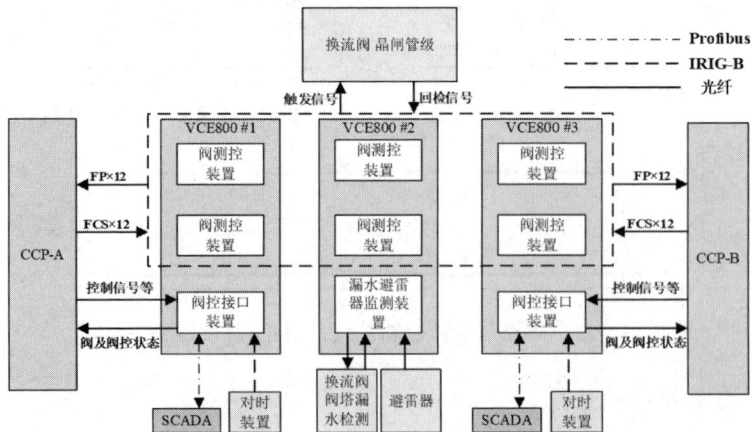

图 2-1-24　VCE 阀控系统总体架构

水检测装置转接后返回至阀控，以此检测回路实现阀塔漏水监视功能。同时阀控接收检测阀避雷器动作信号，完成对阀避雷器的监视。阀控系统依据接收自直流控制系统的 SYS_ACT、DBLK 等控制信号进行换流阀运行状态的转换与触发脉冲的生成，同时阀控系统将晶闸管触发信号反馈至直流控制系统。阀控系统还与 GPS 对时系统和 SCADA 监视系统连接，接收对时信号与发送相关事件报文。

（二）VCE 阀控屏柜设计

VCE 阀控系统配置 3 面控制屏柜，分别对应 A/B/C 三相换流阀控制。每每面 VCE 控制柜内包括 2 个阀测控装置、1 个阀控接口装置 FCK221 或 1 个漏水避雷器检测装置。VCE 阀控屏柜布置图如图 2-1-25 所示。

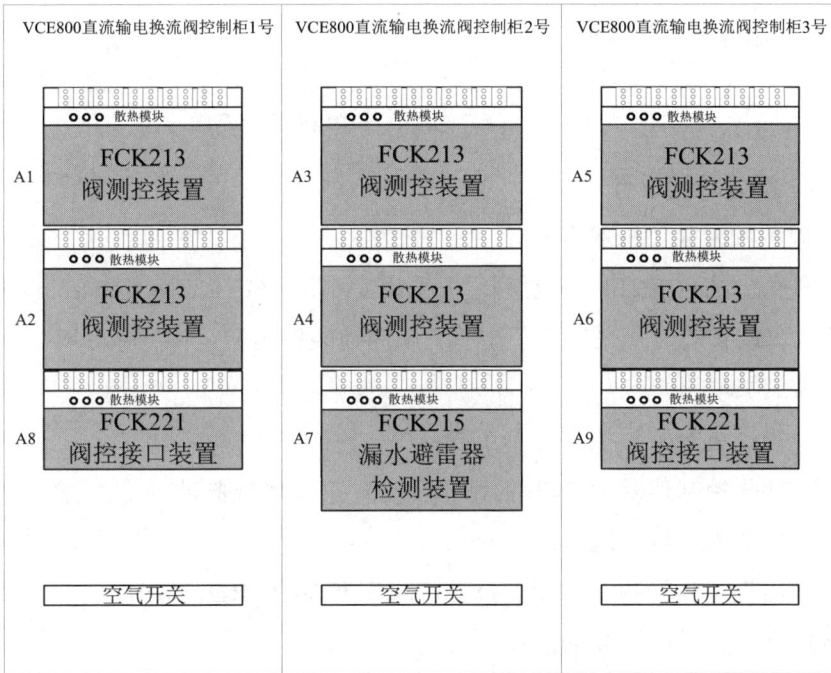

图 2-1-25　VCE 阀控屏柜布置图

（三）阀控系统电源设计

每面屏柜有独立的四路直流电源进线，每路经电源模块转换为 DC 24V，其中 1 号、2 号路和 3 号、4 号路分别耦合后为机箱供电。以 VCE 1 号屏内的 A1、A2　FCK213 机箱供电回路为例，如图 2-1-26 所示。

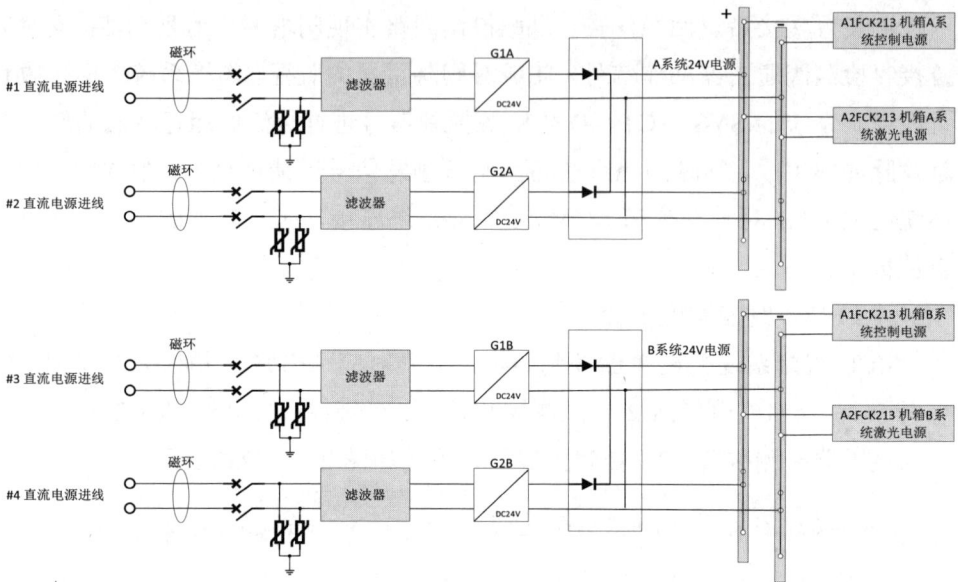

图 2-1-26　VCE 阀控系统供电回路示意图

（四）阀控机箱设计

1. 阀测控装置（FCK213）

阀测控装置 FCK213（装置型号）采用 19 英寸 6U（1U≈44.54mm）机箱，与阀控接口装置的连接采用光纤方式。阀测控装置电源采用冗余设计。该装置主要有以下 7 项功能：

（1）每个机箱监视控制 2 个单阀；

（2）接收控制信号和 TCE 的回报信号，产生触发脉冲；

（3）检测光纤触发通道；

（4）监视晶闸管状态，输出报警，跳闸和 VCE_RDY 信号；

（5）接口信号的录波功能；

（6）系统的对时功能；

（7）与阀控接口装置的光纤通信功能，输出报警和状态事件信息。

装置分为 A、B 系统，其中 IO（J1）、MC（D1）为 A 系统，IO（J2）、MC（2）为 B 系统，两个系统的主备切换由直流控制系统发送的主、备信号来驱动。LE、LR 板卡由 A、B 系统共用，其中 LE1、LE2、LR1、LR2、LR3、

LR4、LR5、LR6 对应阀 1，LE3、LE4、LR7、LR8、LR9、LR10、LR11、LR12 对应阀 2。在装置内 A、B 系统对应的 IO、MC 板卡完全相同。阀测控装置板卡配置如图 2-1-27 所示，各板卡功能如表 2-1-2 所示。

表 2-1-2　　　　　　　　　　阀测控装置（FCK213）板卡功能表

IO 接口板卡（J1/J2）	接收来自控制系统的控制信号；向直流控制系统发送 VCE 状态信息；提供电源
MC 处理器板卡（D1/D2）	接收来自直流控制系统的控制信号（FCS）；驱动 LE 板卡发送触发脉冲；处理 LR 板卡接收的回报信息；处理报警、跳闸；产生报文；接口信号录波
LE 光发射板（B2-B5）	发送触发脉冲、光通道检测脉冲；LE1，LE2 对应阀 1 脉冲输出，LE3、LE4 对应阀 2 脉冲输出
LR 光接收板（B6-B11、B12-B17）	接收晶闸管回检信息，进行晶闸管状态和激光通道状态监测，光接收通道接收晶闸管回报信号，其中 B6、B11、B12、B17 接收 11 路，其他板卡接收 12 路

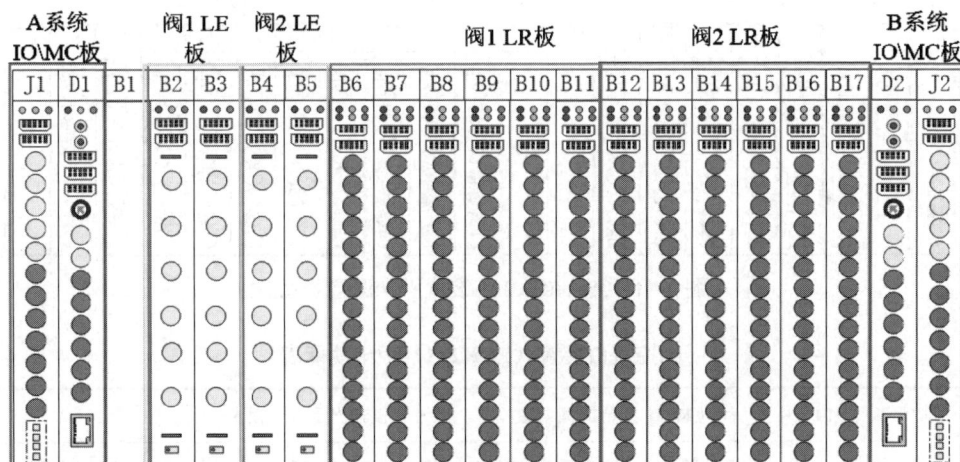

图 2-1-27　FCK213 装置板卡配置示意图

2. 阀控接口装置（FCK221）

阀控接口装置 FCK221（装置型号）采用 19 英寸 4U（1U≈44.54mm）机箱，与阀控接口装置的连接采用光纤方式。阀控接口装置电源采用冗余设计。该装置主要有以下 7 项功能：

（1）与直流控制系统一一对应，将直流控制系统的信号分配到 6 个阀控机箱；

（2）汇总阀控机箱和漏水监视机箱的跳闸、VCE_RDY 信号，输出到直流控制系统；

（3）实现与 6 个阀控机箱、1 个漏水避雷器监视机箱的通信功能；

（4）实现与后台监视系统的通信功能；

（5）接收 GPS 对时系统 IRIG－B 时钟信息；

（6）提供测试模式设置接口；

（7）监视屏柜电源和散热风扇的运行状态。

阀控接口装置板卡配置如图 2－1－28 所示。

阀控接口装置由 1 块电源板、1 块 DIO 板、1 块 CPU 板、4 块 TX 板、10 块 OPT 板卡（3 块 OPTDI、7 块 OPTDO）构成。板卡配置如图 2－1－28 所示，板卡功能见表 2－1－3。

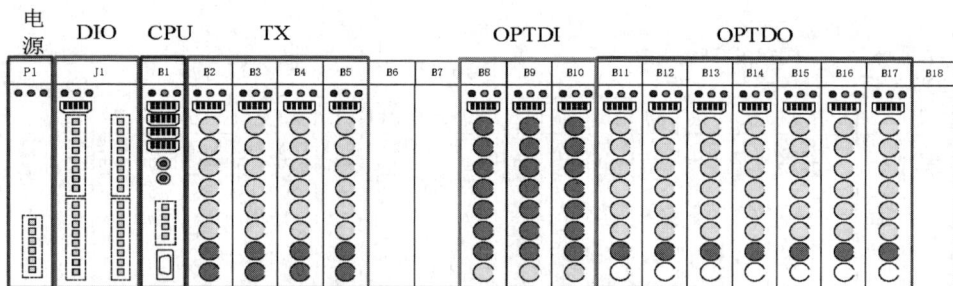

图 2－1－28 FCK221 装置板卡配置示意图

表 2－1－3 阀控接口装置（FCK221）板卡功能表

电源板（P1）	为 FCK221 机箱提供电源输入，通过背板输出至各个板卡
DIO（J1）	提供硬接点监视节点，对直流电源进线，风扇电源，激光发射电源，装置温度进行监视
CPU（B1）	负责核心功能运算，故障判断，装置通信，报文输出，接收控制信号，汇总报警并发送
TX（B2－B5）	每一块板卡对应装置内 2 个装置的 HDLC 通信和 GPS 通信
OPTDI（B8－B10）	汇总 6 个 FCK213 机箱的报警、跳闸、VCE_RDY 信息，汇总处理，发送至直流控制系统
OPTDO（B11－B17）	接收来自直流控制系统的控制信号，控制信号包括 ACTIVE、SYSPAS、Energized、DBLK、BYPASS、INV_Ind 与 REC_Trig，并转发至 6 个 FCK213 机箱

3. 漏水避雷器检测装置

漏水避雷器检测装置 FCK215（装置型号）采用 19 英寸 6U（1U≈44.54mm）机箱，与阀控接口装置采用光纤连接。装置电源采用冗余设计。该装置实现阀塔漏水状态监视功能和阀避雷器动作信号监视功能，并对各避雷器动作进行计数。装置具有避雷器动作信号录波功能，当避雷器动作时启动录波功能，并产生动作避雷器位置和动作次数事件到后台。

漏水避雷器检测装置由 2 块 IO、2 块 MC、2 块 LE、3 块 LR 板卡组成，板卡配置如图 2-1-29 所示，板卡功能见表 2-1-4。

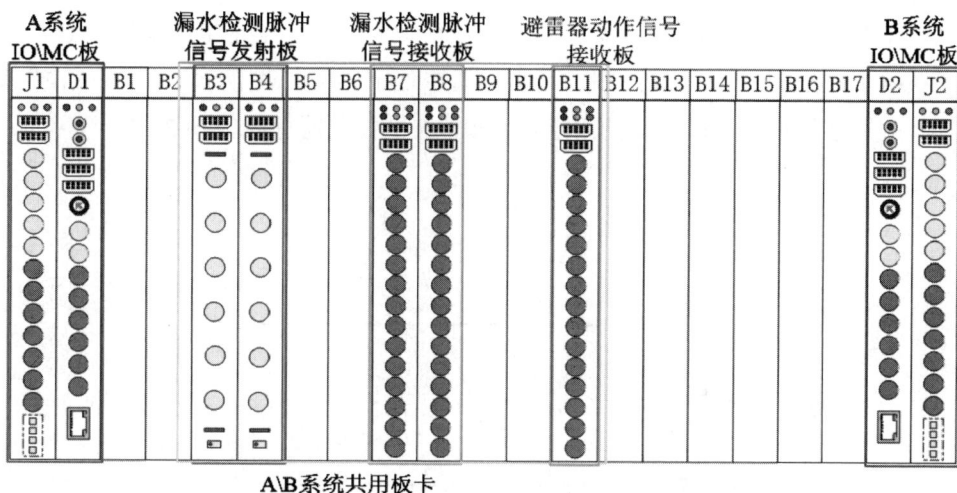

图 2-1-29　FCK215 装置板卡配置示意图

表 2-1-4　　　　　漏水避雷器检测装置 FCK215 功能表

FCK215-IO 接口板卡（J1/J2）	提供机箱电源，报警信号输出，机箱指示灯控制
FCK215-MC 主控板卡（D1/D2）	系统通信，漏水、避雷器状态处理，OLT_START 信号接收与处理，避雷器动作信号高速录波
FCK215-LE 光发射板（B3/B4）	6 个阀塔漏水检测脉冲信号输出
FCK215-LR_vwl 光接收板（B7/B8）	6 阀塔漏水检测点脉冲信号接收
FCK215-LR_surge 光接收板（B11）	12 路阀避雷器动作信号监视

B7 位置 LR 板卡为 6 个阀塔一级漏水报警输入，B8 位置 LR 板卡为 6 个阀塔二级漏水报警输入，B11 位置 LR 板卡为避雷器信号输入。

三、阀控系统功能说明

（一）触发控制功能

阀控系统与一个晶闸管触发控制单元之间通过一收一发两根光纤连接通讯，通过光编码脉冲进行信息交互。根据直流控制系统的控制命令，阀控系统可工作在预检模式或者解锁模式。

1. 预检运行模式

在换流变交流侧断路器闭合且交流电压满足换流阀自检的要求时，直流控制系统下发充电信号有效至阀控，此时阀控处于预检工作模式。在此工作模式下，阀控系统对晶闸管状态进行检测。预检模式控制时序图如图 2-1-30 所示。

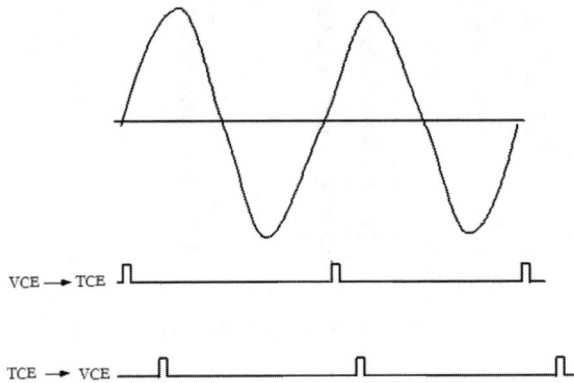

图 2-1-30　预检模式控制时序图

换流阀承受电压后，晶闸管未被触发，处于阻断状态。阀控每个周期产生一个检测脉冲到 TCE。如果晶闸管及其相关的 TCE 和光缆的功能正常，TCE 返回一个回报脉冲到阀控。阀控系统监测回报脉冲并上报缺失回检信号的晶闸管级位置信息。

2. 解锁运行模式

直流系统正常运行时，阀控系统根据直流控制系统的控制命令发出光脉冲编码，控制晶闸管触发控制单元的运行状态，运行时序如图 2-1-31 所示。

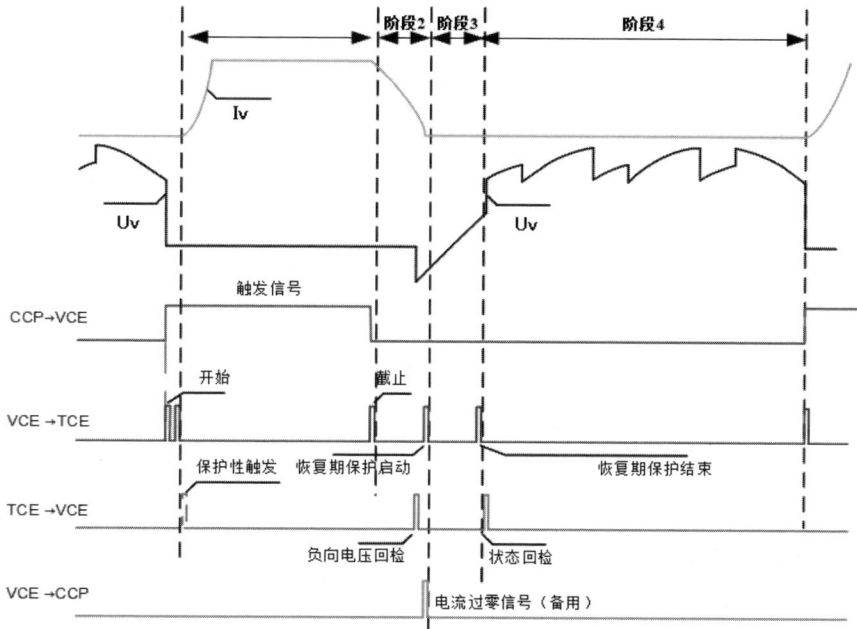

图 2-1-31 解锁运行模式控制时序图

（1）阶段 1：触发阶段。

本阶段可以对晶闸管的门极进行触发。在这个阶段，阀控一旦接收到直流控制系统发来的控制脉冲，就在控制脉冲的上升沿，产生一个脉宽为 3μs 间隔 10μs 的双脉冲，该脉冲送到晶闸管触发控制单元（TCE）上去触发晶闸管，此时，如果晶闸管两端的电压超过触发门槛值，TCE 就会产生一个触发脉冲送到晶闸管的门极。

在这个阶段，只要检测到晶闸管两端的电压超过门槛值，就会补发一个新的门极触发脉冲，导通晶闸管。

（2）阶段 2：关断阶段。

在控制脉冲的下降沿，阀控发送第一个单脉冲（脉宽为 3μs）到 TCE。这个脉冲为停止脉冲，表示晶闸管需结束导通状态从而进入关断状态。当晶闸管关断，并且 TCE 检测到晶闸管两端的电压低于设定值时，TCE 将发送负向电压建立回检信号至 VCE，VCE 对收到的信息进行统计和判断，当接收到一定数量的负向电压建立信号时，则判定为整个单阀负向电压建立（若 VCE 在设定时间内未收到足够数量的负向电压建立信号，则强制产生单阀负向电压建立信号），并发送第 2 个脉宽为 3μs 的单脉冲到 TCE 板，切换到阶段 3。

（3）阶段 3：反向恢复期保护阶段。

在此阶段，晶闸管正处于反向恢复期，如果检测到晶闸管上的正向电压上升率超过晶闸管反向恢复电压耐受值，TCE 将触发导通晶闸管。

此阶段过后，阀控产生第 3 个单脉冲（脉宽 3μs）来改变 TCE 的运行模式。

（4）阶段 4：状态监测阶段。

如果晶闸管上的电压高于触发门槛值或低于关断门槛指示值，在接收到第 3 个单脉冲后，TCE 会发送状态回检脉冲到阀控。该信号直接来源于晶闸管的关断或阻断电压，所以可以立即检测出晶闸管是否有故障。

（二）阀控监视功能

1. 晶闸管状态监视

阀控发送单光脉冲到 TCE，然后根据 TCE 回检光脉冲，判断该晶闸管级是否正常。

预检模式下，阀控根据直流控制系统触发控制脉冲信号，在控制信号上升沿发出一个单脉冲，TCE 检测到晶闸管运行状态正常，回报一个单脉冲到阀控。阀控如果连续 50 个周期没有检测到回报单脉冲，则产生该级晶闸管故障/回检信息丢失报警信息。

解锁模式下，在阶段 4 进行晶闸管状态检测。阀控发出第 3 个单脉冲后，TCE 会返回状态脉冲信号，如果阀控连续 50 个周期未接收到回报脉冲信号，则产生该级晶闸管故障/回检信息丢失报警信息。

阀控检测到单阀内晶闸管故障数量超过保护定值时，阀控将发送跳闸请求信号至直流控制系统，同时输出报警信息至监视系统。

2. 晶闸管过电压保护触发动作监视

正常换相运行时，如果 TCE 发送的门极脉冲丢失，将利用后备触发电路触发晶闸管，保护晶闸管免受过电压的损坏。当晶闸管上的正向电压超过晶闸管耐压保护值时，后备触发电路对晶闸管进行触发。这种触发状态将告知阀控，由阀控进行相应处理。

阀控对发出双脉冲之后一定的时间段进行监测，在此时间段内出现的任何回检信号都认作是保护触发回报信号。如果阀控连续 50 个周期接收到保护触发回报信号，则产生该级晶闸管保护触发动作报警信息。

阀控设备检测到单阀内发生保护触发的晶闸管数量超过保护定值时，将发送跳闸请求信号至直流控制系统，同时输出报警信息至后台监视系统。

3. 光通道监视功能

在解锁运行模式下 VCE 主用系统进行光通道测试。在 FCS 无效期间，VCE 发送光通道检测脉冲，TCE 收到检测脉冲后，会产生相应的光通道检测回报脉冲返回至 VCE。VCE 每 30min 检测一块 LE 板的所有激光通道。如果一个激光通道连续多次检测未收到光通道检测回报脉冲，则判定该光接收板对应的发光通道故障。

4. 触发同步信号监视功能

VCE 系统在解锁运行模式下运行时，监视各单阀触发同步信号 FCS，当 VCE 系统在大于 25ms 未检测到 FCS 信号时，发出报警信息；大于 60ms 未检测到 FCS 信号时，发出报警信息，同时置对应系统的 VCE_RDY 信号为无效状态，申请系统切换。

5. 系统主用/备用信号状态监视功能

阀控系统在换流变充电后（Energized 信号为有效），且主、备信号无异常时，对主、备信号有效状态进行监视。

（1）控制系统同为主。主备信号同时为主超过 1ms，阀控系统产生报警事件，同主期间阀控以"之后的主系统"为值班系统。

（2）控制系统同为备。主备信号同时为备超过 1ms，阀控系统产生报警事件，同备期间阀控以"之前的主系统"为值班系统。

6. 系统对时功能

阀控系统采用 GPS IRIG_B（DC）码进行系统对时，各装置对时相互独立；可接收换流站主时钟系统时钟 IRIG_B（DC）码，422 通信接口，A、B 系统相互独立。

7. 漏水检测功能

阀控系统在直流系统运行时，通过安装在阀塔底部的漏水检测装置，检测阀塔的漏水情况。

阀控系统通过收发对接光纤来完成漏水状态检测,当阀塔内漏水检测装置的水位达到一级报警条件,并且持续时间超过 30s,VCE 产生报警,并上报事件"漏水检测一级报警"。水位继续上升,达到二级报警条件时,并且持续时间超过 5s,上报事件"漏水检测二级报警"。

如果 VCE 在未产生一级报警的情况下,直接检测到二级报警,则报"漏水检测故障"。故障消失后,VCE 取消报警,并产生报警取消的事件信息。

8. 避雷器动作监视功能

VCE 可实现 12 路阀避雷器以及直流场避雷器动作信号的监测功能。当阀避雷器动作时,产生大于 3ms 脉宽信号;当直流场避雷器动作时,产生大于 30μs 脉宽信号。阀控对各避雷器动作进行计数,最大计数值为 255,可通过处理器板故障应答按钮对计数复位。当避雷器动作时,阀控系统将避雷器动作位置和动作次数上传到监视后台。

9. 报警跳闸

除了阀控系统的自身故障检测以外,不同工程的阀控系统发出报警、跳闸信息的条件各不相同,与具体工程的换流阀晶闸管设计、运行状态相关。

输出报警信号条件:① 单阀内存在晶闸管故障;② 单阀内存在 BOD 动作。满足以上任意一个条件即上报报警事件到直流控制系统。

输出跳闸信号条件:② 单阀内晶闸管故障个数越限(泰州站晶闸管故障跳闸定值为 3);② 单阀 BOD 动作个数越限(泰州站晶闸管 BOD 动作跳闸定值为 7)。

(三)阀控系统内置录波功能

阀控 VCE 具有独立的内置故障录波功能,能够对阀控系统所有对外接口信号和内部关键状态信号进行监视录波。阀控录波系统提供对外录波数据读取接口,可通过以太网通信方式将监视结果发送到录波后台,实现录波数据的接收存储、格式转换及数据分析等功能。此外,阀控录波系统支持通过组网方式实现录波文件的远程快速读取和查看分析。其系统结构如图 2-1-32 所示。

VCE 阀控录波功能集成在每个 FCK213 阀测控机箱处理器单元内,录波采样频率达到 1MHz,单条录波时长 800ms(触发前后各 400ms)。单个 FCK213

装置录波通道为 32 路接口信号（最高可达 228 路，可实现 32 路接口控制信号和 196 路晶闸管回报信号记录）。录波波形格式为 IEEE-1999 Comtrade 格式，支持直流控制系统控制触发、手动触发及自触发等多种触发方式。

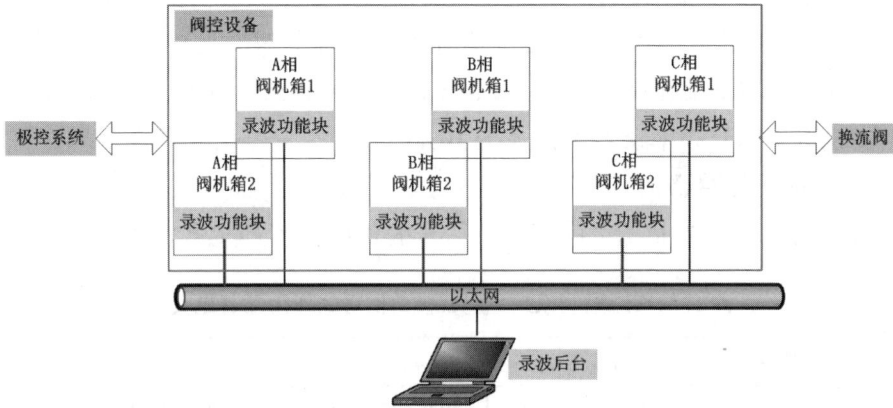

图 2-1-32　VCE 阀控录波系统结构

（四）测试模式功能

VCE 阀控系统具有单级测试模式（见图 2-1-33）及联调试验模式，可通过专用模块控制或通过监控主机下发模式选择命令。在测试和试验模式下，VCE 可自行模拟控制信号及触发控制脉冲信号，无需直流控制系统手动置信号，在直流系统检修期间，不拆线的情况下即可配合晶闸管测试仪完成晶闸管单级功能试验。

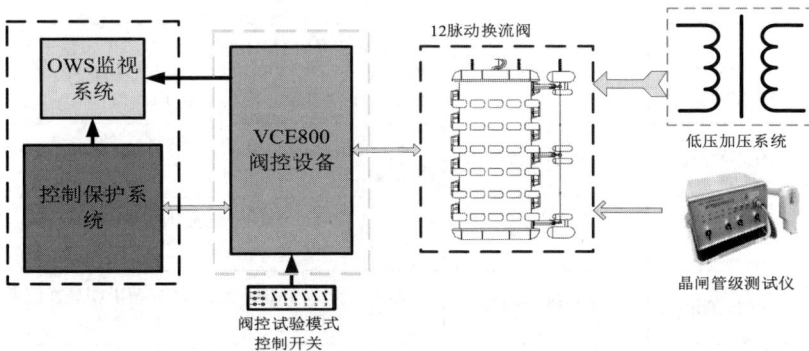

图 2-1-33　阀控单级测试系统框图

四、阀控系统接口设计

阀控系统实时接收并监视来自直流控制系统的接口控制信号状态，完成换流阀晶闸管触发控制和运行状态监视功能；阀控检测到接口信号状态异常时，输出相应报警事件。阀控系统与直流控制系统采取一对一连接方式，其间的所有开关量信号均采用光调制信号，1MHz 表示信号有效，10kHz 表示信号无效，占空比 50%，信号频率误差不得大于 10%。

（一）接口信号表

VCE 与直流控制系统之间各接口信号的作用及其定义见表 2－1－5。

表 2－1－5 VCE 与直流控制系统之间各接口信号的作用及其定义

序号	信号名称	信号含义	说明
1	ACTIVE	系统主用/备用信号	调制光信号，10kHz 表示系统备用，1MHz 表示系统主用
2	ENERGIZED	电压正常/异常信号	调制光信号，10kHz 表示换流阀断电，1MH 表示换流阀充电
3	DBLK	解锁/闭锁信号	调制光信号，10kHz 表示换流阀闭锁，1MHz 表示换流阀解锁
4	BYPASS	投旁通对信号	光调制信号，1MHz 为投旁通对有效，10kHz 为非旁通对
5	INV_Ind	逆变运行状态信号	调制光信号，1MHz 表示阀在逆变运行，10kHz 表示阀在整流运行
6	REC_Trig	录波信号	调制光信号，1MHz 时触发 VBE 内部录波，10kHz 表示正常通讯
7	FCS × 12	触发控制信号	调制光信号，1MHz 表示向对应单阀发出触发控制脉冲，无光表示停发对应单阀触发控制脉冲。FCS 信号周期为 20ms，有效宽度为 120° 电角度
8	OLT_Mode	开路试验模式信号	调制光信号，1MHz 进入开路试验模式，10kHz 退出开路试验模式
9	VCE_RDY	VCE 准备就绪信号	调制光信号，10kHz 表示 VBE 系统不可用，1MHz 表示 VBE 系统可用
10	VCE_Trip	VCE 跳闸信号	光调制信号，1MHz 表示 VBE 请求闭锁换流器，10kHz 表示无闭锁请求
11	FP × 12	触发脉冲回馈信号	调制光信号，FP 信号正常通讯状态下为 1MHz，当 FP 信号有效时，叠加 16μs 宽光脉冲信号

（二）接口信号功能说明

1. 系统主用/备用信号（ACTIVE）

（1）阀控系统监视 ACTIVE 信号通道状态，当在 300μs 内未监视到 1MHz 或 10kHz 的信号时，视为该信号异常。ACTIVE 信号异常时，阀控系统发送报警事件并将本系统 VCE_RDY 信号置为不可用状态。ACTIVE 信号恢复正常时，VCE_RDY 延时一定时间自动复归。

（2）阀控系统运行中有且只能有一个系统处于主用状态，正常系统切换过程中，来自两个直流控制系统的 ACTIVE 信号同时为"主用"或同时为"备用"的时间不得大于 1ms。

（3）如两个阀控系统接收到 ACTIVE 信号同时为"主用"的时间小于或等于 1ms，视为正常系统切换，允许切换期间两个系统同为主用系统；如两个阀控系统接收到 ACTIVE 信号同时为"主用"的时间大于 1ms，视为系统主从状态异常，阀控系统发送同主超时报警事件并将后变为"主用"的系统作为实际主用系统继续运行，上述过程 VCE_RDY 信号保持不变，不发闭锁指令。

（4）如两个阀控系统接收到 ACTIVE 信号同时为"备用"的时间小于或等于 1ms，视为正常系统切换，切换期间原主用系统保持为实际主用系统，切换完成后原备用系统成为主用系统；如两个阀控系统接收到 ACTIVE 信号同时为"备用"的时间大于 1ms，视为系统主从状态异常，阀控系统发送同备超时报警事件并将原主用系统保持为实际主用系统直至有一个系统的 ACTIVE 信号变为"主用"，上述过程 VCE_RDY 信号保持不变，不发闭锁指令。

2. 充电/断电信号（ENERGIZED）

（1）充电/断电信号（ENERGIZED）用于表示换流器合上交流侧断路器且交流电压满足换流阀自检的要求。1MHz 表示换流器充电，10kHz 表示换流器断电。

（2）如换流器处于解锁运行状态下 ENERGIZED 信号指示变为"断电"时，阀控系统发送相应的事件并维持原系统继续运行。

（3）阀控系统监视 ENERGIZED 信号通道，当在 300μs 内未监视到 1MHz 或 10kHz 的信号时，视为该信号异常，阀控系统发送报警事件，维持系统继续运行，不闭锁阀自检功能，不置 VCE_RDY 为不可用。

3. 触发控制信号（Fire Control Signal，FCS）

（1）控制脉冲（FCS）为直流控制系统发送给阀控系统的换流阀触发控制信号，1MHz 表示应向对应的单阀发出触发脉冲，无光表示停发对应单阀的触发脉冲，每个换流器共有 12 路 FCS 信号。投旁通对期间，仅选中旁通对的 FCS 信号为 1MHz；投旁通对期间发生 Ud-block 时，选中旁通对的 FCS 信号保持为 1MHz。

（2）阀控系统监视 12 路 FCS 信号通道，监视由换流器充电、直流控制系统发送 FCS 信号开始，到换流器失电、直流控制系统停发 FCS 信号结束。监视期间，对任何 FCS 信号通道，如连续 20ms 内阀控系统未收到 FCS 信号或收到非 1MHz 的 FCS 信号，视为该信号通道异常，阀控系统发送报警事件并维持原系统继续运行；如连续 60ms 内阀控系统未收到 FCS 信号或收到非 1MHz 的 FCS 信号，视为该信号通道故障，阀控系统发报警事件并将本系统 VCE_RDY 信号置为不可用状态。投旁通对期间阀控系统应闭锁 12 路 FCS 信号通道监视。

4. 解锁/闭锁信号（DBLK）

（1）解锁/闭锁信号（DBLK）用于指示换流阀的解锁或闭锁，1MHz 为解锁运行指令，10kHz 为闭锁指令。该信号是唯一决定阀控系统是否发送触发脉冲至晶闸管的指令，有效期间，阀控系统应根据 FCS 发触发脉冲。

（2）阀控系统监视 DBLK 信号通道，当在 300μs 内未监视到 1MHz 或 10kHz 的信号时，视为该信号异常，阀控系统发送报警事件并将本系统 VCE_RDY 信号置为不可用状态。

（3）DBLK 信号通道异常后，阀控系统延时一定时间后退出解锁运行模式，停发触发脉冲。

5. 投旁通对信号（BYPASS）

（1）投旁通对信号（BYPASS）表示系统正在投旁通对运行，1MHz 为投旁通对，10kHz 为非旁通对。投旁通对期间阀控系统应闭锁 FCS 信号通道监视和阀自检功能。BYPASS 不作为投旁通对的指令，是否投旁通对由 DBLK 和 FCS 信号决定。

（2）阀控系统监视 BYPASS 信号通道，当在 300μs 内未监视到 1MHz 或

10kHz 的信号时，视为该信号异常，阀控系统发送报警事件，闭锁 CP 通道自检，不闭锁阀自检功能，不置 VCE_RDY 为不可用。

6. 逆变运行状态信号（INV_Ind）

（1）逆变运行状态信号（INV_Ind）用于逆变侧在同时失去两套直流控制系统时投紧急旁通对。1MHz 为逆变运行，10kHz 为整流运行。

（2）直流系统逆变运行且解锁条件下，当两套阀控系统在 5ms 内均监视到 DBLK 和 ACTIVE 信号异常时，认为两套直流控制系统均故障，按照"1"阀和"4"阀投紧急旁通对。

（3）阀控系统监视 INV_Ind 信号通道，当在 300μs 内未监视到 1MHz 或 10kHz 的信号时，视为该信号异常，阀控系统发送报警事件，不置 VCE_RDY 为不可用。

7. 录波信号（REC_Trig）

（1）录波信号（REC_Trig）用于启动阀控系统内置故障录波供故障分析。1MHz 为启动录波，10kHz 为正常通信状态。

（2）阀控系统监视 REC_Trig 信号通道，当在 300μs 内未监视到 1MHz 或 10kHz 的信号时，阀控系统仅发送报警事件，不置 VCE_RDY 为不可用。

8. VCE 可用信号（VCE_RDY）

阀控系统可用信号（VCE_RDY）反映阀控系统的"装置性"故障及 CCP 至阀控系统的信号通道状况。1MHz 表示阀控系统正常，10kHz 表示该阀控系统不可用。

9. VCE 闭锁信号（VCE_TRIP）

阀控系统闭锁信号（VCE_TRIP）反映换流阀本体的过电压保护和晶闸管冗余不足故障。1MHz 表示阀控系统请求闭锁换流器，10kHz 表示无闭锁请求。

10. 触发脉冲回馈信号（FP）

（1）解锁运行期间，阀控系统应向直流控制系统反馈其发送至晶闸管的触发脉冲信号，用于换流阀误触发、丢脉冲检测。每个换流器共 12 路 FP 信号，当无触发脉冲时，对应 FP 信号为 1MHz；当产生触发脉冲时，对应 FP 信号为 1MHz 载波信号叠加 16μs 的高电平。

（2）阀控主、备系统均应反馈触发状态至对应直流控制系统。

五、阀控系统故障处理机制

VCE 实时监视换流阀及阀控设备运行状态，当检测到故障时阀控系统输出报警信息、跳闸请求信号或 VCE_RDY 无效信号，申请直流控制系统进行系统切换。阀控系统相关故障信息对应的处理机制见表 2-1-6。

表 2-1-6　　　　　阀控系统相关故障信息对应的处理机制

序号	故障现象	处理措施
1	一个单阀内有小于等于晶闸管冗余耗尽跳闸定值的晶闸管故障	输出报警事件
2	一个单阀内有小于等于晶闸管 BOD 动作越限跳闸定值的晶闸管 BOD 动作	
3	各阀塔漏水监视监测到阀塔漏水量达到设定值	
4	任一系统直流电源监视信号异常	
5	VCE 监视功能使能时，FCS 丢失，FCS 触发脉冲丢失时间超过 25ms 且小于 60ms	
6	任一激光触发通道故障	
7	一个单阀内有大于晶闸管冗余耗尽跳闸定值的晶闸管故障	输出 VCE_TRIP 信号为有效状态，申请系统切换
8	一个单阀内有大于晶闸管 BOD 动作越限跳闸定值的晶闸管级 BOD 动作	
9	VCE 监视功能使能时，FCS 丢失，FCS 触发脉冲丢失时间超过 60ms	输出 VCE_RDY 信号为无效状态，申请系统切换
10	插件出现故障	
11	VCE 内部通信故障	
12	VCE 监视功能使能时，换流变充电信号、系统解锁、系统主用信号无信号或为 1MHz 和 10kHz 以外的频率或调制光信号频率误差超过 ±10%	

第二章 技 能 实 践

第一节 换 流 阀 检 修

一、晶闸管更换

晶闸管见图 2-2-1。

图 2-2-1 晶闸管

（一）工具及耗材

（1）端部撑开工具 1 件（附带 1 件手动液压泵），见图 2-2-2。

（2）打磨工具 1 件，见图 2-2-3。

（3）散热器撑开块，见图 2-2-4。

（4）尖嘴夹钳。

（5）晶闸管提升带 1 条，根据现场需要配置，见图 2-2-5。

（6）95.6mm 大叉扳手 YST130 晶闸管用，根据现场需要配置，见图 2-2-6。

（7）螺丝刀。TORX 25 花形螺丝刀 1 把、TORX 20 花形螺丝刀 1 把、TORX 30 花形螺丝刀 1 把、1/4″带 TORX 20 花形螺丝刀头套筒、1/4″带 TORX 30 花形螺丝刀头套筒、1/4″带 TORX 25 花形螺丝刀头套筒，见图 2-2-7。

（8）力矩扳手 2～12N·m，1/4″接头，见图 2-2-8。

（9）阀测试仪器及相关附件，包括接地电缆。

（10）无水酒精、无毛纸、P600 砂纸、硅油若干。

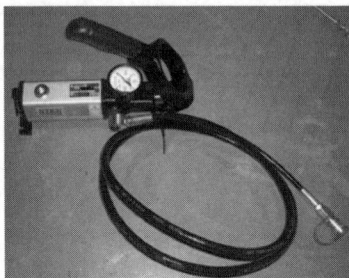

图 2-2-2　端部撑开工具

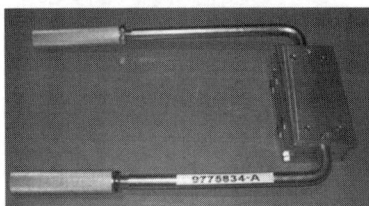

图 2-2-3　打磨工具

图 2-2-4　散热器撑开块

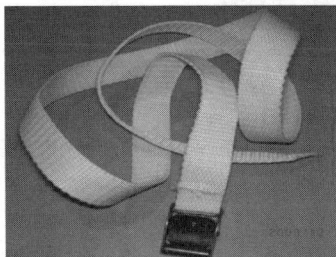

图 2-2-5　晶闸管提升带

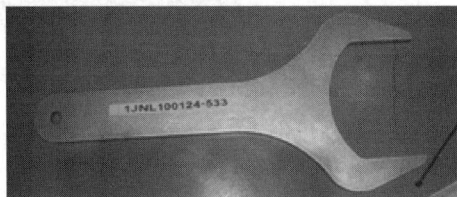

图 2-2-6　95.6mm 大扳手

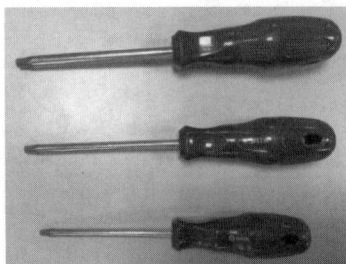

图 2-2-7　花形螺丝刀

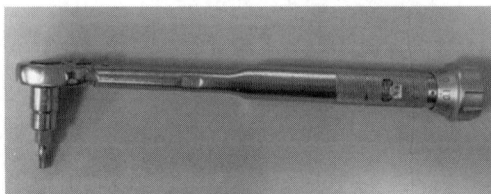

图 2-2-8　力矩扳手 2～12N·m + T30 花形旋具套筒

（二）晶闸管更换工艺流程及操作要点

1. 晶闸管更换工艺流程

晶闸管更换工艺流程见图 2-2-9。

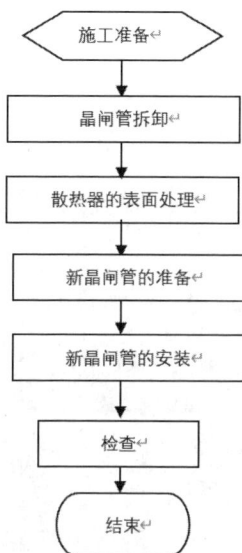

图 2-2-9　晶闸管更换工艺流程

2. 更换晶闸管

（1）晶闸管的拆卸。

1）从 TCE 上断开晶闸管门级电缆与 TCE 的连接。

2）把端部加压工具放置在阀组件右端板上，见图 2-2-10 所示。

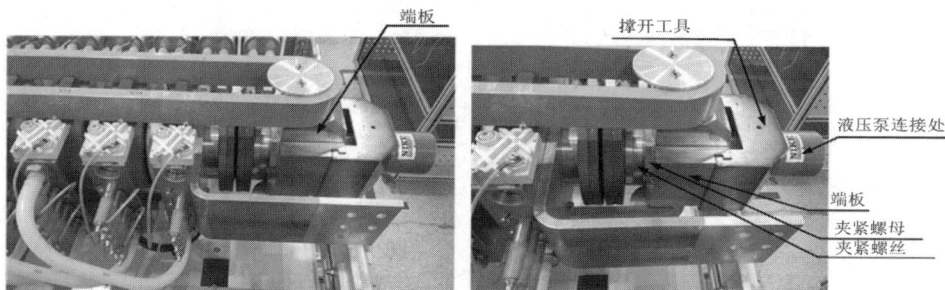

图 2-2-10　端部加压工具放置

3）连接撑开工具附带液压泵，加压至 190kN。施压时必须关闭泄压阀。

4）读取端部加压工具液压泵压力计的读数。

5）把右端板内的夹紧螺母向阀组件左侧旋转，直到不能旋转为止，再往回旋转1～2圈。旋转之前，要在夹紧螺母和右端板之间画一道标记线。

6）慢慢松开连到端部加压装置的手压泵上的卸压阀。

7）拆除硅堆上方夹紧带。用 TORX30 螺丝刀拆下夹紧带两端铝垫板的 M6X16 沉头螺丝固定螺钉，然后依次取下铝垫板和夹紧带。

8）在故障晶闸管两侧散热器之间对角放置两散热器撑开块，见图2-2-11。

图2-2-11 散热器撑开块的放置

9）确保散热器之间有足够大的距离（应在38～40mm 之间但不能超过40mm）保证晶闸管能从散热器之间分离出来，并能对晶闸管进行更换。

10）确保其他位置的晶闸管处于可靠支撑及压紧状态。

11）用尼龙提升带缠绕故障晶闸管，见图2-2-12。

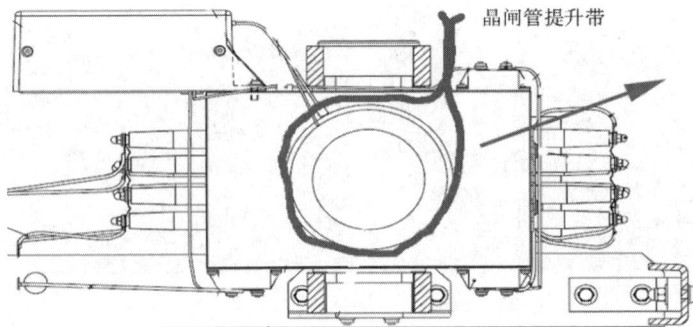

图2-2-12 尼龙提升带放置位置

12) 提起尼龙带，取出晶闸管。

（2）散热器的表面处理。

1）用酒精和无毛纸清洁散热器表面，直至散热器表面清洁为止。

2）检查散热器的表面没有损坏。

3）使用酒精浸湿抛光工具表面的砂纸，轻轻打磨散热器的接触面，见图 2-2-13 和图 2-2-14 所示。

图 2-2-13　带砂纸的抛光工具　　　　图 2-2-14　打磨散热器接触面

4）再次使用干净的无毛纸和酒精清洁散热器表面，直至散热器表面清洁为止。

5）滴 2 滴硅油到每个散热器表面，再用一块新的无毛纸均匀地涂抹开，干净的表面和涂有硅油的接触面不准用手接触。

（3）新晶闸管的准备。

1）连接一个新的门级电缆到新的晶闸管。

2）放好晶闸管，这样两个接触面都暴露在空气中，在晶闸管的上表面滴上酒精并用 600 号砂纸轻轻地打磨。

3）对另一接触表面重复该步骤。

4）在晶闸管的上表面涂上酒精并用无毛纸仔细清洁。

5）用新无毛纸重复擦拭直至晶闸管表面干净清洁为止，在另一接触面上重复该步骤。

6）在晶闸管的每侧表面都滴上 2 滴硅油，并用无毛纸均匀地涂抹开。

（4）新晶闸管的安装。

1）将晶闸管摆放到合适的位置，适度旋转晶闸管，以便门极位置符合图 2-2-15 要求。确保晶闸管的极性正确，拆下晶闸管提升带和散热器撑开块。

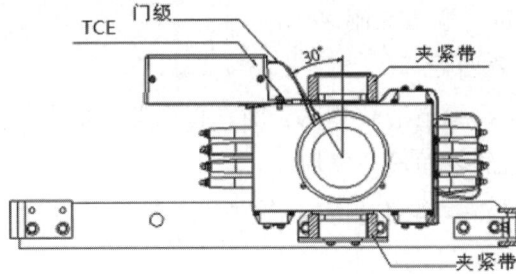

图 2-2-15　晶闸管上门极位置

2）恢复夹紧带的安装。先将夹紧带套在硅堆的左右端板上，然后用 M6X16 沉头螺丝将铝垫板固定在硅堆两端的端板上，紧固力矩为 8 N·m。

3）关闭撑开工具液压泵的泄压阀，在加压的过程可以朝右侧适当旋转夹紧螺母，当夹紧力达到 190kN，用大扳手紧固夹紧螺母。

4）打开撑开工具液压阀上的卸压阀并卸下工具。

5）卸下拆卸工具液压泵上的排泄阀，并卸下工具。

6）将门极线连接到晶闸管控制单元。

7）将所有工具等设备从组件上移走。

（5）检查。

1）确保已经将所有工具等设备从组件上移走。

2）按电路原理图检查所有的电缆已连接正确。

3）使用阀测试仪，测试此阀组件的所有晶闸管级。

二、更换晶闸管控制单元（TCE）

TCE 电缆及其连接见图 2-2-16 和图 2-2-17。

图 2-2-16　TCE 电缆

图 2-2-17　TCE 电缆连接

（一）工具及耗材

（1）TORX 25 花形螺丝刀 1 把。

（2）斜口钳 1 把。

（3）力矩扳手 2～12N·m、1/4″接头。

（4）TORX 25 花形螺丝刀套筒。

（5）L＝99mm 小扎带。

（二）更换步骤

（1）拔掉 TCE 上的触发和回检光缆。

（2）从 TCE 上断开门极电缆的连接。

（3）用 TORX25 螺丝刀松开 TCE 到块状电阻上的电缆连接。

（4）用 TORX25 螺丝刀松开 TCE 到散热器上的电缆连接。

（5）用 13mm 套筒扳手松开 TCE 到阻尼电容上的电缆连接。

（6）用 TORX25 螺丝刀松开散热器上固定 TCE 的紧固螺钉，剪掉接线座上的扎带，用备件替换原来的晶闸管控制单元。

注意：替换 TCE 时应注意保护导线，切勿碰伤绝缘层。

（7）固定 TCE 到散热器上（M5×20 盘头不锈钢花形螺钉＋1 弹垫，紧固力矩 4.1N·m），并连接 TCE 的白色电缆到块状电阻（M5×10 盘头不锈钢花形螺钉＋1 平垫＋1 弹垫，紧固力矩 4.1N·m），连接 TCE 的黑色电缆到散热器（M5×10 盘头不锈钢花形螺钉＋1 平垫＋1 弹垫，紧固力矩 4.1N·m）。

（8）连接 TCE 的红色线缆到阻尼电容，M8 盖形螺母紧固力矩为 8N·m，电缆间距不得小于 20mm。

（9）恢复此 TCE 的光缆连接。

（10）将所有工具等设备从组件上移走。

（11）检查。

1）确保已经将所有工具等设备从组件上移走；

2）按电路原理图检查所有的电缆连接正确；

3）使用阀测试仪器，测试此晶闸管级。

三、更换块状电阻

块状电阻（见图 2－2－18）指的是直流均压电阻（成对使用），即使直流

图 2－2－18　块状电阻

均压电阻中的一个损坏，为满足误差要求必须两个电阻同时更换，确保两个新电阻是相同的编号。

（一）工具及耗材

（1）TORX20 花形螺丝刀 1 把、TORX 25 花形螺丝刀 1 把。

（2）橡胶棍子。

（3）力矩扳手 1～5N·m，见图 2－2－19。

（4）TORX20 长花形旋具头、TORX 25 长花形旋具头，见图 2－2－20。

（5）HTC 导热膏。

（6）无水酒精。

（7）无毛纸。

图 2－2－19　力矩扳手 1～5N·m

图 2－2－20　TORX 25 长花形旋具头

（二）更换步骤

（1）用 TORX 25 花形螺丝刀断开故障电阻上的电缆连接。

（2）用 TORX 20 花形螺丝刀松开块状电阻上的固定螺钉。

（3）用酒精浸湿的无毛纸清洁散热器上块状电阻的安装接触面和新的块状电阻安装表面，确保这些接触面都没有损坏。注意：确认备用电阻阻值正常。

（4）在块状电阻的安装表面涂抹一层均匀的导热膏，导热膏应该用橡胶辊子涂抹，具体按下面要求完成。注意：在电阻器底面涂一层均匀而且薄的导热膏是很重要的。不均匀的导热膏层会在电阻上产生弯曲应力，当电阻器装到散热器上，底层会发生损坏。

1）在一个 10cm×10cm 的平板上放置少量导热膏。

2）用辊子在平板上滚动，使其表面涂上一层均匀而且薄的导热膏。

3）用辊子在电阻器表层涂上导热膏，如图 2－2－21 所示。注意：避免在电阻器边缘涂导热膏，如果涂上导热膏，请清洁表面。

（5）块状电阻的安装。轻轻放在散热器上，±45°左右转动块状电阻，确保电阻器紧紧粘在散热器上。转动电阻器使螺栓孔和散热器一致。在散热器上安装好电阻器后，清洁电阻器边缘上的导热膏，见图2-2-22。

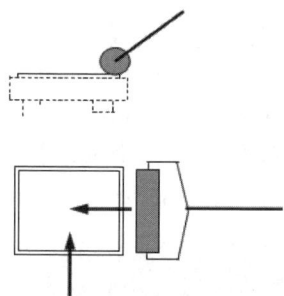

图2-2-21　块状电阻上涂抹导热膏　　　　图2-2-22　块状电阻的安装

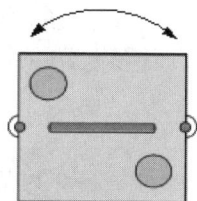

通过2个M4×30螺钉（加上平垫圈和弹簧垫圈）来固定电阻。紧固力矩为1.8N·m。

（6）恢复块状电阻的电缆连接，M5螺钉紧固，紧固力矩为4.1N·m。

（7）检查更换后的电阻的阻值。

（8）检查。

1）按照阀组件的电气原理图检查电缆连接。

2）使用阀测试仪，测试此晶闸管级。

四、更换棒状电阻

棒状电阻如图2-2-23所示。

图2-2-23　棒状电阻

（一）工具及耗材

（1）TORX 30花形螺丝刀1把。

（2）力矩扳手2～12N·m，1/4″接头，见图2-2-24。

（3）TORX 30 花形旋具套筒，见图 2-2-25。

（4）套筒 8mm。

（5）无水酒精。

（6）无毛纸。

图 2-2-24　力矩扳手 2～12N·m+8mm 套筒

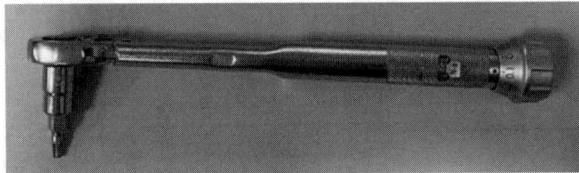

图 2-2-25　力矩扳手 2～12N·m+TRX30 花形旋具套筒

（二）更换步骤

（1）用 TORX 30 花形螺丝刀断开故障棒状电阻的电缆连接，松开电阻上的固定螺钉，并拆下电阻。

（2）用酒精浸湿的无毛纸清洁备用棒状电阻的安装接触面，确保接触面都没有损坏。

（3）测试备用电阻的阻值在规定范围内。

（4）安装新的棒状电阻，M6 螺钉紧固，紧固力矩为 8N·m。

（5）恢复此棒状电阻上的电缆连接，M5 盖形螺母的紧固力矩为 4.1N·m。

（6）检查。

1）按阀组件电气原理图检查电缆连接。

2）使用阀测试仪，测试此晶闸管级。

五、更换阻尼电容

（一）工具及耗材

（1）套筒 19mm，1/2″。

（2）套筒 13mm，1/2″。

（3）阻尼电容，见图 2-2-26。

（4）力矩扳手 5～25N·m，见图 2-2-27。

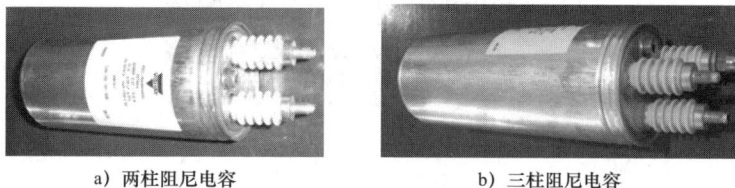

a）两柱阻尼电容   b）三柱阻尼电容

图 2-2-26 阻尼电容

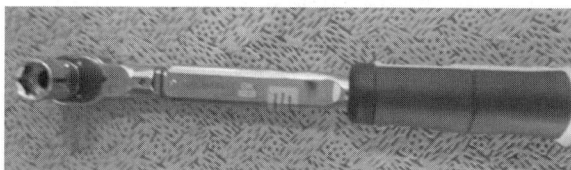

图 2-2-27 力矩扳手 5-25N·m+13mm-1/2″套筒

（二）更换步骤

（1）对电容放电后，断开电容上的连接电缆，并松开电容 M12 螺母，见图 2-2-28。

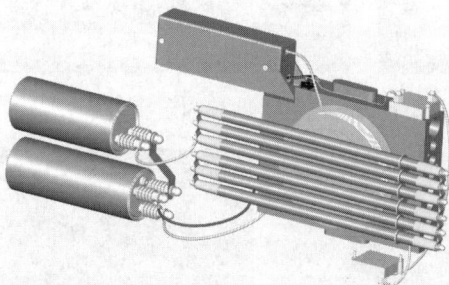

图 2-2-28 两种阻尼电容的固定连接图

（2）测量备用电容的电容值在规定范围内。

（3）把备用电容安装在阀组件上，用 10N·m 的力矩紧固 M12 螺母。

（4）恢复电容接线柱上的电缆连接（M8 螺母，紧固力矩：8N·m），电缆间距不得小于 20mm。紧固电容接线柱螺母时，要用手握住接线柱和力矩扳手棘轮头，缓慢紧固，防止损坏电容接线柱，见图 2-2-29。

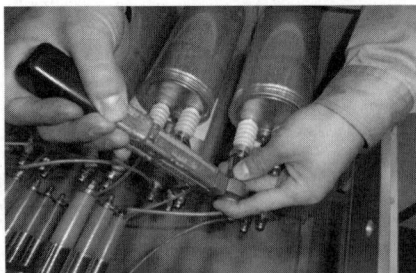

图 2-2-29 电容接线柱螺母的紧固方式

（5）检查。

1）按阀组件电气原理图检查电缆连接。

2）使用阀测试仪器，测试此晶闸管级。

六、更换 PVDF 冷却水管及其相关附件（O 形密封圈）

两种阀组件水管见图 2-2-30，水路密封圈及密封圈的安装见图 2-2-31。

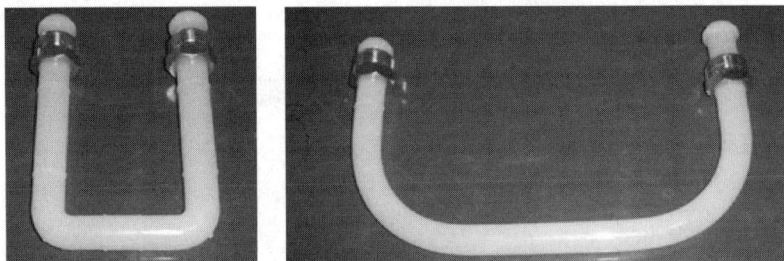

图 2-2-30 两种阀组件水管

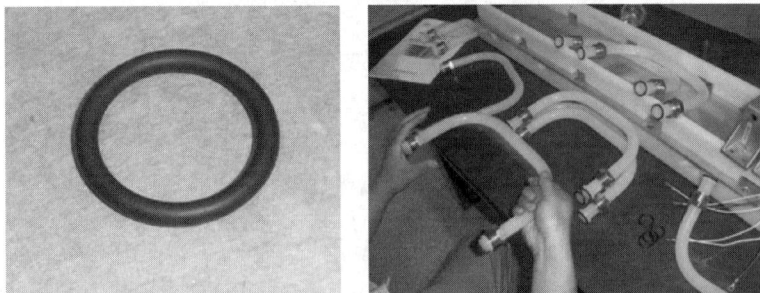

图 2-2-31 水路密封圈及密封圈的安装

（一）工具及耗材

（1）水管接头紧固用工装。

（2）力矩扳手 2～25N·m。

（3）无水酒精。

（4）无毛纸。

（5）凡士林。

（二）更换步骤

（1）如果发现水管接头处渗漏水，首先使用水管力矩扳手紧固水管接头，力矩为 10N·m。

（2）如果继续漏水，松开水管接头，检查水管接头，不允许存在毛刺、碎片、固体微粒或者加工台阶等情况。

（3）如果检查没问题，更换 O 形密封圈，具体安装方式如下所示：

把 O 形密封圈套在水管接头的末端，然后笔直地放到散热器水路接口的合适位置，整个过程一定要细心，这样 O 形密封圈不会脱落，否则 O 形密封圈将会安装到错误的位置。

手动紧固水管紧固压紧螺母，然后用特殊的力矩扳手进行力矩紧固，紧固力 10N·m。水管安装过程中的注意：

1）水管接头压紧螺母紧固前，螺母螺纹和散热器接口处螺纹都要用酒精清洗，白凡士林润滑。

2）如果螺母不太容易紧固，可能是由于螺纹没有得到合适的润滑，或者垫圈没有装到合适的位置，调整垫圈的位置。

3）水管接头压紧螺母紧固时，要保证水管口和散热器接口所在平面垂直，这样就可以保证压紧螺母顺利紧固。

（4）进行阀冷系统加压试验，检测处理后的水管无渗漏。

七、更换电抗器

图 2-2-32　饱和电抗器　　　图 2-2-33　电抗器吊装

图 2-2-34　饱和电抗器安装示意图

（一）工具及耗材

（1）大水管接头紧固用工装。

（2）力矩扳手 10～100N·m（带 1/2″棘轮头）。

（3）18mm-1/2″套筒。

（4）18mm 两用扳手。

（5）水管接头紧固用工装。

（6）力矩扳手 2～25N·m。

（7）电抗器吊装用工装。

（8）1t，28m 电动葫芦 1 台。

（9）力矩扳手 5～50N·m（带 3/8″棘轮头）。

（10）13mm 开口扳手。

（11）无水酒精。

（12）无毛纸。

（13）凡士林。

（14）带钳。

（二）更换步骤

（1）拆除故障电抗器侧所在层及其上层的塔身屏蔽罩；

（2）使用水管安装专用工装，拆除故障电抗器侧所在层及其上层的进出大水管和小水管；

（3）拆除故障电抗器上的铝排软连接，及其上层电抗器的铝排软连接；

（4）拆掉故障电抗器所在层附近的水管支撑；

（5）把电动葫芦悬挂在故障电抗器所在阀塔顶部的钢梁上；

（6）拆除电抗器紧固螺钉；

（7）在电抗器上放置电抗器吊装工装，放下电动葫芦链条，挂上吊装工装，收起电动葫芦链条，注意不要碰到上层的电抗器；

（8）把电抗器向阀塔外部推出，注意在推的过程中防止电抗器跌落，当电动葫芦的链条绷直，且不碰到上层电抗器时，用电动葫芦吊起电抗器，放置在升降平台上；

（9）从故障电抗器上移除更换工装，放置在新电抗器上；

（10）吊起新电抗器，推入电抗器安装位置；

注意事项：当电抗器链条快碰到上层电抗器时，放下电动葫芦链条，用手从电抗器底部托住电抗器，另外一端推进电抗器到安装位置；在电抗器放置到阀塔上铝框架之前，可在铝框架表面涂少许凡士林。

（11）待电抗器推到合适位置，用 M8 螺钉紧固电抗器，力矩为 22.5N·m；

（12）恢复电抗器铝排连接，M12 螺栓紧固力矩为 79N·m；

（13）恢复水路连接，专用工具紧固小水管接头，力矩为 10N·m；

注意事项：进行水路恢复时不要漏装密封圈。

（14）恢复上层电抗器的铝排及其水路连接；

（15）进行阀冷系统加压试验，检测阀电抗器水管无渗漏；

（16）测试主通流回路电阻合格。

八、更换光分配器（MSC）

（一）工具及耗材

（1）力矩扳手 10～100N·m、16mm 套筒。

（2）扎带 $L=99$mm。

（3）斜口钳。

（二）更换步骤

（1）用斜口钳剪掉 MSC 附近光缆上的绑扎带。

（2）拔下 MSC 上的所有光缆。注意不要让光缆急剧弯曲。

（3）拆除到 MSC 底座上的螺栓连接。

（4）将 MSC 从铝型材固定支架上取出。

（5）将新 MSC 放置在铝梁上，调整 MSC 距离铝梁端部的距离，紧固固定螺栓，紧固力矩为 45N·m。

（6）恢复 MSC 上的光缆连接及扎带，如图 2-2-35 所示。

图 2-2-35 光分配器 MSC

（7）检查确保更换后的 MSC 光缆连接完整正确，并对这个组件每个晶闸管级进行触发检查。

九、更换悬吊绝缘子

（一）工具及耗材

（1）2t，6m 手拉葫芦。

（2）吊带 2t，3m。

（3）30mm 两用扳手。

（二）更换步骤

（1）在故障绝缘子两侧悬挂两台手拉葫芦，在手拉葫芦的下端铁钩上各悬挂一根吊带，吊带的另一端固定在阀塔顶部框架的悬吊三角板上；

（2）向下拉紧手拉葫芦，直到要更换的绝缘子变松动为止；

（3）移走绝缘子底部与阀塔框架悬吊三角板之间的连接销钉，拆掉故障绝缘子在钢梁底部的悬挂 U 形螺栓，移走故障绝缘子；

（4）把新绝缘子的上部悬挂到钢梁下部的 U 形螺栓上；

（5）把新绝缘子底部通过销钉和阀塔框架悬吊三角板连接起来；

（6）紧固 U 型螺栓上的螺母，直到绝缘子不能或者轻微移动为止；

（7）松掉手拉葫芦铁链，卸掉手拉葫芦，检查阀塔顶部框架到阀塔钢梁底面的距离；

（8）锁紧 U 型螺栓上的螺母；

（9）移走所有更换材料。

十、更换均压电极

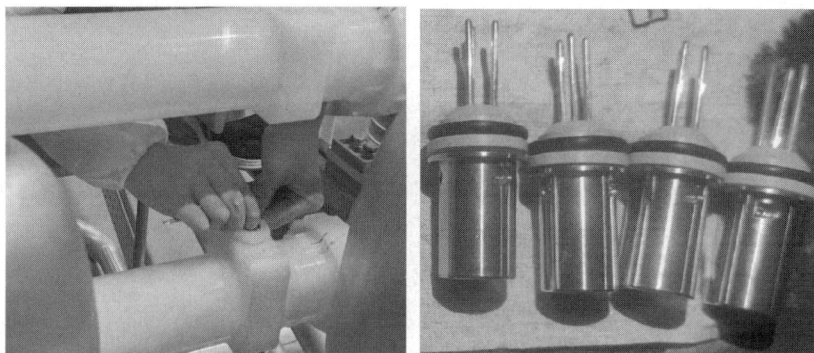

图 2-2-36　均压电极

（一）工具及耗材

（1）5～25N·m 力矩扳手（附带 36mm 开口扳手头）。

（2）T20 花形螺丝刀。

（3）无毛纸。

（二）更换步骤

（1）排内冷水。关闭阀塔进出水阀门，把放水软管引至阀厅外的下水道或者准备储水桶进行储存再利用，然后缓慢开启阀塔底部的排水管阀门进行排水。

（2）用 T20 花形螺丝刀松开固定电极导线的 M4 花形螺丝，松开后将原螺钉重新拧到电极金属座避免螺钉丢失。

（3）使用 5～25N·m 力矩扳手（附 36mm 开口）松开铂电极固定帽，轻微晃动或旋转，确定电极可拔出。如遇电极座无法拔出情况，切勿用力旋转而导致电极针弯曲，可用自攻钉拧入然后使用钳子拔出；电极拔出后，进行除垢、更换电极密封圈。

（4）确认电极合格后，则需要将电极重新安装在主水管上。要求所有密封圈均全部更换成新的密封圈。密封圈安装时仔细检查切勿漏装或扭曲密封圈。小心旋入固定电极的塑料接头，用专用力矩扳手紧固电极塑料接头，紧固力矩为 10N·m，检验合格后用记号笔标记力矩线。并记录更换电极在阀塔所处位置，紧固力矩，操作者等信息。

（5）移走所有更换材料。

十一、更换漏水检测模块

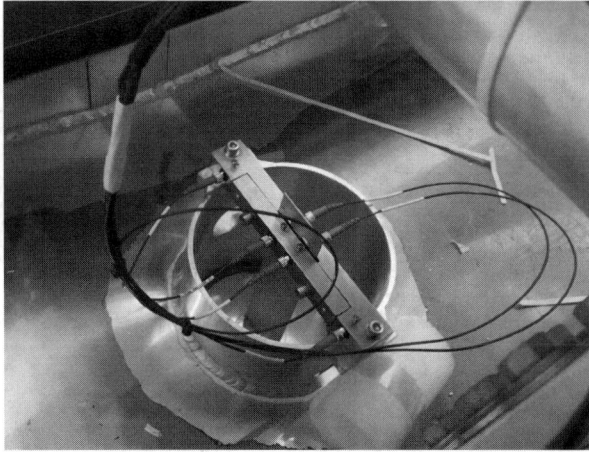

图 2-2-37　漏水检测模块

（一）工具及耗材

（1）T25 六角头螺丝刀。

（2）十字螺丝刀。

（3）无毛纸。

（4）光纤清洁胶带。

（二）更换步骤

（1）将漏水检测模块上的触发光纤和回检光纤拔出，光纤拔出后需用光纤护套进行保护，防止光纤接头损坏或有异物进入；

（2）用 T25 六角头螺丝刀松开固定漏水检测模块的 M5 内六角螺丝；

（3）从集水槽内取出漏水检测装置浮子；

（4）确认新的浮子合格后，则需要将新的浮子重新放置在集水槽内；

（5）回装光纤检测模块；

（6）用光纤清洁胶带对光纤头进行清洁，然后回装光纤。光纤回装后需用十字螺丝刀对光纤头固定螺丝进行紧固，防止光纤接头松动。

第二节 换 流 阀 试 验

一、试验目的

通过验证换流阀晶闸管单元回路的电气性能、参数及功能是否符合设计要求。检测晶闸管级接线正确、晶闸管元件无故障、回路阻抗值在正常区间、触发及保护功能正常。

二、试验接线

1. 测试模式

HVVT800 换流阀功能测试仪能够实现晶闸管级的触发测试、阻抗测试、BOD 测试。根据被测晶闸管级触发信号来源不同，可分为离线测试和在线测试两种模式。

（1）离线测试模式：正确使用光纤连接 HVVT800 与被测晶闸管级，即晶闸管级脱离 VCE 阀控系统，即可完成晶闸管级功能测试。离线测试模式包含手动测试和自动测试，手动测试能够实现具体某一个项目的测试，自动测试下，默认选择所有项目进行逐项测试，详见第 5 章离线测试操作方法；

（2）在线测试模式：可不使用光纤连接 HVVT800 与被测晶闸管级，但需设置 VCE 阀控系统处于测试工作模式，方可完成晶闸管级功能测试。在线测试模式包含手动测试和自动测试，手动测试能够实现具体某一个项目的测试，自动测试下，默认选择所有项目进行逐项测试；

采用在线测试模式开展晶闸管试验时，首先需设置阀控系统处于测试模式，进入换流阀测试工作状态，控制阀控系统发送触发脉冲信号到晶闸管控制单元 TCE。测试时，测试仪自动对晶闸管级施加不同试验电压信号，进行晶闸管短路、阻抗、触发功能和保护触发功能检测，判断测试结果是否合格，并通过后台实时显示测试结果。在线测试模式下阀控系统可识别晶闸管级回报信号，执行晶闸管级状态监测工作，并反馈晶闸管级状态信息至 OWS 后台。测试原理连接示意图如图 2-2-38 所示。

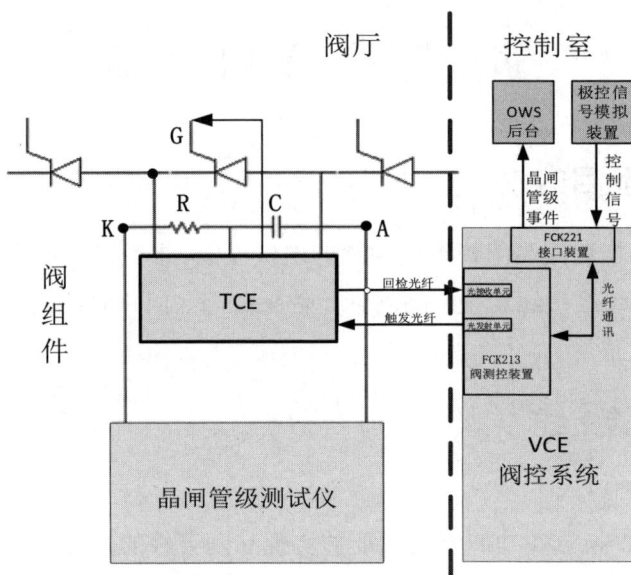

图 2-2-38　测试系统示意图

2. 试验接线

试验开始前需完成以下试验接线操作：

（1）如需对晶闸管级进行就地测试（离线测试），确定被测晶闸管级后，应首先使用 2 根测试光纤分别将阀测试仪左侧的"触发"口与 TCE 板卡的"触发"口连接，阀测试仪左侧的"回检"口与 TCE 板卡上的"回检"口连接，如图 2-2-39 所示；

（2）将测试仪手柄正确放置在被测晶闸管级上，务必确保测试手柄的正负极与晶闸管级的正负极保持一致，注意测试手柄不能压到 TCE 白色导线，如图 2-2-40 所示。

图 2-2-39　光纤连接

图 2-2-40　测试手柄正确放置

三、装置操作

1. 装置上电

（1）上电前，需将专用接地线的一端可靠接地，另一端连接装置本体接地螺栓，使用蝶形螺母进行固定，确保装置始终处于接地状态；

（2）接通 220V 电源，合上装置本体右侧的"进线开关"，如图 2-2-41 所示，装置内部高压继电器会动作，主操作面板电源指示灯亮起，同时工控机开始自启动，待工控机启动后，装置上电完成。

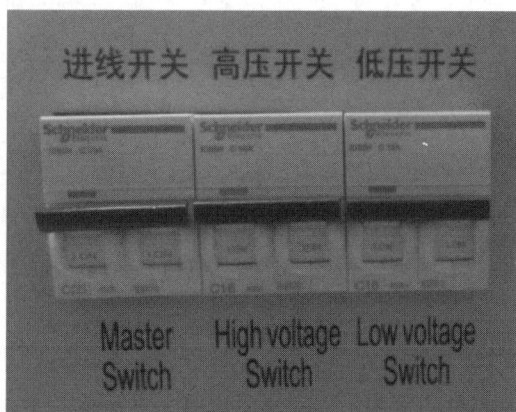

图 2-2-41　装置电源空开

2. 测试后台启动

（1）双击打开工控机 Windows 桌面上的"HVVT800_Test.exe"可执行程

序，如图 2-2-42 所示。

图 2-2-42　HVVT800_Test.exe 可执行程序

（2）打开软件后界面如图 2-2-43 所示，点击"建立连接"，如图 2-2-44 所示。

图 2-2-43　后台界面

3. 测试信息输入

（1）软件启动后，检测日期为自动生成，无需选择或输入；

（2）输入测试人员姓名，在项目名称的下拉菜单中选择"×××工程"，如图 2-2-45 所示；

（3）选择换流阀组、阀塔位置，键入阀塔层数，如图 2-2-46 所示。

图 2-2-44　建立连接

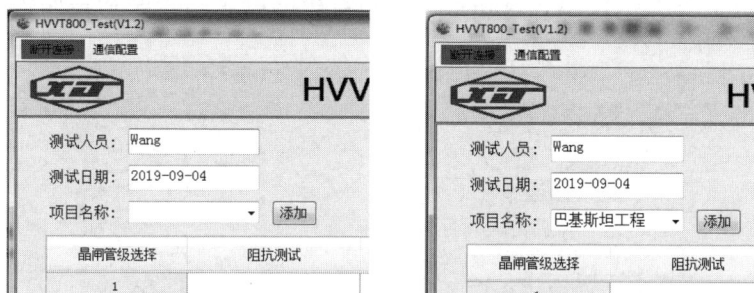

图 2-2-45　键入测试人员、选择项目名称

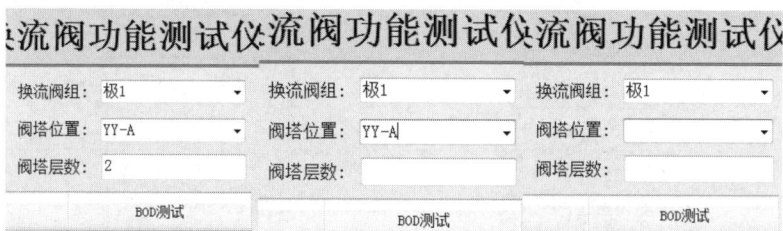

图 2-2-46　选择换流阀组、阀塔位置、键入阀塔层数

4. 自动/手动模式选择

（1）如图 2-2-47 所示，后台界面右上角的"选择测试模式"区域包括"手动""自动"两种模式；

（2）若点击"自动"，"选择测试项目"区域内默认同时选中"阻抗测试""触发测试""BOD 测试"三个测试项目，如图 2-2-44 所示；若点击"手动"，"选择测试项目"区域内不会默认选中任何一个测试项目，还需点击其中任何一个测试项目，该种模式下"阻抗测试""触发测试""BOD 测试"三种测试项目只能选择一项，如图 2-2-48 所示。

注："手动""自动"模式可根据现场试验需求进行自主选择，自动模式下被测晶闸管级相继进行此三项测试，手动模式下被测晶闸管级仅进行选中的某项测试。

5. 试验操作

（1）选择完测试模式、测试项目、晶闸管级，并且放置好测试手柄后，合上装置本体右侧的"低压开关""高压开关"，之后双手分别同时正确旋动"测试"旋钮启动测试，如图 2-2-49 所示，蜂鸣器间断性持续响起警示声响直至测试结束，松开"测试"旋钮，该晶闸管级的测试结果会在界面中显示"合格"或者"不合格"；

图 2-2-47　自动测试模式　　　图 2-2-48　手动测试模式图

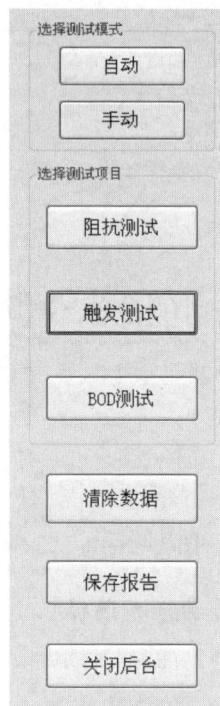

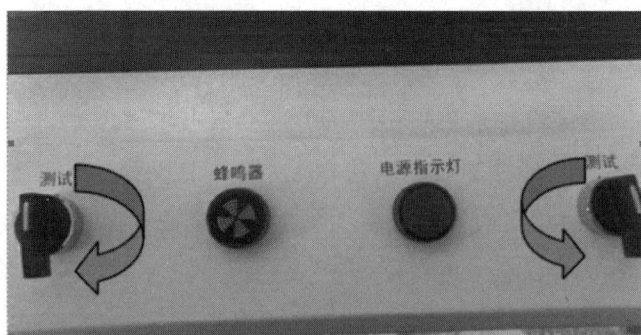

图 2-2-49　正确旋动测试旋钮

（2）选择下一晶闸管级，同时将测试手柄更换至下一级后，再次旋动"测试"旋钮启动下一级的测试；

（3）若对同一晶闸管级进行两次或多次测试，则最后一次测试结果将覆盖上一次测试结果；

（4）测试完毕后，可点击“保存报告”按钮，进行报告的生成及保存，如图 2－2－50 所示；

图 2－2－50　成功保存报告

（5）测试报告位于“报告文件/项目名称”文件夹内，测试报告以 Excel 格式文件进行保存，测试报告模板如图 2－2－51 所示。

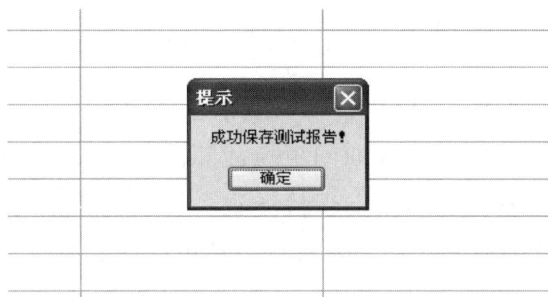

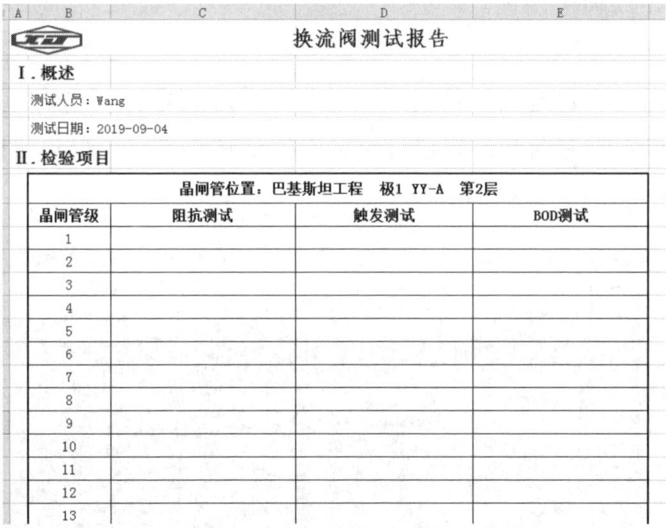

换流阀测试报告

Ⅰ. 概述

测试人员：Wang

测试日期：2019-09-04

Ⅱ. 检验项目

晶闸管位置：巴基斯坦工程　极1　YY-A　第2层			
晶闸管级	阻抗测试	触发测试	BOD测试
1			
2			
3			
4			
5			
6			
7			
8			
9			
10			
11			
12			
13			

图 2－2－51　测试报告

注：若测试结果合格，则测试报告内显示“合格”，若不合格，即认为测试结果超出参考范围，并显示对应的测试数据，以便于进行不合格原因的分析，测试报告以组件为单位进行保存，即每个组件对应一个 Excel 文件，所有测试报告可经 USB 接口导出。

第三节 阀控系统检修

一、更换阀控机箱处理器插件（FCK213-MC）

在换流阀运行期间，可以在备用系统中替换故障的处理器插件，通常情况下，推荐在换流阀退出运行期间更换故障的板卡。更换前，必须确认新板卡安装的软件版本和故障板卡保持一致；更换时，核对备用板卡地址拨码、跳线设置和故障板卡相同。若进行不停电检修更换处理时，应注意以下风险点：① 更换板卡前需在直流控制系统将该套系统置检修或禁切，防止工作中自动将故障系统切为主用系统导致闭锁风险；② 更换板卡前需要断开单套系统电源，存在断电断错系统而导致双系统不可用闭锁阀组的风险；③ 更换板卡过程中应当避免误碰另一套系统光纤，防止唯一正常系统因通信信号中断导致阀组闭锁。

（一）板卡位置

每个 FCK213 阀测控机箱包含 2 个 MC 处理器插件，插件编号为 D1 和 D2，分布在机箱左右两侧，分别对应 A、B 系统。MC 处理器插件位置及实物如图 2-2-52 和图 2-2-53 所示。

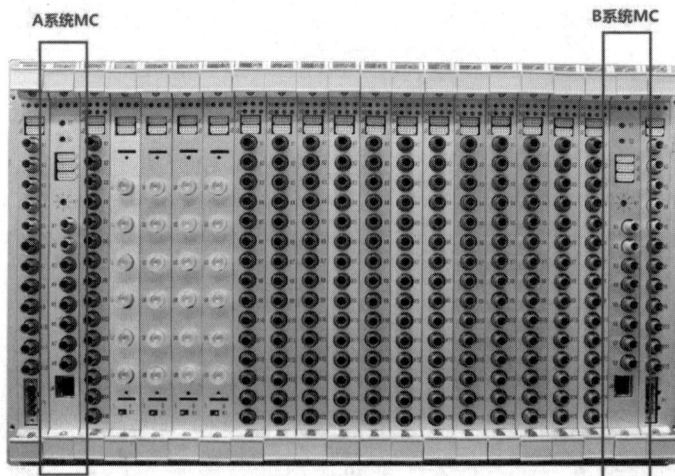

图 2-2-52 MC 处理器插件位置示意图

图 2-2-53 MC 处理器插件

（二）工具与耗材

（1）一字螺丝刀（刀头宽 3mm）；

（2）十字螺丝刀（刀头直径 3mm）；

（3）光纤清洁工具；

（4）防静电手环或手套；

（5）光纤头保护套。

（三）更换步骤

MC 插件更换操作步骤如下：

（1）确保更换的处理器插件是在备用系统或检修状态；

（2）断开故障处理器插件所在系统的电源空开，断开后观察待更换板卡上的电源指示灯（绿色指示灯）已熄灭；

（3）依次拔出光纤，并记录光纤所在位置与光纤标号对应关系，拔下的光纤接头使用防护帽保护；

（4）使用一字起和十字起拆下板卡紧固螺丝；

（5）正确用力将故障板卡从机箱卡槽中拔出；

（6）检查故障板卡外观是否存在明显异常，核对故障板卡与备品板卡跳线、拨码设置保持一致；

（7）将备用板卡插入机箱卡槽中紧固，按所记录的光纤位置重新将光纤连接到板卡上的光纤连接器；

（8）恢复电源空开；

（9）检查确认机箱及板卡状态指示灯正常，后台无报警事件。

二、更换阀控机箱光发射插件（FCK213-LE）

在换流阀运行期间，可以对故障光发射插件进行更换，通常情况下，推荐在换流阀退出运行期间更换故障的板卡。更换前，必须确认新板卡安装的软件版本和故障板卡保持一致；更换时，核对备用板卡地址拨码、跳线设置和故障板卡相同。

（一）板卡位置

每个 FCK213 阀测控机箱包含 4 个 LE 光发射插件，插件编号为 B2、B3、B4、B5，其中 B2、B3 插件对应阀 1，B4、B5 插件对应阀 2。LE 光发射插件位置及实物如图 2-2-54、图 2-2-55 所示。

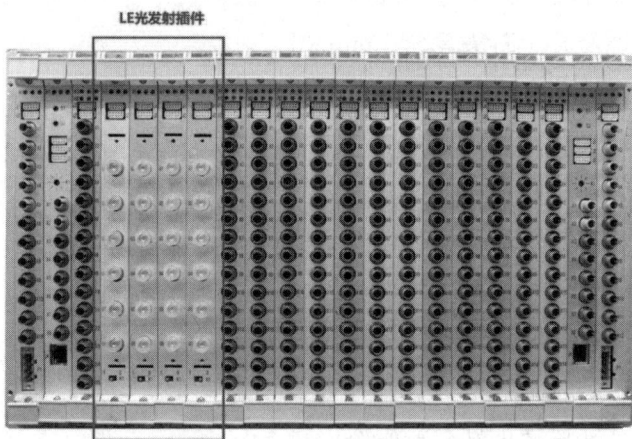

图 2-2-54　LE 插件位置示意图

图 2-2-55　LE 光发射插件

（二）工具与耗材

（1）一字螺丝刀（刀头宽 3mm）；

（2）十字螺丝刀（刀头直径 3mm）；

（3）光纤清洁工具；

（4）防静电手环或手套；

（5）光纤头保护帽。

（三）更换步骤

LE 插件更换操作步骤如下：

（1）断开故障光发射插件电源控制开关，将 LE 插件电源 K1 开关置于"O"位置，观察板卡上电源指示灯（绿色指示灯）熄灭；

（2）使用十字起拧下故障 LE 板卡上的激光挡板固定螺丝，拆除激光挡板；

（3）拆除故障光发射插件上的光纤挡板，拔出光纤，对光纤加装光纤帽进行覆盖，并记录光纤对应位置与编号；

（4）使用一字起和十字起拆下板卡紧固螺丝；

（5）正确用力将 LE 板卡从机箱卡槽中拔出；

（6）检查故障板卡外观是否存在明显异常，核对故障板卡与备品板卡跳线、拨码设置是否一致；

（7）记录新旧板卡序列号，将新板卡插入机箱卡槽中并紧固；

（8）恢复电源空开；

（9）检查确认机箱及板卡状态指示灯正常，后台无报警事件。

三、更换阀控机箱光接收插件（FCK213-LR）

光接收插件为两个冗余的阀控系统的共用元件，必须在换流阀停电检修期间进行更换。更换前，必须确认新板卡安装的软件版本和故障板卡相同；更换时，核对备用板卡拨码设置和故障板卡相同。

（一）板卡位置

每个 FCK213 阀测控机箱包含 12 个 LR 光接收插件，插件编号为 B6~B17，其中 B6~B11 插件对应阀 1，B12~B17 插件对应阀 2。LR 光接收插件位置及实物如图 2-2-56、图 2-2-57 所示。

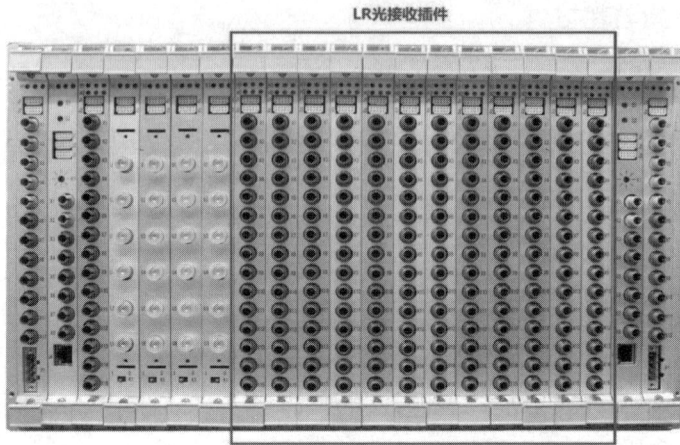

图 2-2-56 LR 插件位置示意图

图 2-2-57 LR 光接收插件

（二）工具与耗材

（1）一字螺丝刀（刀头宽 3mm）；

（2）十字螺丝刀（刀头直径 3mm）；

（3）光纤清洁工具；

（4）防静电手环或手套；

（5）光纤头保护套。

（三）更换步骤

LR 插件更换操作步骤如下：

（1）确认换流阀在检修状态；

（2）断开 A 系统电源冗余空开、B 系统电源冗余空开，断开后观察待更换板卡上的电源指示灯（绿色指示灯）已熄灭；

（3）依次拔出光纤，并记录光纤所在位置与光纤标号对应关系，拔下的光纤接头使用防护帽保护；

（4）使用一字起和十字起拆下板卡紧固螺丝；

（5）正确用力将板卡从机箱卡槽中拔出；

（6）检查故障板卡外观是否存在明显异常，核对故障板卡与备品板卡跳线、拨码设置保持一致；

（7）按所记录的光纤位置重新将光纤连接到板卡上的光纤连接器；

（8）恢复电源空开；

（9）检查确认机箱及板卡状态指示灯正常，后台无报警事件；

（10）进行单级晶闸管触发试验，验证 LR 板晶闸管监视功能。

四、更换阀控机箱接口插件

在换流阀运行期间，可以在备用系统中替换故障的接口插件。更换阀控接口板的风险点、步骤等与更换处理器板的基本一致。

（一）板卡位置

每个 FCK213 阀测控机箱包含 2 个 IO 接口插件，插件编号为 J1 和 J2，分布在机箱左右两侧，分别对应 A、B 系统。MC 处理器 IO 插件位置及实物如图 2-2-58、图 2-2-59 所示。

图 2-2-58　MC 处理器 IO 插件位置示意图

图 2-2-59 MC 处理器 IO 接口插件

（二）工具与耗材

（1）一字螺丝刀（刀头宽 3mm）；

（2）十字螺丝刀（刀头直径 3mm）；

（3）光纤清洁工具；

（4）防静电手环或手套；

（5）光纤头保护套；

（6）万用表。

（三）更换步骤

（1）确保更换的接口插件是在备用系统或检修状态；

（2）断开故障接口插件所在系统的电源空开，检查确认待更换板卡上的电源指示灯（绿色指示灯）已熄灭；

（3）依次拔出光纤和电缆接线接头，并记录光纤所在位置与光纤标号对应关系，拔下的光纤接头使用防护帽保护；

（4）使用一字起和十字起拆下板卡紧固螺丝；

（5）正确用力将板卡从机箱卡槽中拔出；

（6）检查故障板卡外观是否存在明显异常，核对故障板卡与备品板卡跳线、拨码设置保持一致；

（7）将备用板卡插入机箱卡槽中紧固，按所记录的光纤位置重新将光纤连接到板卡上的光纤连接器；

（8）恢复电源空开；

（9）检查确认机箱及板卡状态指示灯正常，后台无报警事件。

五、更换阀控接口机箱插件

许继通信机箱为双机箱冗余配置,在换流阀运行期间,可以在备用系统中替换 FCK221 阀控接口机箱的所有故障插件。

(一)板卡位置

FCK221 阀控接口机箱共包含 6 种插件,即 1 块电源插件、1 块 DIO 插件、1 块 CPU 插件、4 块 TX 插件、3 块 OPTDI 插件和 7 块 OPTDO 插件,所有插件均采用双机箱冗余配置,均可单机箱,断电更换。

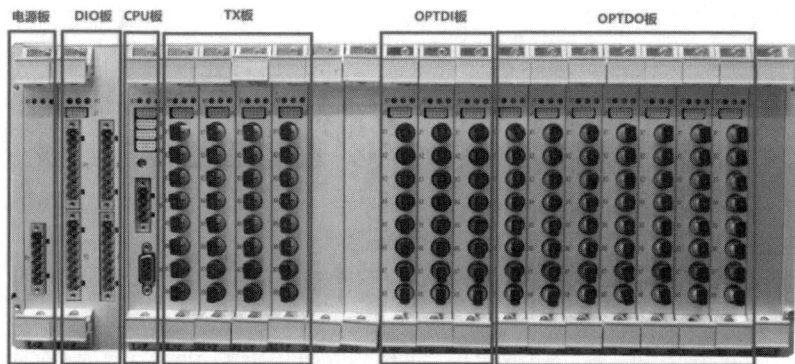

图 2-2-60 FCK221 阀控接口机箱板卡配置示意图

(二)工具与耗材

(1)一字螺丝刀(刀头宽 3mm);

(2)十字螺丝刀(刀头直径 3mm);

(3)光纤清洁工具;

(4)防静电手环或手套;

(5)光纤头保护帽。

(三)更换步骤

(1)确保故障板卡所在机箱在备用状态或检修状态。

(2)更换 A 系统的 FCK221 机箱板卡时,断开 A 相(1 号)屏柜 A 系统电源;更换 B 系统的 FCK221 机箱板卡时,断开 C 相(3 号)屏柜 B 系统电源。

（3）依次拔出光纤，并记录光纤所在位置与光纤标号对应关系，拔下的光纤接头使用防护帽保护。

（4）使用一字起和十字起拆下板卡紧固螺丝。

（5）正确用力将故障板卡从机箱卡槽中拔出。

（6）检查故障板卡外观是否存在明显异常，核对故障板卡与备品板卡跳线、拨码设置保持一致。

（7）将备用板卡插入机箱卡槽中紧固，按所记录的光纤位置重新将光纤连接到板卡上的光纤连接器。

（8）恢复电源空开。

（9）检查确认机箱及板卡状态指示灯正常，后台无报警事件。

第四节 典型故障处理

一、典型晶闸管本体故障

晶闸管本体及其附属回路故障：如阻尼回路、均压及取能回路以及触发回路故障。典型的后台事件告警有晶闸管回检信息丢失/晶闸管故障、晶闸管 BOD 动作。

表 2-2-1　　　　　　　　　晶闸管回检信息丢失/晶闸管故障

事件名称	××相××阀××组件××号晶闸管回检信息丢失/晶闸管故障
例如	A 相 Y 阀 A1 组件 1 号回检信息丢失
类型	报警事件
解析	阀控在正常运行模式下未收到上述晶闸管的回检信号
可能原因	元器件故障、光纤连接异常或损坏
可能故障位置	晶闸管、TCE 板、回检光纤、阀控机箱 LR 板光接收通道
检修	1. 在下一次检修期间，对故障晶闸管级相关的元件和光纤进行检查。 2. 首先用阀测试仪或万用表测试该晶闸管级的阻抗，如果晶闸管击穿，则更换晶闸管。 3. 若晶闸管正常，将故障位置回检光纤与同一阀组件的其他级光纤进行互换，使用测试仪对该两级晶闸管进行触发测试，观察后台报文，如果后台原故障位置的回检信号恢复正常，判断为 TCE 板故障，更换故障 TCE 板；若后台原故障位置的回检信号依然存在，则判断为回检光纤（TCE 至阀控系统）或 LR 板对应光接收通道故障。 4. 再次在 LR 板处进行光纤交换并对原光纤进行光损测量，分析故障为接收光纤还是 LR 板对应光接收通道故障，更换故障元件

表 2-2-2　　　　　　　　　　　晶闸管 BOD 动作

事件名称	××相××阀××组件××号晶闸管 BOD 动作
例如	A 相 D 阀 1 号组件 1 号晶闸管 BOD 动作
类型	报警事件
解析	阀控系统在换相运行模式下收到上述晶闸管的 BOD 动作回检信号
可能原因	元器件故障、光纤连接异常或损坏
可能故障位置	晶闸管、触发光纤（MSC-TCE），TCE
检修	1. 在下一次检修期间，对故障晶闸管级相关的元件和光纤进行检查； 2. 用阀测试仪或万用表测试该级晶闸管的阻抗； 3. 若晶闸管正常，检查触发光纤（MSC 至 TCE）是否损坏，如损坏则更换光纤； 4. 若光纤正常，则用 HVTT806 阀测试仪对该级晶闸管进行触发测试，若试验未通过，则判断为 TCE 板故障，并更换故障 TCE 板

二、典型阀控系统故障

阀控系统常见故障主要为电源故障、通信故障、接口故障、插件故障等。以下是针对阀控系统故障可能的产生原因和处理方法说明。

表 2-2-3　　　　　　　　　　阀控屏柜电源模块故障

事件名称	××相屏柜电源模块××故障
例如	A 相屏柜电源模块 G1A 故障
类型	报警事件
解析	阀控检测到电源监视接点异常时，上报此事件
可能原因	直流进线电源丢失、元件故障
可能故障位置	母线电源、直流电源进线空开、电源模块、FCK221 机箱电源监视板
检修	检查电源回路的各元件是否存在异常并更换故障元件，换流阀运行期间可对备用系统进行检查和故障处理

表 2-2-4　　　　　　　　阀控机箱跳闸（VCE_TRIP）信号异常

事件名称	阀控机箱跳闸信号异常
类型	严重故障事件

解析	FCK221 机箱检测到所有 FCK213 机箱发送的跳闸信号通道中任一路发生断线或故障时，上报跳闸信号异常事件
可能原因	光回路元件故障、光纤损坏或连接异常
可能故障位置	FCK213 机箱到 FCK221 机箱的光纤损伤、FCK213 机箱 IO 板光发射通道故障、FCK221 机箱 OPT 板光接收通道故障
检修	检查信号通道的各元件及光纤并更换故障元件，换流阀运行期间可对备用系统进行检查和故障处理

表 2-2-5　　　　　　　　阀控机箱 VCE_RDY 信号异常

事件名称	阀控机箱跳闸信号异常
类型	故障信息
等级	严重故障事件
解析	FCK221 机箱检测到所有 FCK213 机箱发送的 VCE_RDY 信号通道中任一路发生断线或故障时，上报 VCE_RDY 信号异常事件
可能原因	光回路元件故障、光纤损坏或连接异常
可能故障位置	FCK213 机箱到 FCK221 机箱的光纤损伤、FCK213 机箱 IO 板光发射通道故障、FCK221 机箱 OPT 板光接收通道故障
检修	检查信号通道的各元件及光纤并更换故障元件，换流阀运行期间可对备用系统进行检查和故障处理

表 2-2-6　　　　　　　触发控制脉冲（FCS）信号异常

事件名称	××相××阀直流控制系统"触发控制脉冲（FCS）"信号停止或异常
类型	A 相 Y1 阀直流控制系统"触发控制脉冲（FCS）"信号停止
等级	严重故障事件
解析	阀控检测到直流控制系统发送的 FCS 信号连续 3 个周期出现异常，VCE_RDY 信号输出无效，申请切换系统，同时上报 FCS 信号异常事件；FCS 信号丢失 1 个周期时，只输出报警时间，不影响 VCE_RDY 信号
可能原因	元件故障、光纤损坏或直流控制系统故障
可能故障位置	FCK213-MC、直流控制系统、光纤
检修	检查信号通道的各元件及光纤并更换故障元件，换流阀运行期间可对备用系统进行检查和故障处理

表 2－2－7　　　　　　　　直流控制系统送至 VCE 控制信号异常

事件名称	××机箱××信号异常
例如	A1 机箱系统主用信号异常
类型	严重故障事件
解析	阀控检测到系统主用、充电（解锁信号无效时）、解锁等直流控制系统发送的控制信号异常时，VCE_RDY 信号输出无效，申请系统切换，同时上报相应控制信号异常事件。当录波启动、逆变模式、OLT 试验模式、旁通有效信号异常时，阀控只产生报警时间，维持系统正常运行
可能原因	元件故障、直流控制系统故障、光纤损坏或连接异常
可能故障位置	光纤、FCK213－IO、FCK221－OPT、直流控制系统
检修	检查信号通道的各元件及光纤并更换故障元件，换流阀运行期间可对备用系统进行检查和故障处理

表 2－2－8　　　　　　　　机箱插件故障

事件名称	××机箱插件故障
例如	A1 机箱插件故障
类型	严重故障事件
解析	阀控 FCK213 机箱检测到插件连接异常或故障，阀控_RDY 信号输出无效，申请切换系统，同时上报插件故障事件
可能原因	插件安装不到位或插件故障
可能故障位置	插件松动，插件供电异常，插件控制芯片故障
检修	停电检修期间检查插件运行状态并更换故障插件

表 2－2－9　　　　　　　机箱上行（下行）通信故障

事件名称	××机箱××上行通信故障
例如	A1 机箱上行通信故障
类型	严重故障事件
解析	FCK213 与 FCK221 机箱上行通信故障，阀控_RDY 信号输出无效，申请切换系统，同时上报上行通信故障事件
可能原因	元件故障、光纤损坏或连接异常
可能故障位置	FCK213－MC、FCK221－TX、FCK213－MC 至 FCK221－TX 的通信光纤
检修	检查信号通道的各元件及光纤并更换故障元件，换流阀运行期间可对备用系统进行检查和故障处理

表 2-2-10 换相状态下充电信号无效

事件名称	××机箱换相状态下换流变充电信号无效
例如	A1 机箱换相状态下换流变充电信号无效
类型	报警事件
解析	VCE 在换相模式下检测到直流控制系统发送的充电信号由 1MHz 变为 10KHz 时，上报此事件
可能原因	直流控制系统发送的换流变充电信号无效
检修	检查信号通道的各元件及光纤并更换故障元件，换流阀运行期间可对备用系统进行检查和故障处理

三、典型跳闸问题故障

换流阀保护跳闸有 BOD 动作数量越限跳闸、晶闸管故障数量越限跳闸，以下列出产生原因。

表 2-2-11 BOD 动作数量越限跳闸

事件名称	BOD 动作数量越限跳闸
例如	A 相 D1 阀 BOD 动作数量越限请求跳闸
类型	严重故障事件
解析	阀控检测到单阀晶闸管 BOD 动作数量超过允许的最大值，跳闸信号输出有效，同时上报单阀 BOD 动作数量越限事件

表 2-2-12 故障晶闸管数量越限跳闸

事件名称	××相××阀晶闸管失去冗余
例如	A 相 Y1 阀晶闸管失去冗余请求跳闸
类型	严重故障事件
解析	阀控检测到单阀晶闸管故障数量达超过冗余定值时，跳闸信号输出有效，同时上报对应单阀失去冗余请求跳闸事件

四、典型故障案例

换流阀故障分析处理的思路，通常根据事件和波形中的异常，结合触发逻辑或保护跳闸逻辑进行分析，充分利用排除法和时序推理，并结合设备现场检查试验，查找出故障设备。现列出两个典型案例供参考。

（一）案例 1：某站阀控机箱充电信号异常故障分析处理

1. 概述

某站直流双极闭锁热备用期间，极 1 阀控备用系统 A 频繁上报："C 相 D 阀 6A1 机箱换流变充电信号异常产生/消失"事件，故障时刻阀控 A 系统产生紧急故障，退出正常运行。

2. 分析诊断

（1）事件分析。VBE 机箱 A 系统上报"换流变充电信号"异常，是导致极 1 阀控 VBE 备用系统 A 故障退出运行的直接原因，初步可判断 VBE 系统 A 阀控接口机箱至阀控机箱 6A1 的"换流变充电"信号通道存在异常，具体故障原因需现场进一步排查。

（2）阀控结构及控制信号监视原理说明。该站 VBE 阀控设备采用冗余设计，每套设备由 6 面 VBE 控制机柜组成，包括 12 个阀测控机箱、4 个阀控接口机箱和 1 个漏水避雷器监测机箱，实现 1 套 12 脉动换流阀的控制和监视以及阀塔漏水状态和阀避雷器动作情况的监视功能。阀控柜配置如图 2-2-61 所示。

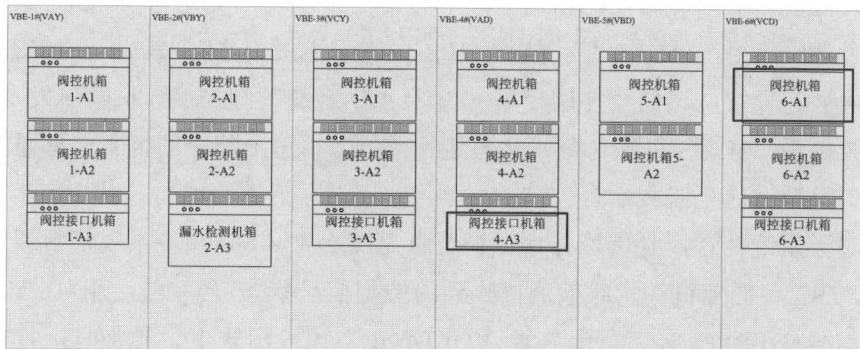

图 2-2-61　VBE 阀控柜配置示意图（红框中为需要检查的机箱）

阀控 A、B 系统 Y、D 阀的阀控接口机箱相互独立，每个阀控接口机箱连接 6 个阀控机箱，实现直流控制系统接口控制信号（包括换流变充电信号）的转发，VBE_TRIP、VBE_OK 等阀控状态信号的汇总及输出。阀控系统内部控制信号连接示意如图 2-2-62 所示。

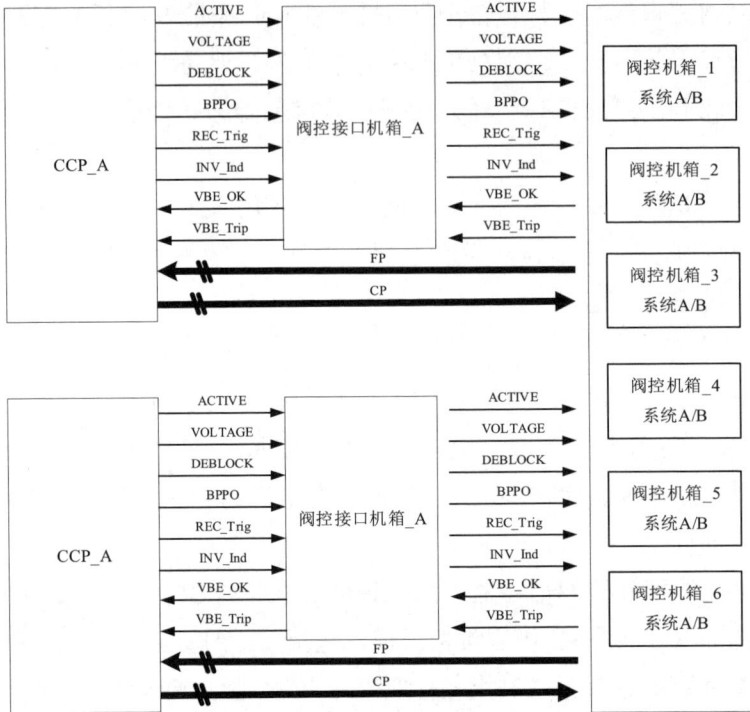

图 2-2-62　阀控系统控制信号连接示意图

　　阀控接口机箱与阀控机箱之间采用光纤连接，换流变充电（VOLTAGE）信号为调制信号，1MHZ 表示有效、10Khz 表示无效，非 1MHZ、非 10Khz 表示信号通道异常。该信号在阀控系统内经 A/B 系统的阀控接口机箱转发至每个阀控机箱，由阀控机箱对信号状态进行监视，并输出相应的报文信息通过阀控接口机箱发送至监视后台。

　　阀控系统针对控制信号异常保护逻辑见图 2-2-63，阀控系统正常解锁运行时，VBE 各阀控机箱实时检测接收到的控制信号状态，当系统主用 ACTIVE、解锁信号 DEBLOCK、充电信号 VOLTAGE（预检模式下）异常时，将输出 VBE_OK 无效信号，阀控接口机箱汇总后将 VBE_OK 无效信号上传至 CCP，由 CCP 执行系统切换。因此在系统解锁模式下，阀控机箱监视到充电信号异常，不会影响系统退出。但是，在系统闭锁热备用状态即换流变充电时，VBE 工作在预检运行模式，若检测到充电信号异常，对应系统的 VBE_OK 信号将无效，并申请系统退出。

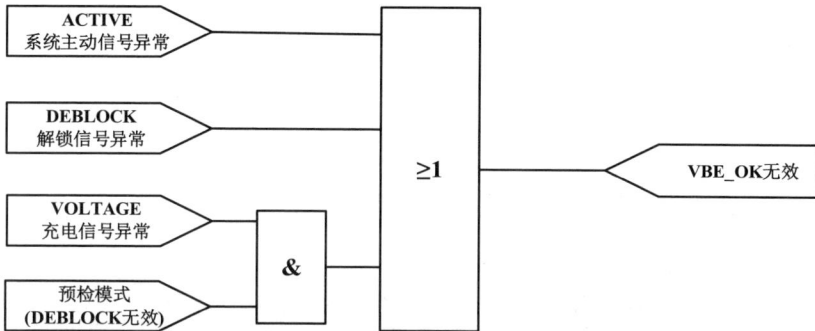

图 2-2-63 阀控系统输入控制信号异常保护逻辑

（3）现场检查：极 1 阀控设备对应阀控接口机箱和阀控机箱报警状态指示灯点亮，阀控柜报警指示与后台事件一致，可明确现场故障为极 1 低端阀控 A 系统检测到 6A1 阀控机箱"换流变充电"信号通道存在异常，并导致对应阀控 A 系统处于不可用状态。

（4）原因分析。根据阀控系统信号监视原理及现场故障现象分析，导致控制信号异常可能的故障原因包括：① 信号发送端光接口板卡工作异常或对应光发射模块故障导致发光功率弱；② 信号通道光纤损坏或衰减过大；③ 信号接收端光接口板卡工作异常或对应光接收故障导致无法正常识别信号。

由于阀控接口机箱采用冗余配置，现场可开展不停电检修工作，完成问题排查及故障板卡更换。

3. 处理方法

（1）故障排查定位：首先使用光纤测试仪测试 6A1 机箱充电信号对应光纤的衰减，测试结果在正常范围，确认光纤状态正常；在信号发送端（阀控接口机箱光接口板）对调故障通道（6A1 机箱充电信号）与相邻正常通道（6A2 机箱充电信号）的光纤，调换光纤后检查后台事件，"6A1 机箱换流变充电信号异常"报警事件复归，"6A2 机箱换流变充电信号异常"报警事件产生，即故障位置发生改变，则可确认 6A1 机箱充电信号光纤及接收端板卡通道均正常，故障位置在信号的发送端（阀控接口机箱光接口板）。

（2）测试确认：使用光功率计连接 ST 接头光纤跳线接至阀控接口机箱光接口板的对应光发射模块，测试光功率值为 -25.17dbm，与其他通道的光功率值进行横向对比明显偏小，比正常测量值约低 10dbm，且通过目测发现该通道发光明显偏弱，确认该通道的光发射模块存在故障。

（3）故障板卡更换。现场使用备件对该板卡进行了更换，完成板卡更换后，检查确认阀控设备运行状态正常，无异常报警指示，后台无异常事件，确认完成缺陷处理。

图 2-2-64　阀控板卡光发射模块
光功率测试

图 2-2-65　故障光模块

结论：本次 VBE 阀控备用系统故障退出运行是由于阀控机箱换流变充电信号异常导致，经现场排查处理确认故障原因是阀控接口机箱对应光接口板的光发射模块发光异常引起，现场更换故障板卡后设备恢复正常运行。

4. 预防措施

故障板卡经返厂测试确认为光发射模块内部芯片失效导致发光弱，导致失效的可能原因包括：

（1）芯片受静电损伤；

（2）芯片内部存在微缺陷，长期工作过程中缺陷生长导致提前退化。该故障光发射模块在电力二次设备中大量应用，整体运行状况良好，综合分析属于元件个例问题。

（3）针对阀控光发射信号弱导致阀控系统运行异常的问题，在年度检修期间对阀控系统与直流控制系统、与晶闸管控制单元以及阀控系统内部机箱之间的光回路开展光信号强度抽检测试，对光功率值偏小的板卡进行更换，从而提前发现设备隐患，保障设备长期可靠运行。

（二）案例 2：某站系统联调阶段高端换流阀闭锁期间多次出现过流问题

1．概述

某站系统联调试验阶段，双极高端换流器闭锁投旁通期间，多次出现换流阀过流现象，严重时监控后台上报"换流器过流保护""阀组非正常停运"。过流均发生在闭锁投旁通后 BPS 闭合期间，最大过流电流为 20kA。

2．分析诊断

（1）过流原因分析。对直流控制系统录波进行分析，过流发生在闭锁投旁通后 60ms，BPS 闭合期间，最大过流电流为 4kA。如图 2-2-66 所示，旁通阀为 B 相的 Y3、Y6、D3、D6 阀，C 相 Y2 阀导通，造成 Y 阀 B、C 相之间过流。

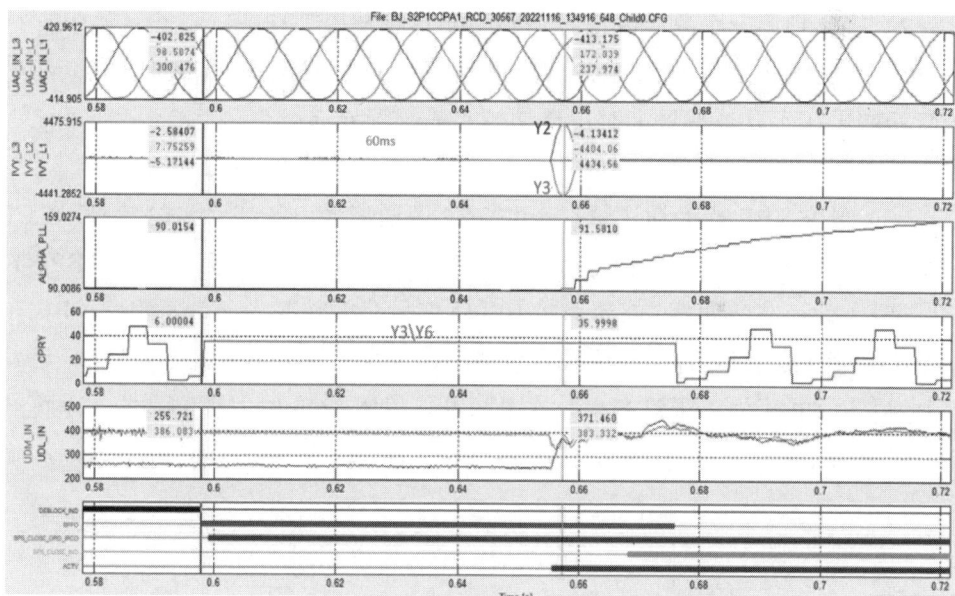

图 2-2-66　直流控制系统录波波形

换流器闭锁投旁通期间非旁通阀发生误触发，导致换流器过流保护。

（2）许继阀控触发控制逻辑采用五脉冲编码控制机制，解锁状态下阀控 VBE 根据触发控制信号 CP 产生控制脉冲 FP。如图 2-2-67 所示，CP 有效期内产生双脉冲（间隔 10μs 的 2 个单脉冲信号），无效期内产生 3 个单脉冲信号。

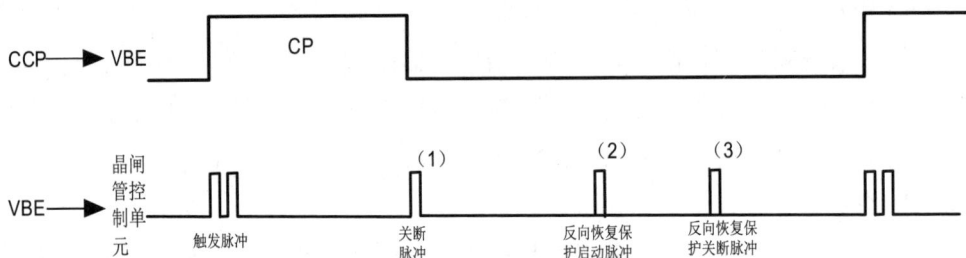

图 2 – 2 – 67　VBE 阀控五脉冲功能控制时序

晶闸管控制单元五脉冲控制逻辑如下：

1）接收到双脉冲信号启动晶闸管触发控制功能，控制晶闸管导通；

2）接收到第一个单脉冲信号关闭晶闸管触发控制功能；

3）接收到第二个单脉冲信号启动晶闸管反向恢复期 du/dt 保护功能，当晶闸管两端电压上升速率过高时，自动控制晶闸管导通；

4）接收到第三个单脉冲信号停止晶闸管反向恢复期 du/dt 保护功能。

（3）阀控 VBE 投旁通逻辑。其由 CCP 旁通信号 BPPO、触发控制信号 CP 控制。正常情况下，BPPO 信号有效，旁通阀 CP 信号有效；旁通结束，BPPO、CP 同时无效；非旁通阀 CP 信号在 BPPO 信号有效前变为无效。阀控 VBE 在 BPPO 信号有效上升沿，CP 信号有效期间，产生一次双脉冲，启动 TCE 触发控制功能；CP 无效下降沿产生一次单脉冲，关闭 TCE 触发控制功能，不再产生其他脉冲。

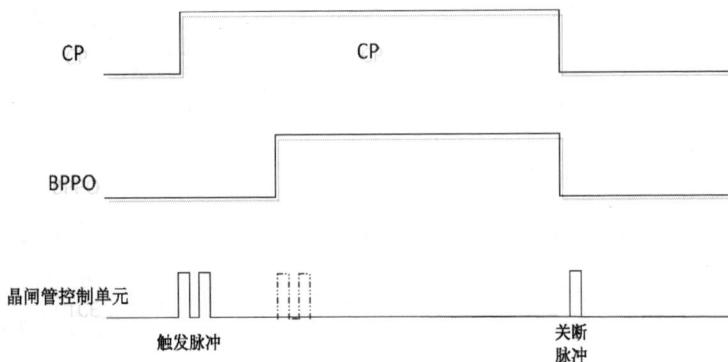

图 2 – 2 – 68　VBE 阀控正常投旁通触发控制信号

（4）阀控录波分析。阀控 VBE、晶闸管控制单元之间采用五脉冲编码控制机制，正常时刻 CP 有效期内阀控产生双脉冲，无效期间产生 3 个或 1 个单脉冲。对阀控录波进行分析，旁通阀 B 相的 Y3/Y6 阀触发脉冲 FP 输出正常，非旁通阀 Y2 阀 FP 输出异常，如图 2-2-70 所示。

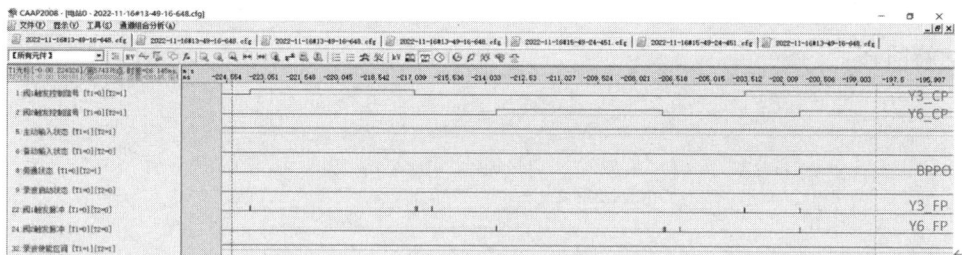

图 2-2-69 极Ⅰ高端 Y3\Y6 阀阀控录波

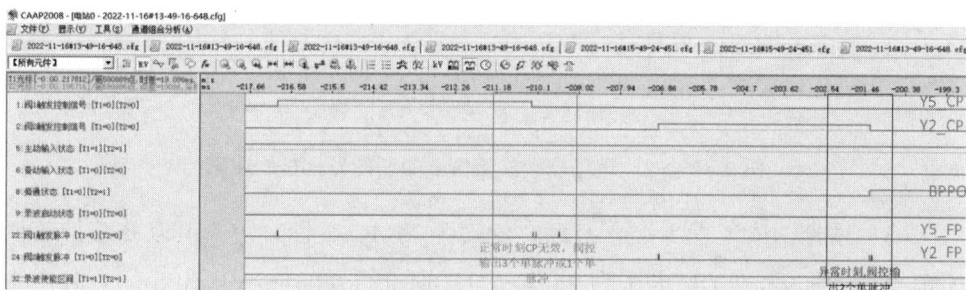

图 2-2-70 极Ⅰ高端 Y5\Y2 阀阀控录波

放大波形异常区域，如图 2-2-71 所示。极Ⅰ高端非旁通阀 Y2 阀，在 CP 有效期内多发 1 个单脉冲，导致 TCE 触发控制逻辑异常，该单脉冲在收到旁通信号后产生。

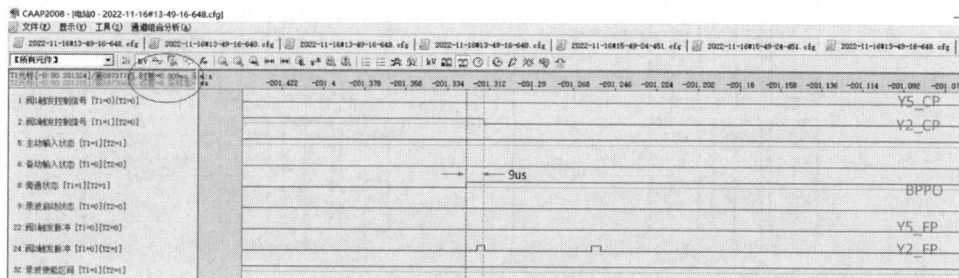

图 2-2-71 极Ⅰ高端投旁通异常阀控波形

如图 2-2-72 所示，现场高端投旁通期间，旁通信号有效提前非旁通阀 CP 信号无效 9μs。非旁通阀在旁通期间产生触发控制脉冲，由于 CP 信号 9μs 后无效，双脉冲输出一半变为单脉冲，TCE 识别为触发关断脉冲；CP 无效后又产生单脉冲信号，TCE 识别为 du/dt 启动脉冲（将真实的关断脉冲误识别为启动 du/dt 脉冲），导致非旁通阀 Y2 在旁通期间持续进入晶闸管反向恢复保护使能阶段。

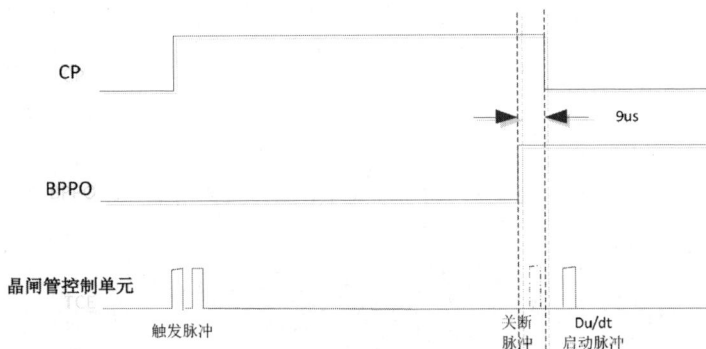

图 2-2-72　现场高端换流阀非旁通阀异常控制逻辑

（5）结论。该工程为混合级联，低端为 MMC 柔性直流，所以高端换流阀闭锁投旁通期间，UDL 电压为 255kV，UDM 电压为 386kV。BPS 闭合时产生冲击扰动，作用到 Y2 阀上有正向电压，导致晶闸管级 du/dt 保护动作阀导通。因此，每次高端换流阀闭锁投旁通 60ms 处，非旁通阀与旁通阀之间出现过流现象。

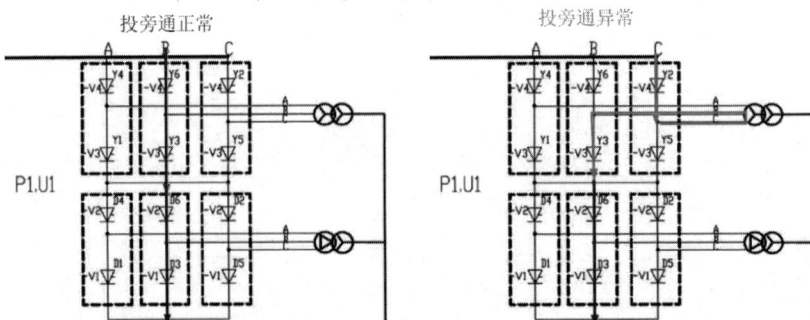

图 2-2-73　极 I 高端换流阀投旁通电流流向

3. 处理方法

查看国内在运直流工程控制保护闭锁投旁通时阀控录波，旁通信号BPPO有效时刻在非旁通阀CP信号无效后产生。结合某站高端换流阀闭锁投旁通逻辑时序，修改BPPO信号有效产生时刻，在非旁通阀CP无效后100μs产生，旁通阀CP有效时刻不变。

修改VBE阀控接口机箱BPPO信号软件，监视到BPPO信号有效时（1MHz），延迟100μs再转发至阀控制机箱，执行旁通逻辑。现场进行高端换流阀投旁通试验，未再出现过流现象。

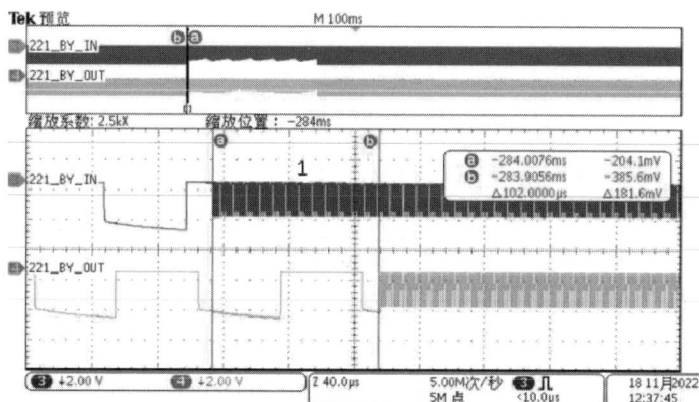

图2-2-74　VBE阀控BPPO信号修改逻辑测试

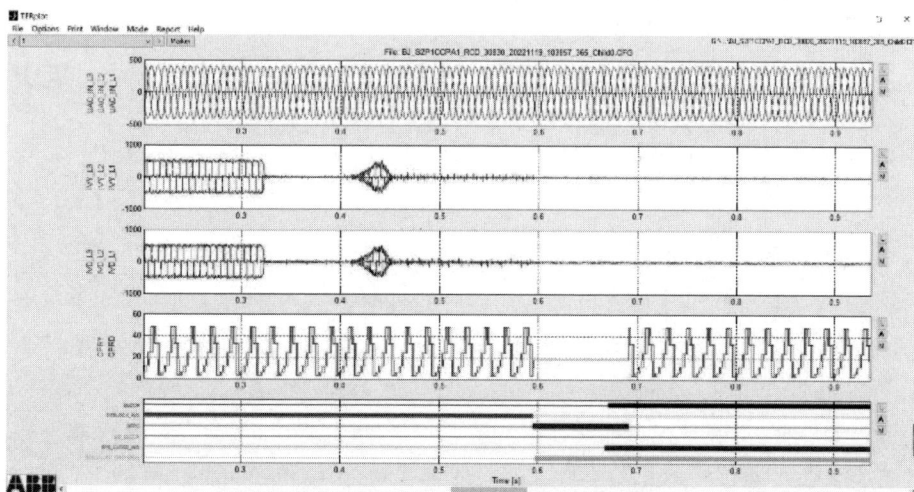

图2-2-75　高端换流阀闭锁投旁通试验正常

4. 预防措施

双极高端阀组闭锁过流,为控制保护投旁通时,旁通信号 BPPO 与非旁通阀 CP 的结束时刻存在偏差,非旁通阀晶闸管反向恢复保护保护动作阀导通导致。结合目前在运直流工程控制保护投旁通控制逻辑,修改 BPPO 信号有效产生时刻,在非旁通阀 CP 无效后 100μs 产生,故障排除。

第三篇

普瑞技术换流阀

第一章　理　论　知　识

第一节　概　　述

本篇介绍中电普瑞技术路线 A5000 型换流阀。

A5000 型换流阀主要有以下特点：换流阀采用模块化设计，晶闸管组件由若干个晶闸管（最多 9 个）串联组成，这种标准化设计确保换流阀结构紧凑、质量轻，不但便于现场的安装和维修，而且还能保证换流阀满足机械应力和电气应力要求；换流阀中元器件使用了最新型的聚合材料，提高了阀的防火性能；阀组件冷却回路采用串并联形式，有效地减少了接头数量，降低阀冷系统冷却液泄漏风险；冷却回路管径较大，具有良好的冷却效果。

普瑞换流阀及阀控设备已在国内外多个直流输电工程成功应用，其中国网系统包括锦苏、哈郑、溪浙、灵绍、酒湖、昭沂、扎青、陕武、雅江、白浙、扬镇等工程。

第二节　换　流　阀　设　计

换流阀是换流站的核心设备，主要由串联的晶闸管元件、均压回路、阻尼回路、控制单元、阀电抗器以及阀避雷器、阀内冷却管道等部件组成。

高压直流输电工程单个阀组的典型电气连接为 12 脉动换流器，其由 2 个串联的 6 脉动换流器组成。每个桥臂称为单阀，2 个单阀串联构成的 1 个阀塔称为双重阀，1 个阀组共 6 个双重阀塔；4 个单阀串联构成的 1 个阀塔称为四重阀，1 个阀组共 3 个四重阀塔。单阀、双重阀、四重阀如图 3-1-1 所示。

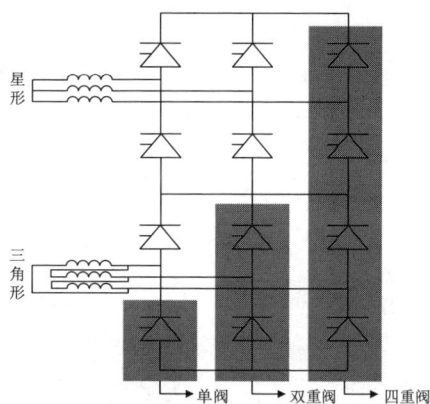

图 3-1-1 单阀和多重阀构成示意图

一、阀塔结构

（一）阀塔整体结构

中电普瑞技术换流阀塔主要由若干阀层、屏蔽罩、悬吊结构、阀避雷器、阀冷却回路、光纤回路等部件构成。一般采用双重阀塔结构，每个阀塔内含 2 个单阀，两个单阀上下排列，每个单阀分 2 个阀层，包括 4 个阀模块，每个双重阀共 8 个阀模块，上下、侧面配备屏蔽罩，结构上形成一个阀塔。阀塔采用复合绝缘子悬吊于阀厅顶部钢梁上，不需要专门的支撑结构。每个单阀并联 1 台阀避雷器，通过母线将其连入相应的阀塔中。阀塔通过冷却水管、通讯光纤等实现与阀冷系统、直流控制系统的连接。图 3-1-2 分别是双重阀阀塔的实物图及效果图的正视图和侧视图。

图 3-1-2 二重阀塔结构

（二）屏蔽结构

阀塔顶部和底部都安装有屏蔽罩。屏蔽罩的边缘和棱角按圆弧设计，表面光洁、无毛刺，可以有效改善换流阀在高电压运行时阀塔内部和阀塔对地电场分布特性，防止换流阀在高电压下发生电晕放电。

图3-1-3　阀塔顶部屏蔽罩图　　　　图3-1-4　阀塔底部屏蔽罩图

（三）悬吊及支撑结构

悬吊部分采用标准的复合绝缘子和花篮螺栓将阀塔和阀避雷器悬挂于阀厅顶部的钢梁上，为便于安装，阀塔的悬吊高低位置可以通过花篮螺栓调整。阀顶部悬吊绝缘子的选择与主回路结构有关。

悬吊结构与阀模块间连接采用柔性连接设计，使每个阀层可在水平方向上摆动。阀顶部的悬吊机构除了能够承受阀塔的自重外，还能够承受垂直方向的拉力，并且具有很大的裕度，这种设计使换流阀可以承受允许的静态和动态载荷，满足抗震要求。

（四）阀避雷器

阀避雷器悬吊于阀塔外侧。每个双重阀配置2个串联的阀避雷器，通过管母和金具与每个单阀并联连接，形成柔性连接系统，以满足机械应力及抗震设计要求。阀避雷器的屏蔽采用上中下不等径的均压环设计，均压环固定在避雷器的端板上。该设计既能保证连接处的可靠屏蔽，又能最大限度地减小尺寸和重量。阀避雷器的结构如图3-1-5所示。

（五）阀塔绝缘设计和模块连接

阀塔采用对称设计，有效减少了使用的连接母线类型及数量，结构简单。层内及层间阀模块用铝制管形母线连接于阀端部的铝排上。光缆槽固定在阀顶部并分2路垂直进入阀内。光缆槽采用圆弧形设计，保证不同的电压水平之间满足绝缘要求，并有足够的爬电距离，同时这种柔性设计有效隔离了振动时的相互影响，保证在各种应力下光缆不会断裂。

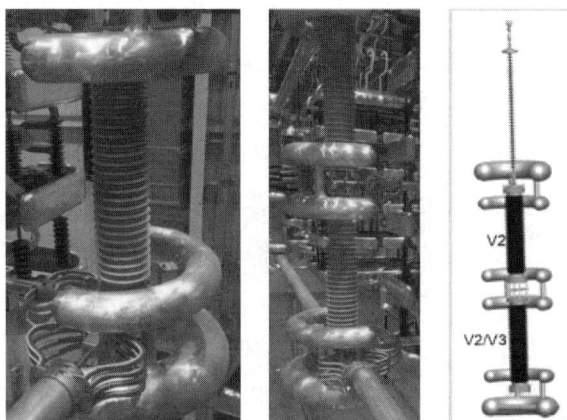

图 3－1－5　阀塔避雷器图

二、换流阀模块结构

阀模块由两个阀组件组成，模块的结构如图 3－1－6 所示。阀模块框架是由 2 个槽形的 GRP 侧梁、5 个铝合金横梁组成的矩形框架，整个框架的设计满足阀模块元器件承载的结构强度，又方便组装和维护。围绕晶闸管压装机构（TCA）安装了与其串联连接的饱和电抗器，在 TCA 两侧布置门极单元、阻尼电阻单元和阻尼电容单元。阀内其余的支撑件和紧固件（螺杆和螺母等）都为 GRP 材料，用于固定和支撑阀模块内的晶闸管组件、电抗器组件、阻尼电阻组件、阻尼电容组件、水管等换流阀元部件。

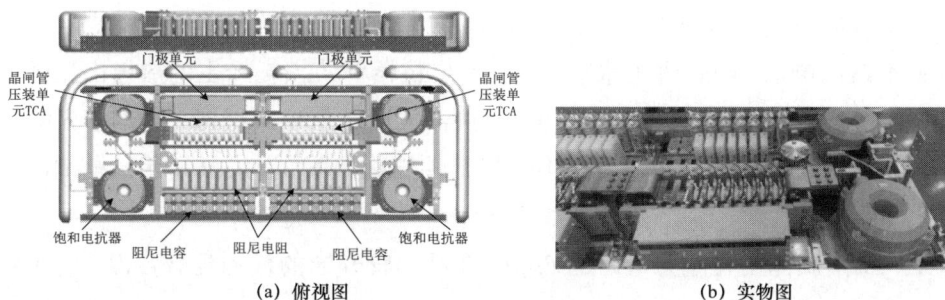

（a）俯视图　　　　（b）实物图

图 3－1－6　换流阀阀模块

169

三、晶闸管组件

每个晶闸管组件包含若干个（最多 9 级）串联的晶闸管级。每个晶闸管配备有阻尼和均压回路，散热器以及控制和保护晶闸管的门极触发单元。每个晶闸管组件串联若干饱和电抗器。

晶闸管组件硅堆由若干个晶闸管串联而成，晶闸管位于两个铝散热器之间。晶闸管和散热器通过两条夹紧带压接在一起，满足散热和电气连接的要求。为达到规定夹紧力，采用了晶闸管压装机构（TCA），TCA 压装结构如图 3－1－8 所示。该 TCA 结构的一端用于液压加载，设置了压力加载适配器，另外一端用于压力自调整，设置了球头配合机构。在 TCA 结构中安装了用于提供压力的蝶簧、晶闸管、散热器、直流均压电阻以及铜排等。晶闸管压装结构内部有 5 片碟型弹簧，用于保证晶闸管与散热器紧密贴合且压力均匀分布。

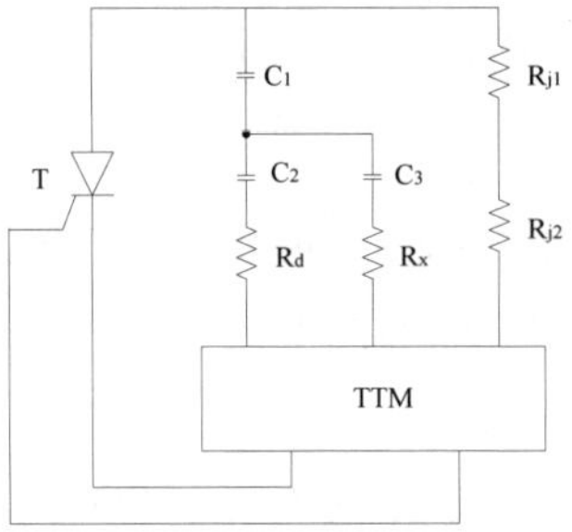

图 3－1－7　晶闸管级电气原理图

图 3－1－8　TCA 结构设计

四、电抗器组件

电抗器通过绝缘板支撑，采用铝合金角件固定在阀模块框架上。进出水口设置不锈钢电极，防止进出水嘴的腐蚀；电抗器铁芯损耗产生的热量由流经空心绕组的冷却水带走。为减小噪声，电抗器采用全封装式结构，内部填充吸噪和减震性能良好的聚氨酯材料。电抗器组件结构如图 3－1－9 所示。电抗器的作用主要有：

（1）限制晶闸管刚开通时的 $\mathrm{d}i/\mathrm{d}t$。在晶闸管开通的最初几微秒内，电抗器在小电流下有很大的非饱和电感值，限制了晶闸管电流的上升率。在晶闸管安全开通后，电抗器进入饱和状态，电感值很小。

（2）在晶闸管关断过程中限制 di/dt，降低晶闸管关断时的反向恢复电荷，从而也起到抑制反向过冲的作用。

（3）利用足够的阻尼来阻止电流过零时产生振荡涌流，保护晶闸管。

（4）在冲击电压下起辅助均压作用，使晶闸管免受过电压损坏。

图 3-1-9　新结构饱和电抗器

五、晶闸管级

晶闸管级电气原理如图 3-1-10 所示，包括晶闸管元件、阻尼回路、均压回路、晶闸管控制单元。

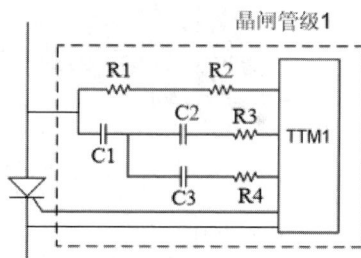

图 3-1-10　晶闸管级电路原理图

（一）晶闸管

晶闸管是半控型电力电子器件，只能控制其开通，不能控制关断。晶闸管的通态电流由尺寸决定，如武汉站采用的 6 英寸电控晶闸管，最大额定电压 8500V，最大通态电流 6250A，最大浪涌电流达 58kA。为保证晶闸管与散热器之间良好的电气和散热接触，阳极和阴极压制在晶闸管极面上，门极从晶闸管陶瓷套引出，且靠近阴极面。

（二）门极单元（TTM）

晶闸管触发与监测单元（TTM 板）的主要作用是接收 VBE 的触发脉冲触发晶闸管，并回报晶闸管级状态，并设计有保护触发回路以及反向恢复保护触发回路。TTM 板的电源通过晶闸管级阻尼回路在晶闸管断态时取能。

门极单元结构如图 3-1-11 所示。门极单元采用绝缘板支撑，在绝缘板的两侧加装了支撑横梁，并加设了防水防尘盖板和侧板。TTM 电路板直接固定在 U 形支架上，U 形支架内设置了导轨和卡槽，TTM 电路板可以直接插拔。

（三）阻尼回路

阻尼回路由阻尼电容和阻尼电阻串联构成，主要作用为：① 使阀电压在每个晶闸管两端均匀分配；② 为 TTM 提供工作电源；③ 限制晶闸管关断时的反向恢复过冲电压；④ 使阀能够耐受正常和非正常负载条件下的应力。

1. 阻尼电容

阻尼电容为干式电容器，内部采用不易燃烧的绝缘气体填充，外部采用铝壳包裹。阻尼电容单元的支撑横梁为 L 形的支撑角件，该结构能保证足够的支撑强度，同时减小支撑结构的重量，阻尼电容单元结构如图 3-1-12 所示。

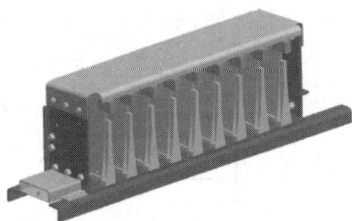

图 3-1-11　门极单元结构　　　　图 3-1-12　阻尼电容单图

2. 阻尼电阻

阻尼电阻单元的结构如图 3-1-13 所示。L 形角件和支撑板构成了阻尼电阻的固定支撑框架，电阻通过高强度绝缘螺栓固定。电阻为一体化电阻。

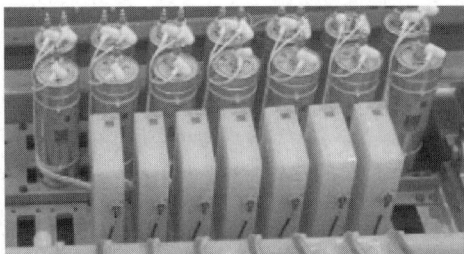

图 3-1-13　阻尼电阻结构型式　　　　图 3-1-14　直流均压电阻

（四）直流均压电阻

直流均压电阻由 2 个厚膜电阻器串联组成。直流均压电阻用于限制闭锁时由于晶闸管正向和反向漏电流的微小不对称引起的不均匀电压。它还参与晶闸管电压测量回路，有助于 TTM 板对晶闸管的控制和保护。

六、换流阀冷却系统

（一）冷却水回路

换流阀冷却系统为封闭式去离子水循环系统，冷却液采用去离子水，冷却系统串联接入换流阀散热器并带走热量。换流阀冷却回路主要包括顶部主水管、层间水管和层内水管。换流阀塔顶部主水管呈"S"形结构，从阀塔顶部进入阀内；阀层水管呈螺旋形结构，以增加水管的爬距，使阀内水管中的杂散电流维持在很低的水平。

1. 阀塔冷却回路

阀塔冷却管路采用螺旋向下连接的结构。不锈钢主管安装在阀厅顶部，与 PVDF 进出水总管在阀塔的顶部连接，冷却液从位于每列阀模块上面的 PVDF 三通主管流入和流出。每个阀塔有 2 组 PVDF 进出水总管，冷却水经由 PVDF 螺旋管向下分配给各个阀模块。在阀塔底部，进出水 PVDF 总管通过一根不锈钢管进行短接，使其具有足够的流速，同时可实现底层阀模块与底部屏蔽罩之间的均压，如图 3-1-15 所示。晶闸管压装结构中的铝质散热器装有 316L 不锈钢电极，用于防止冷却液中漏电流引起的腐蚀。

2. 阀模块冷却回路

每个阀模块包含 2 个完全相同的阀组件，每个阀组件都具有独立的冷却回路。阀组件内的冷却回路由彼此独立的冷却支路并联组成，各冷却支路采用串联方式冷却晶闸管散热器和阻尼电阻，见图 3-1-16。模块配水管采用对角进出水方式，提高了模块各支路水量分布的均匀性。对饱和电抗器、水电阻和晶闸管散热器等元件压力和流量进行匹配组合设计，尽量保持各支路流阻一致，对于无法满足流阻一致的支路，采用增加管长或阻力管的方式满足流阻基本一致的要求，确保并串联支路流量均匀，进而每个发热元件得到充分的冷却。

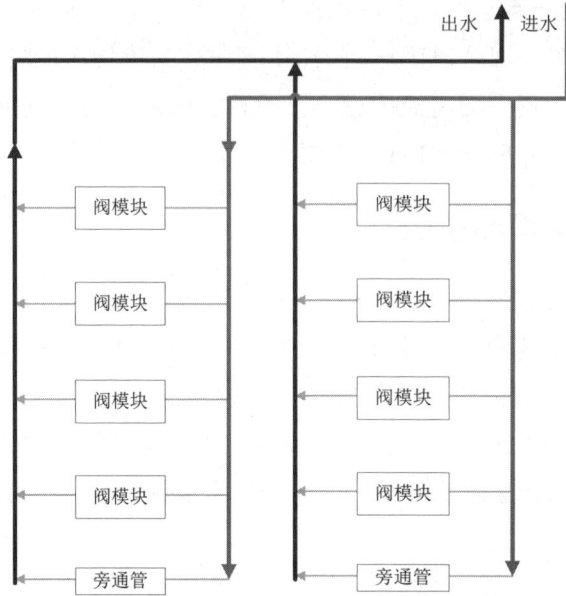

图 3-1-15 阀塔水冷原理图

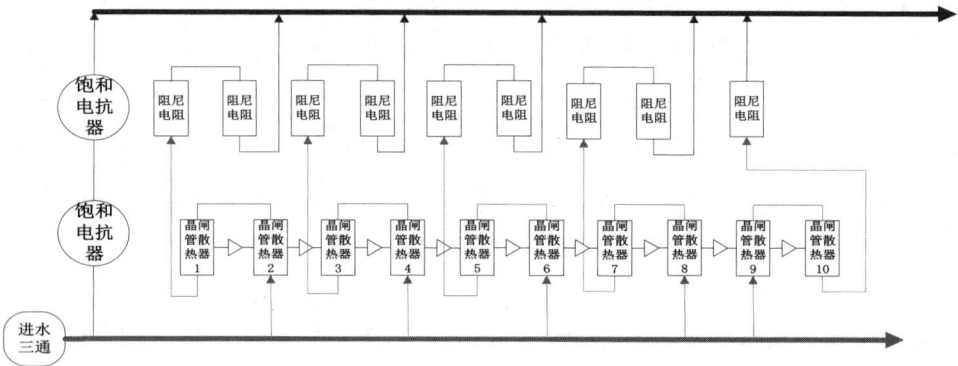

图 3-1-16 阀组件水冷原理图

（二）阀塔检漏计

检漏计位于阀塔底屏蔽罩的中部。阀塔内泄漏的冷却液由滴水盘汇集至集水槽内，最后流入检漏计的集水器内。检漏计采用杠杆原理支撑，一旦泄漏的冷却液达到预先设定的体量，集水器会侧翻，将汇集的冷却液倒出并复位。集水器旋转过程中会遮断漏水检测回路的光束，光束被打断后，VBE 会发出事件报警。

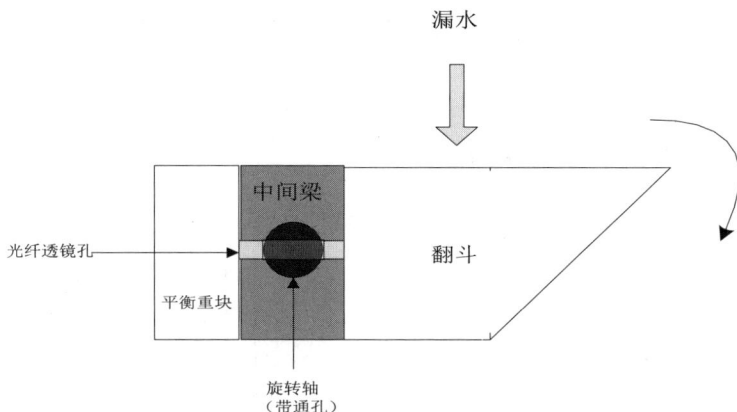

图 3-1-17　阀塔检漏计冷原理图

七、换流阀元件配置

换流阀单阀串联的最小晶闸管元件数是在阀避雷器操作保护水平基础上，考虑一定安全系数及电压不均匀系数所确定的。武汉换流站换流阀中各元件配置见表 3-1-1。

表 3-1-1　　　武汉换流站换流阀元件配置表（一个阀组）

序号	名称	数量
1	脉冲数	12
2	双重阀数量	6
3	单阀数量	12
4	单阀中的串联阀组件数量	4
5	单个阀组件中晶闸管级的数量	7/8
6	单阀晶闸管数量	60
7	单阀电抗器数量	16
8	单阀晶闸管冗余数量	4

第三节 晶闸管级工作原理

一、晶闸管级电气原理图

晶闸管级电气原理图如图 3-1-18 所示。

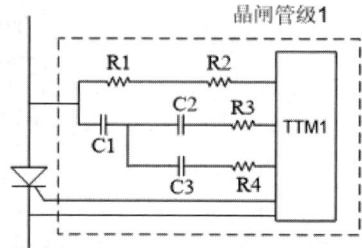

图 3-1-18 晶闸管级电气原理图

二、工作回路

（一）阻尼回路

阻尼回路由阻尼电阻、阻尼电容组成。晶闸管级阻尼电阻为 R_3 和 R_4，阻尼电容为 $C_1 \sim C_3$，陕武工程阻尼回路等效参数如下：阻尼电阻 $R_d = 30\Omega$；阻尼电容：$C_d = 2.0\mu F$。

（二）静态均压回路

静态均压电阻由 R_1 和 R_2 串联组成。静态均压电阻的作用为：① 为 TTM 提供晶闸管电压的测量采样；② 使阀承受的低频电压分量在每个晶闸管两端均匀分配。

直流均压电阻的选取原则是其电压耐受能力与晶闸管一致，电流不能超过 TTM 测量回路的承受范围。陕武工程设计的直流均压电阻为 $R_{dc} = 102k\Omega$，由两只 $51k\Omega$ 电阻串联组成。

（三）TTM 取能回路

取能和储能电路从晶闸管两端获得电压，供触发及 TTM 板卡工作所需要的能量。TTM 取能回路包括取能电容 C_1、C_2、C_3，取能电阻 R_3、R_4。取能电路将从阻容回路获取到能量转换为 60V 的电压存储在电容中。

三、晶闸管触发与监测单元（TTM）

晶闸管触发及监测单元（TTM）从晶闸管级取得工作所需要的能量，主要实现正常触发和监测晶闸管、过电压保护触发、电流断续保护、恢复期保护等功能。其为一块电路板，主要部分安装在密闭的铝金属盒内，可防止电磁场干扰及防水、防尘、防火，如图 3-1-19 中金色部分所示。

图 3-1-19　TTM 板

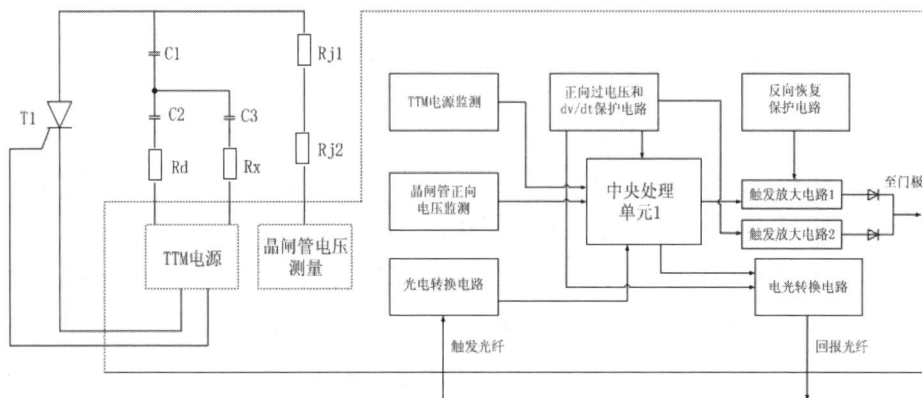

图 3-1-20　晶闸管原理图及 TTM 原理框图

（一）正常触发和监测

当晶闸管级电压达到正向 36V 且 TTM 工作电源正常，TTM 向阀控 VBE 发送回报脉冲。VBE 收到直流控制系统控制脉冲后进行编码并发送给换流阀所有 TTM，当 TTM 收到触发脉冲且晶闸管已经承受合适的正向电压时，TTM 向晶闸管门极发出触发脉冲使其导通。

（二）过电压保护触发

某个晶闸管因某些原因未收到来自 VBE 的触发脉冲，而其他的晶闸管收到触发脉冲并触发后，此晶闸管就要承受高电压。为了防止晶闸管损坏，当电压升到设定门槛值时，TTM 板卡会发出触发脉冲触发晶闸管。

（三）电流断续保护

当换流阀的电流较小时，换流阀可能在其应该导通的区间内出现断流现象。此时，TTM 将再次发出触发脉冲，使晶闸管处于导通状态，从而避免晶闸管在应导通的时间内截止和因截止后直接承受正向电压而损坏。

（四）恢复期保护

在晶闸管关断的恢复期内，若晶闸管承受过高的正向电压，可能被损坏。此时若正向电压高于保护水平，TTM 将保护触发晶闸管，使之再次导通，避免晶闸管被破坏性击穿。

第四节 阀 控 系 统

一、阀控系统功能概述

阀控系统（VBE）是直流控制系统（以下简称 CCP）和晶闸管控制单元间的接口。VBE 将 CCP 发送的触发信号分发给每个晶闸管的 TTM，同时接收 TTM 返回的晶闸管信息，经处理后反馈给 CCP，监视换流阀的状态。

阀控系统采用双重化冗余配置，一套处于运行状态，另一套处于备用状态。阀控设备与直流控制系统采用"一对一"连接。阀控系统 VBE 与直流控制系统、晶闸管控制单元的信号传输关系如图 3-1-21 所示。

二、阀控系统结构

（一）VBE 阀控屏柜设计

一个 12 脉动换流单元配备 3 个控制屏柜，共 6 台触发与检测机箱，2 台通信和控制机箱，1 台录波机箱。屏柜布置图如图 3-1-22 所示。

触发与监测机箱主要功能：① 根据直流控制系统发送的控制脉冲产生触发脉冲并发送给 TTM，接收 TTM 发送的晶闸管信息，对机箱所对应的单阀进行监测和保护；② 监测 VBE 自身状态、换流阀状态、通信系统故障，并采取相应的保护措施。

通信与控制机箱功能：① 与 SCADA 系统通信，上传 VBE 事件信息；② 监测避雷器动作情况、监测阀塔漏水情况并通过 61850 通信协议上传至 SCADA 系统；③ 就地设置 VBE 单级测试模式、低压加压试验模式等功能。

录波机箱功能：具备自动录波与手动录波功能，可对 VBE 与直流控制系统间的上行与下行信号和 TTM 回报信号进行录波。

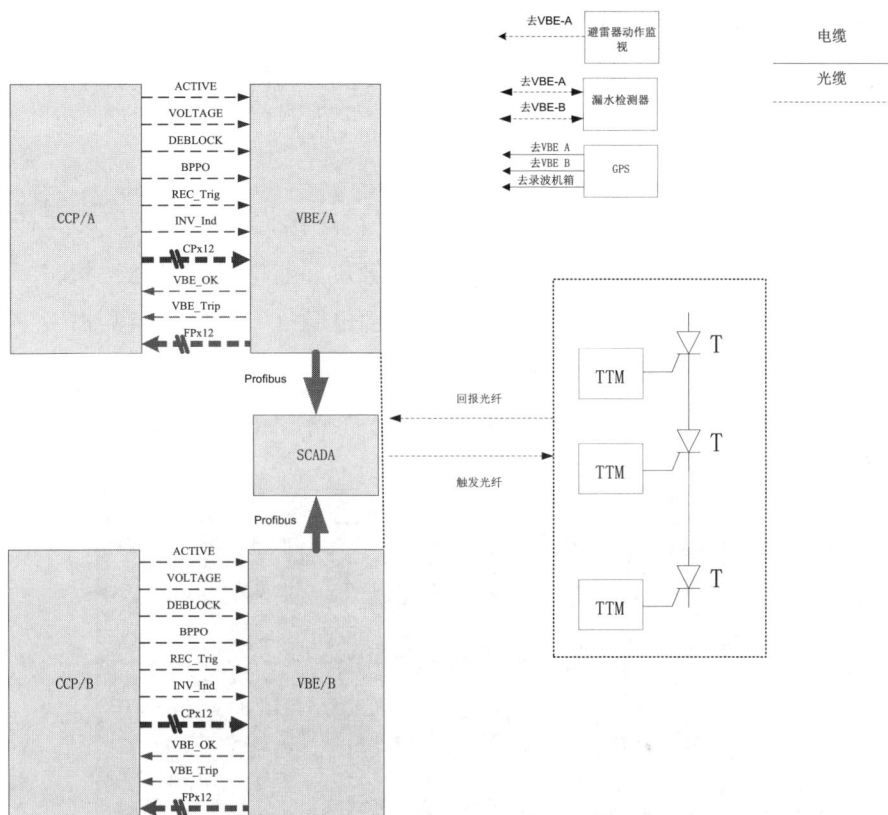

图 3-1-21 VBE 与外部设备信号连接原理

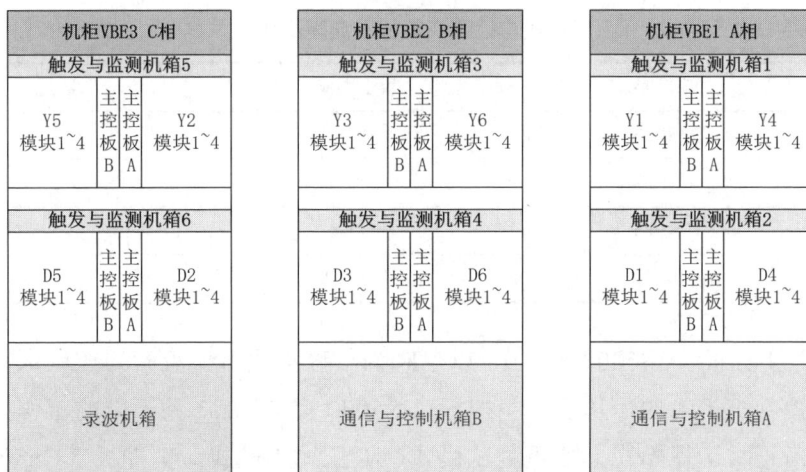

图 3-1-22 VBE 机柜和机箱布局图

（二）阀控系统电源设计

每面屏柜有独立的四路直流进线，每个 VBE 机箱都采用冗余电源板设计，每个电源板有 2 路 DC 220V 输入，并监视其状态。

（三）VBE 触发与监测机箱

VBE 触发与监测机箱通过通讯与控制机箱连接直流控制系统和其他设备，通过光纤直接与晶闸管级 TTM 板连接，触发并监视晶闸管运行状态。机箱实物如图 3－1－23 所示。触发与监测机箱由电源板、触发与监测板、主控板、信号背板组成，典型配置（金东站）见表 3－1－2。

图 3－1－23　触发检测机箱实物图

表 3－1－2　　　　　　　　触发与检测机箱板卡典型配置

序号	板卡名称	板卡功能	数量
1	MS5000	触发与监测板	8
2	CS5000	主控板	2
3	PS5000	电源板	2
4	触发检测背板	信号背板	1

（1）主控板（CS5000 板卡），以单阀为单位实现对换流阀的控制保护及和通讯与控制机箱的通信功能。主控板（CS5000 板卡）有 3 种不同的工作模式，分别为：正常运行模式、单级测试模式、低压加压模式。主控板（CS5000 板卡）会根据工作模式对 TTM 的回报信息进行不同的处理方式。

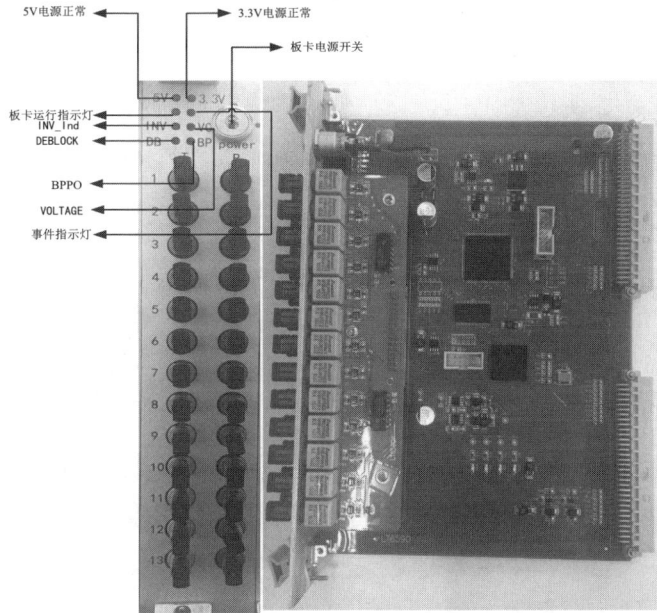

图 3-1-24　CS5000 板卡（主控板）指示灯

（2）触发与监测板（MS5000 板卡），用于触发监视晶闸管。每块 MS5000 板卡最多可以触发和监测 18 级晶闸管。MS5000 板卡接收来自 CS5000 板卡（主控板）的 120°控制脉冲 CP 后，经过编码输出至晶闸管级的触发脉冲。同时，MS5000 板卡识别晶闸管回路 TTM 的回报脉冲，通过数据线传送给 CS5000 板卡（主控板），后者对这些信息进行处理后实现对阀的保护功能。

图 3-1-25　MS5000 板卡

图 3-1-26　电源板指示灯

（3）电源板卡（PS5000），VBE 屏柜输入电源为经过滤波后的 4 路 220V DC，其中每块电源板输入为经过滤波后的 2 路 220V DC，输出电压为机箱内部各块电路板所需的电压。每个机箱的电源均为双重化冗余设计。

（4）信号背板，用于传输触发与监测机箱各种板卡间的控制信号。

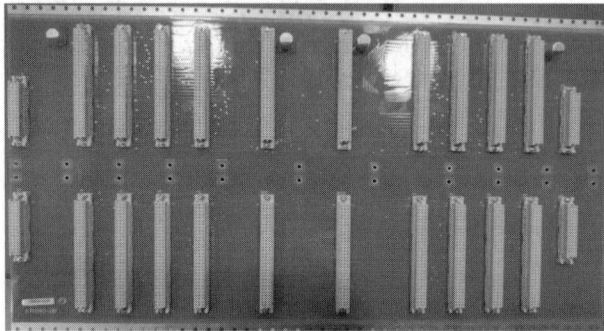

图 3-1-27　触发检测机箱背板

（四）VBE 通信与控制机箱

VBE 通信与控制机箱向上连接直流控制系统，向下连接 VBE 触发与监测机箱，同时又与 VTE 试验设备、避雷器动作监测器和漏水检测器等设备连接。典型配置（金东站）见表 3-1-3。

VBE 通信与控制机箱由 10 块电路板构成。分别为电源板（PS5000）、IN 板（MS5001）、ARRESTER 板（MS5002）、TRF 板（MS5006）、通信板（CS5001）、VTE 板（MS5003）、OUT 板（MS5004）、DEBUG 板（MS5005）和信号背板。

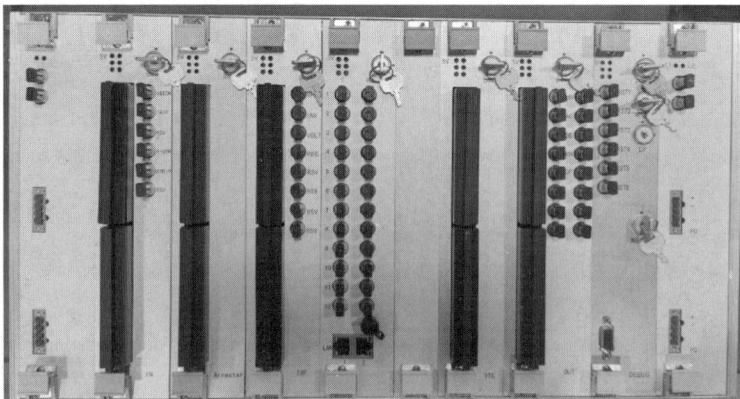

图 3-1-28　通信与控制机箱

表 3-1-3　　　　　　　　　　**VBE 通信与控制机箱典型配置**

序号	板卡名称	数量	功能
1	CS5001	1	CS5001（61850 板）板卡与 CCP 采用网线连接，和下层的触发与监测机箱采用光纤连接。CS5001 板还接收 MS5002（Arrester）板通过背板传送的避雷器计数信号和检漏计监测信号，并将这些信号上报至 CCP
2	MS5001	1	MS5001 板卡（IN 板）的主要功能是接收每个触发与监测机箱发送的 VBE_OK、VBE_Trip 等信号，并经过汇总处理后发送给 CCP
3	MS5002	1	MS5002 板卡（Arrester 板）的主要功能是接收阀避雷器计数器的计数信号并将动作信号以后台事件的形式发送给 SCADA 系统
4	MS5003	1	MS5003 板卡（VTE 板）的主要功能是与 VTE 配合做换流阀单级测试，同时完成阀塔漏水检测功能
5	MS5004	1	MS5004 板卡（OUT 板）的主要功能是接收 CCP 发送的 DEBLOCK、ACTIVE 和 CP 信号，并经过汇总处理后发送给每个触发与监测机箱
6	MS5005	1	MS5005 板卡（DEBUG 板）的主要功能是换流阀单级测试功能投切、低压加压试验模式投切和 VBE 系统复归操作
7	MS5006	1	MS5006 板卡（TRF 板）的主要功能是接收 CCP 发送的 BPPO、INV_Ind、VOLTAGE 信号，并经过汇总处理后发送给每个触发与监测机箱
8	PS5000	2	与触发与监测板的 PS5000 板卡（电源板）相同
9	信号背板	1	信号背板主要功能是传输通讯与控制机箱每个板卡之间的通信信息

（五）VBE 录波机箱

故障录波机箱主要功能：可进行自动录波和手动录波，自动录波启动信号由直流控制系统提供，录波量包括阀控系统触发脉冲信号（单阀）、回报信号（单阀）、与直流控制系统的交换信号等。除机箱背板外，录波机箱还包含 9 块电路板，其实物如图 3-1-29 所示，录波机箱典型配置如表 3-1-4 所示。

图 3-1-29　录波机箱配置图

表 3-1-4   VBE 录波机箱典型配置

序号	名称	功能
1	PR7301A-3-CPU	以太网通信板,主要完成录波信号的接收、存储,并通过 61850 通信与后台通信,实现录波数据的上传和波形显示。同时接收直流控制系统的录波启动信号
2	PR7201A-2-IN/OUT	主要用于接收阀控系统触发脉冲信号(单阀)、回报信号(单阀)以及 VBE 与直流控制系统之间的交换光信号,并实现信号的采集与存储
3	LT6591-POW	机箱电源板,主要为各板卡提供电源

三、阀控系统功能说明

(一)阀控系统信号交互

VBE 与直流控制系统之间接口信号按照《特高压直流工程换流站设备通用二次接口规范直流控制保护-换流阀部分》进行设计。所有信号均为光调制信号,信号接口为 ST,多模光纤,波长 820nm。直流控制系统与 VBE 的接口信号连接示意如图 3-1-21 所示。信号交换如表 3-1-5 所示。

表 3-1-5   VBE 和外部设备连接信号要求

序号	接口名称	信号内容
1	ACTIVE/IN-ACTIVE	1. 主系统信号为 1MHz 的序列脉冲; 2. 从系统信号为 10kHz 的序列脉冲
2	DEBLOCK/BLOCK	1. 解锁信号为 1MHz 的脉冲信号; 2. 闭锁信号为 10kHz 的脉冲信号
3	BPPO	1. 投入旁通对时为 1MHz 的脉冲信号; 2. 不投入旁通对时为 10kHz 的脉冲信号
4	VOLTAGE	1. 换流阀充电为 1MHz 信号; 2. 换流阀断电为 10kHz 信号
5	INV_Ind	1. 换流器处于逆变运行为 1MHz 信号; 2. 换流器处于整流运行为 10kHz 信号
6	CP×12	1. 正常触发状态下,有触发信号时为经过 1MHz 调制的 6.67ms 脉冲序列; 2. 无触发脉冲时没有光信号; 3. 投旁通对情况下触发脉冲长度由直流控制系统决定
7	FP×12	1. 向换流阀发送触发脉冲时为 1MHz 载波信号且中间有 16μs 高电平; 2. 不向换流阀发送触发脉冲时为 1MHz 脉冲序列

序号	接口名称	信号内容
8	VBE_OK	1. VBE 正常时为 1MHz 的序列脉冲； 2. VBE 异常时为 10kHz 的序列脉冲
9	VBE_Trip	1. 有跳闸时为 1MHz 信号； 2. 无跳闸时为 10kHz 的脉冲信号
10	REC_Trig	1. 无录波为 10kHz 信号； 2. 启动录波时为 1～2ms 宽的 1MHz 脉冲信号
11	Profibus	标准 Profibus 协议电信号
12	GPS	B 码

（二）阀控系统工作原理

阀控系统主要包括阀基电子设备（VBE）、晶闸管触发与监测单元（TTM）、漏水检测器以及避雷器监视器 4 个部分。

1. 正常触发控制功能

换流阀充电后，VBE 接收到 VOLTAGE 信号自动进入正常工作模式，此时 VBE 开始巡检换流阀状态，当检测 DEBLOCK 信号则进入解锁运行阶段，此时 VBE 接收到控制脉冲 CP 则生成触发脉冲并发送至 TTM 板。VBE 触发时序图如图 3-1-30 示。

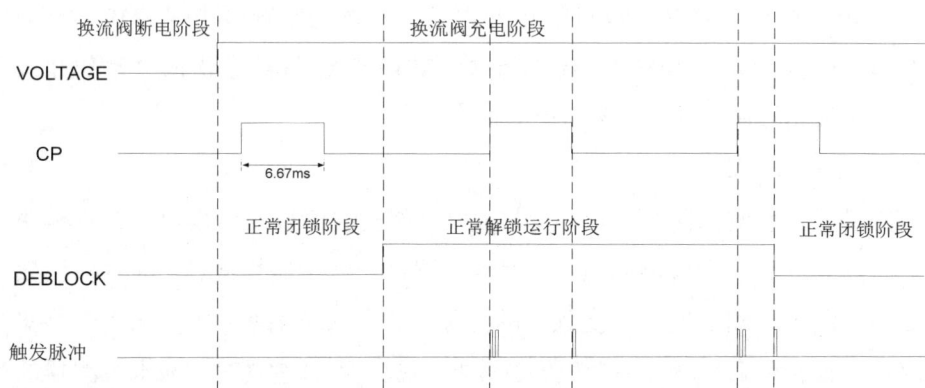

图 3-1-30　VBE 触发信号时序

2. 投紧急旁通对

直流系统逆变运行且解锁条件下，当两套阀控系统均监视到 DEBLOCK 和 ACTIVE 信号同时异常时，认为两套直流控制系统均故障，选取"1"阀和"4"阀投紧急旁通对；VBE 接收的逆变运行状态信号（INV_Ind）1MHz 为逆变运行，10kHz 为整流运行；当 VBE 未监测到 INV_Ind 信号通道的 1MHz 或 10kHz 的信号时，视该信号异常，阀控系统仅发送报警事件，不置 VBE_OK 不可用。

（三）监视和保护功能

VBE 各触发与监测机箱主控板监测到晶闸管级冗余丢失和过电压保护级数越限这两种情况会产生跳闸请求。一般工程的晶闸管级故障冗余数为 3，过电压保护的故障冗余数为 5。

1. 晶闸管故障跳闸

VOLTAGE 投入且 BPPO 未投入时，主控板监测晶闸管状态。当 VBE 没有检测到晶闸管正常回报信号，并持续时间超过 2s 时，则判定该晶闸管级出现故障。当单阀内故障晶闸管级数超过定值，VBE 判定晶闸管级冗余丢失，主控板将 VBE_Trip 设置为跳闸请求。

2. 保护性触发跳闸

VOLTAGE 投入且 BPPO 未投入时，主控板监测晶闸管状态。当 VBE 检测到 FOP 信号时，并持续时间超过 2s 时，判定该晶闸管级出现 FOP 故障。当单阀晶闸管内 FOP 动作级数超过冗余数，VBE 判定晶闸管级 FOP 动作冗余丢失，主控板将 VBE_Trip 设置为跳闸请求。

3. 阀塔漏水监视

阀塔漏水检测回路由 VBE 柜内漏水检测板的信号发送模块、接收模块，一对收发光纤和漏水检测器组成。漏水检测器安装于阀塔底部，漏水检测板周期性地向漏水检测器发送一定频率的光脉冲。当阀塔不漏水时，漏水检测器的光路没有被挡住，光脉冲将反射回漏水检测板。当阀漏水时，漏水检测器的光路被挡住，光脉冲将不能返回至漏水检测板，当 VBE 在设定时间内未检测到该返回光信号，则判定阀塔漏水，并输出报警事件。阀塔漏水检测只报警、不跳闸。

　　避雷器计数器安装于避雷器底部，当 VBE 接收到阀避雷器计数器的计数信号时且该信号脉宽超过设定值，判定避雷器动作信号有效，输出相应报警事件，并累计避雷器动作次数。

第二章 技 能 实 践

第一节 换 流 阀 检 修

一、晶闸管更换

晶闸管见图 3-2-1。

（一）工具及耗材

晶闸管拆卸必须借助晶闸管更换工具，该更换工具是换流阀现场维修工具包的一部分，晶闸管更换工具包括：

（1）晶闸管拆卸手动液压泵、压力表、缓压阀组件，见图 3-2-2。

（2）晶闸管保护绑带。

图 3-2-1 可控硅

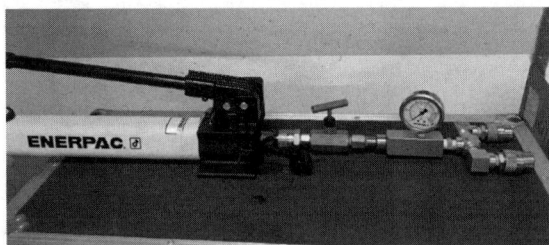

图 3-2-2 手动液压泵

（3）晶闸管压装机构（TCA）辅助支撑框架，见图 3-2-3。

（4）25t 液压缸、转接头组件，见图 3-2-4。

（5）2t 液压缸，见图 3-2-5。

（6）压力加载柱塞，见图 3-2-6。

（7）手动工具：尖嘴钳、螺丝刀、17 号棘轮扳手。

（8）辅料：导电膏、无水乙醇、电力纺或者无绒布。

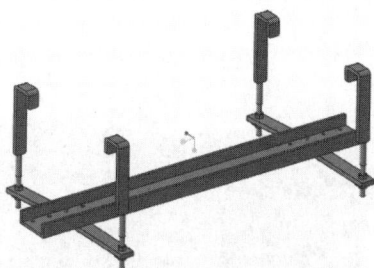

图 3-2-3　TCA 辅助支撑框架

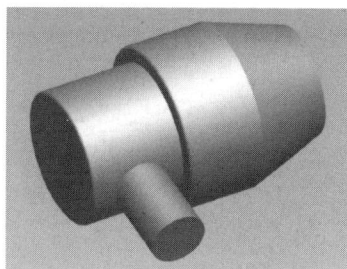

图 3-2-4　大液压缸

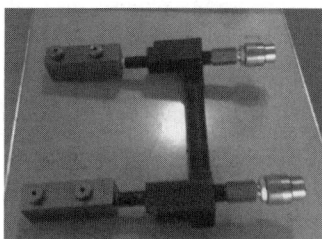

图 3-2-5　小液压缸

图 3-2-6　压力加载柱塞

（二）更换步骤

（1）拆除 TCA 与电抗器连接母排所有螺钉。拆除需更换的晶闸管所在级的电阻连接线以及触发线。

（2）辅助支撑框架固定：

1）首先将辅助支撑框架安装在要拆卸晶闸管的 TCA 上，并固定到位，通过调节挂钩的螺母，保证槽梁紧密贴合晶闸管散热器。如图 3-2-7 所示。

2）将晶闸管保护绑带套在要拆卸的晶闸管上。

（3）此环节有几点需注意：

1）钢钩所挂位置要避开所拆卸的晶闸管，否则 2t 液压缸将无法插入所拆晶闸管的两侧。

2）槽梁在底部的位置要托住所有散热器。在拆卸过程中，碟簧会推动散热器、水管向压装侧移动，而辅助支撑架不会移动；因此两根带孔钢板要尽量靠近压装侧水管。

3）钢钩底端是 M10 螺母，用 13 的棘轮扳手操作。钢钩在环氧板上的位置要避开开槽位置，否则螺纹长度可能不够。

4）钢钩底端应尽量靠近 TCA 碟簧侧，但必须保证碟簧释放压力时钢构底端不会阻碍碟簧，否则填隙垫片可能无法取出。

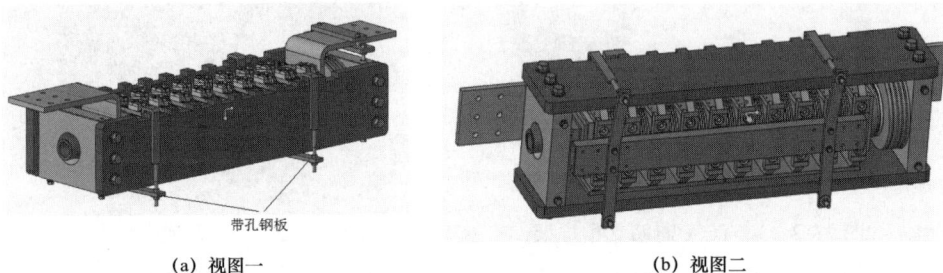

(a) 视图一　　　　　　　(b) 视图二

图 3-2-7　TCA 辅助支撑框架固定

（4）压力加载柱塞固定。将压力加载柱塞插入 TCA 的压力加载适配器内，如图 3-2-8 所示。本套工具中有 120mm 柱塞、125mm 柱塞两种长度可供选择。

注意：柱塞在压力加载适配器露出 3～5mm 左右为最佳。

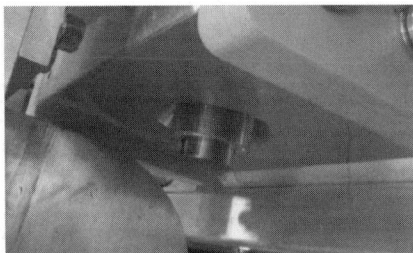

图 3-2-8　压力加载柱塞固定　　　　图 3-2-9　大液压缸的固定

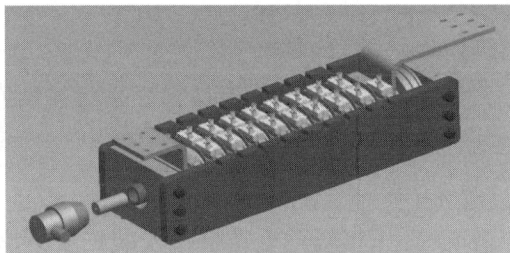

（5）大液压缸固定。将大液压缸固定在 TCA 的压力加载适配器上，保证大液压缸的套筒与压力加载适配器连接牢固，大液压缸与压力加载适配器的连接如图 3-2-9 所示。TCA 与电抗器之间空间有限，操作时要注意。一般情况下大液压缸的套筒（白色部分）与 TCA 端板平面齐平，大液压缸（黄色部分）尾部与电抗器间隔大概 1cm。

（6）晶闸管保护绑带的固定。将晶闸管保护绑带套在晶闸管阴极一侧，扎紧，见图 3-2-10。

（7）小液压缸的固定。将所拆晶闸管上接线，相邻散热器上电阻接线拆除。将小液压缸固定在要拆卸的晶闸管的位置，小液压缸的四个顶柱对着散热器的顶压位置，如图 3-2-11 所示。小液压缸安装时四个顶柱面向所要拆卸的晶闸管位置，保证晶闸管可以顺利取出。

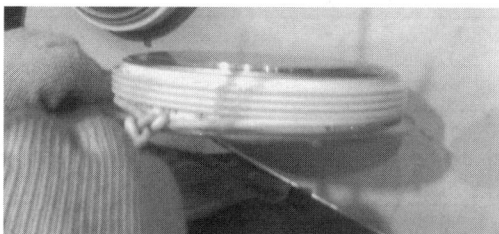

图 3-2-10　晶闸管保护绑带的固定位置

图 3-2-11　小液压缸的固定

（8）大液压缸加压。手动液压泵与压力表相连、两个液压接头中的一个通过油管与 25t 液压缸相连如图 3-2-12 所示。

图 3-2-12　液压泵组装示意图

按以下步骤操作：

1）如图 3-2-13（a）所示，顺时针拧紧液压泵的泄压旋钮，逆时针打开缓压阀。

2）打压，当压力表的压力达到图 3-2-13（b）（不同型号晶闸管对应压力不同），数值见表 3-2-1 所示的压力时，填隙垫片应该会坠落（注意保护）。如果压力超过规定压力时，填隙垫片仍未坠落，则不要继续加压。这时要打开泄压旋钮泄压，然后查看柱塞是否卡住，25t 液压缸是否到了行程极限等。解决完这些问题后，再重复本步骤。直到取出所有填隙垫片。

3）顺时针拧紧缓压阀，逆时针将泄压旋钮打开一点。然后一边观察压力表，一边松开缓压阀泄压。压力要缓缓地泄，泄到图 3-2-13（c）所示压力时，停止泄压。观察需要多少垫片能够填满缝隙，然后稍加压，将这些垫片放上后，再稍泄压。如果垫片压紧，则此步操作正确，可以完全卸除压力。保证完全卸除压力后，将油管从 25t 液压缸上卸除，注意滴油。

表 3-2-1　　　　　　　　　不同型号晶闸管对应压力值

晶闸管型号	压力值
3200	6400PSI
5000	8400PSI
5500、6250	9200PSI

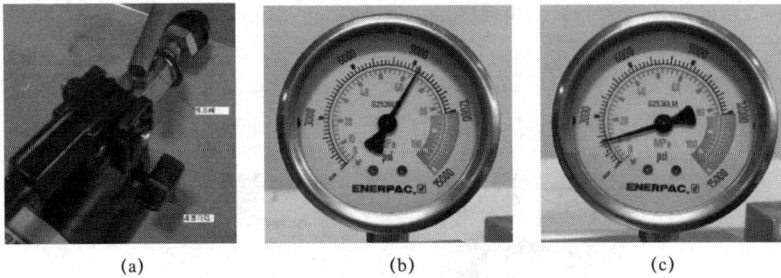

(a)　　　　　　　　　(b)　　　　　　　　　(c)

图 3-2-13　加压步骤

（9）2t 液压缸加压。手动液压泵与缓压阀的连接不变，缓压阀的两个接口分别通过油管与 2t 液压缸相连，拧紧油管接头并加压，直到小液压缸的顶柱撑开散热器，保证散热器与晶闸管之间有 1～2mm 的间隙，停止加压。如无法将散热器撑开，需重复 2、7 步骤将填隙垫片尽量减少。

（10）拆卸晶闸管。提动晶闸管保护绑带，提出晶闸管，如图 3-2-14 所示。

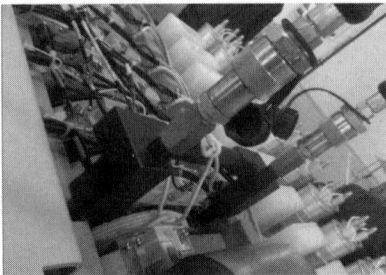

图 3-2-14　拆卸晶闸管示意图　　　图 3-2-15　晶闸管更换示意图

（11）更换晶闸管。利用电力纺或者无绒布，蘸取无水乙醇，清洗散热器表面，用电力纺蘸导电膏，均匀涂抹在新晶闸管的表面，涂上薄薄的一层。然后将晶闸管放入要更换的位置。如图 3 - 2 - 15 所示。

（12）压力加载。液压泵与小液压缸逐步泄压，并取出小液压缸拆除油管。液压泵与大液压缸相连，逐步加压至图 3 - 2 - 13（b）所示压力，放入原来的填隙垫片，然后泄压至零位，泄压，取下大液压缸，取出压力加载柱塞。晶闸管更换完毕。

二、更换 TTM 板

TTM 板如图 3 - 2 - 16 所示。

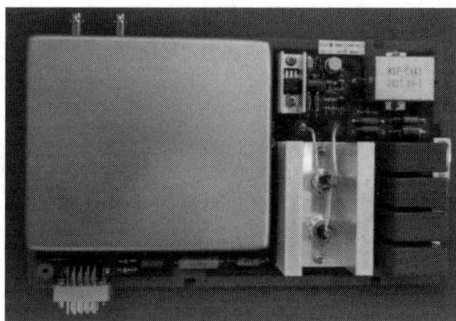

图 3 - 2 - 16　TTM 板

（一）工具及耗材

（1）门极盖板拆卸：16 号呆扳手，棘轮扳手，16 号套筒，力矩扳手。

（2）TTM 板拆卸：5 号内六角扳手、防静电手套。

（二）更换步骤

（1）用 16 号呆扳手和棘轮扳手 + 16 号套筒拆卸掉门极单元上门极盖板的 M10 螺母，拆卸掉门极盖板，如图 3 - 2 - 17 所示。

（2）拔掉 TTM 的触发和回报光纤接头，去掉用于固定 TTM 的 M6 螺母，该螺母为内六方绝缘螺母，所以需用内六方扳手。去掉螺母后取出 TTM 电路板，取出时，手腕需套防静电手套。如图 3 - 2 - 18 所示。

（3）将新的 TTM 电路板插入电路板 U 型支架，插装到位，然后用 M6 螺母将其锁紧。盖上门极盖板，并用 M10 螺栓固定紧。更换完毕后的门极单元如图 3 - 2 - 18 所示。

图 3 - 2 - 17　门极盖板拆卸　　　　图 3 - 2 - 18　TTM 板拆卸及恢复

三、更换直流均压电阻

　　直流均压电阻由两个电阻串联组成。这些电阻安装在晶闸管散热器上，应成对拆除或替换。直流均压电阻结构在 TCA 上的布置结构在图 3 - 2 - 19 给出。

（一）工具及耗材

　　（1）M4 力矩螺丝刀，M4 普通螺丝刀。

　　（2）导热膏：DOW CORNING 340 heat sink compound。

图 3 - 2 - 19　TCA——直流均压电阻

　　（3）橡胶滚筒、清洁抹布、无水乙醇、电力纺。

（二）更换步骤

　　（1）拆开连线并记住位置，M4 螺栓和垫圈收好备用。

　　（2）旋开并移除将电阻固定在散热器上的螺栓和垫圈，螺栓和垫圈收好备用。

　　（3）电阻上涂抹了导热膏，并粘在散热器上，导热膏已经变干后成为粘胶，电阻已紧紧贴合在散热器，不易拆卸，因此拆卸电阻时，用手抓住电阻并转动，不要用螺丝刀之类的工具，否则会划伤散热器表面。拆卸后的直流均压电阻如图 3 - 2 - 20 所示。

　　（4）散热器清洁。用清洁抹布蘸取无水乙醇清洁散热器的直流均压电阻安装面，清除掉已损坏直流均压电阻粘着在散

图 3 - 2 - 20　直流均压电阻拆卸

194

热器表面的残留导热膏。清洁后的散热器表面应干净整洁。

（5）用电力纺轻轻擦拭散热器表面。不得使用溶剂擦拭，因为溶剂会破坏电阻的导电层。

（6）在电阻器表面涂上一薄层导热膏，厚度应为 0.10～0.05mm，注意一定要将其均匀涂在整个接触面。确保导热膏里没有结块或其他微粒。

（7）将电阻放在散热器上的适当位置，并轻轻地来回旋转且向下施压。使电阻贴紧散热器。

（8）用 4 个 M4 螺钉（螺钉＋M4 弹垫＋M4 平垫）上 4N·m 力矩（力矩扳手在阀维护工具包里）。

（9）直流均压电阻更换完毕后，重新接线。接线包括：串联连接导线；与晶闸管阳极散热器的导线；与 TTM 电路板的连接导线。

四、更换阻尼电容

阻尼电容单元结构如图 3-2-21 所示。每一晶闸管级的两个电容器底部通过导电铜排进行电气连接。

不管是三端电容还是两端电容，其固定方式是一样的：电容器底部垫了一个绝缘隔离垫片，通过 M12 螺栓固定在绝缘支撑板上，M12 螺栓加了防松垫圈。阻尼电容组装结构如图 3-2-22 所示。

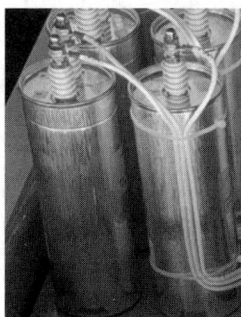

图 3-2-21　阻尼电容单元　　　　图 3-2-22　阻尼电容的固定安装

（一）工具及耗材

专用工具包应配备所有拆卸工具。

（1）电容器拆卸工具：18 号呆扳手，力矩扳手，皮带扳手，棘轮扳手，

19 号套筒。

（2）接线端子拆卸工具：14 号呆扳手，力矩扳手，棘轮扳手，14 号套筒。

（二）更换步骤

（1）剪掉绑扎在电容器筒体上的导线绑扎带。

（2）皮带扳手固定电容器的筒体，用棘轮扳手或者呆扳手拆掉固定在电容器端子上的 M8 螺母，拆掉导线。

（3）皮带扳手固定电容器的筒体，用棘轮扳手或者呆扳手拆掉固定在电容器底部螺栓上的 M12 螺母，拆卸掉电容器。

（4）取新电容，安装绝缘隔离垫片后，放置在绝缘支撑横板上。用皮带扳手固定电容器筒体，电容器末端固定螺栓穿过导电母排后，用 M12 螺母固定，固定力矩为 10N·m。

（5）安装导线端子，用皮带扳手固定电容器筒体，安装 M8 螺母，紧固力矩为 4N·m。

五、更换一体化电阻

一体化电阻通过 4 个高强度 M6 绝缘螺栓固定在支撑框架上。一体化电阻单元的结构如图 3-2-23 所示。

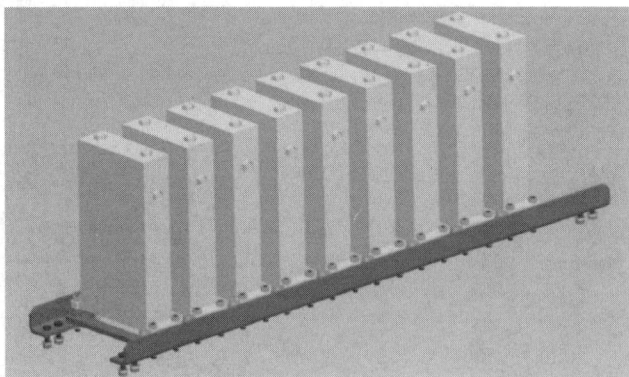

图 3-2-23　阻尼电阻单元结构

（一）工具及耗材

（1）电阻拆卸工具：棘轮扳手，力矩扳手，10 号套筒，10 号呆扳手。

（2）水管拆卸：36 号呆扳手，2 个水管堵头。

（3）阻尼电阻导线端子：棘轮扳手，力矩扳手，8 号套筒。

（二）更换步骤

（1）通过打开阀塔顶部进水管和出水管上的排气阀释放压力，冷却液收集在容器中，然后关闭排气阀。

（2）用 36 号呆扳手拆卸掉水管螺母，并迅速用水管堵头封堵水管管口，避免大量泄水至下层阀模块。

（3）用棘轮扳手＋8 号套筒拆卸掉导线端子，导线端子为 M5 固定螺栓。

（4）用棘轮扳手＋10 号套筒和 10 号呆扳手拆卸 M6 绝缘螺栓，拆卸螺栓时，应避免大幅度用力损坏螺栓。拆卸掉电阻的结构如图 3-2-24 所示。

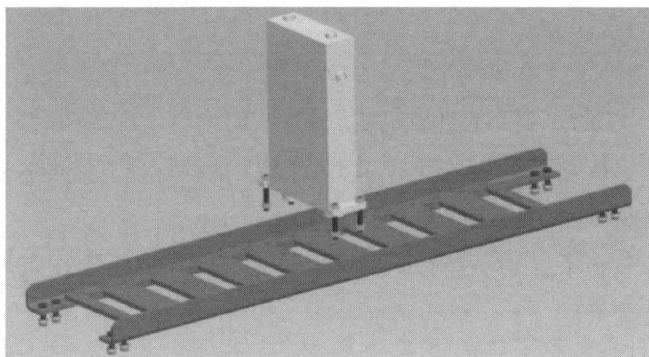

图 3-2-24　阻尼电阻拆卸

（5）替换的电阻应事先备好，包括所有导线和水管连接、电阻值测量和新的 O 形密封圈。

（6）用力矩扳手＋10 号套筒和 10 号呆扳手安装 M6 绝缘螺栓，力矩 4N·m，将电阻固定在支撑框架上。

（7）拆卸掉水管堵头，用 36 号呆扳手快速安装水管。注意：不能使用旧的 O 形密封圈，须换新密封圈。

（8）用力矩扳手＋8 号套筒拆安装导线端子，紧固力矩 4N·m。

（9）电阻更换完毕后，需试水，保证在一定压力下无漏水，具体加压参数参考水系统调试相关规范。

注意：拆卸和更换电阻时，要保护好临近的水管和电容器，避免因磕碰和误操作损坏水管和电容器。

六、更换 TTM 触发线

模块触发线连接门极单元和晶闸管级元件，大部分导线连接晶闸管压装结构。对损坏的触发线无法就地修复，因此若触发线损坏，应进行整体拆除和替换。

（一）工具及耗材

（1）触发线端子拆卸：十字螺丝刀，一字螺丝刀，M4 力矩螺丝刀。

（2）门极单元盖板拆卸：17 号呆扳手，棘轮扳手，17 号套筒，13 号套筒，8 号套筒，力矩扳手，尖嘴钳，皮带扳手。

防静电手套。

（二）更换步骤

1. 拆卸

（1）用 17 号呆扳手和棘轮扳手＋17 号套筒拆卸掉门极单元上的门极盖板。

（2）用一字螺丝刀拆卸掉触发线固定在 TTM 上的固定螺钉。

（3）用十字螺丝刀拆掉固定在散热器上的接线端子，借助尖嘴钳，拆卸掉晶闸管上的触发线和阴极连线。

（4）用棘轮扳手、13 号套筒和 8 号套筒，拆卸掉固定在阻尼电阻和取能电阻上的导线端子。

（5）取出触发线。

注意：以上操作须戴防静电手套。

2. 更换触发线

（1）用一字螺丝刀将触发线固定在 TTM 电路板上。没有力矩要求，以拧紧为准。

（2）分别固定触发线与散热器、取能电阻和阻尼电阻端子的连线。M4 螺钉力矩 2N·m，M5 螺栓力矩 4N·m。

（3）用尖嘴钳或者专用工具，安装晶闸管触发线和阴极导线，该操作需小心谨慎，避免损坏晶闸管接线端子。

七、PVDF 冷却水管及密封圈更换

（一）工具及耗材

（1）水管专用力矩扳手。

（2）防水塑料布。

（3）吨桶及配套水管。

（4）记号笔。

（5）无水酒精。

（6）密封圈。

（二）更换步骤

1. 主水管更换

（1）停运换流阀冷却系统；

（2）换流阀阀塔放水；

（3）拆卸水管悬吊绝缘杆，拆除故障水管法兰连接螺栓，对水管下端法兰口做好封堵，防止异物落入管路；

（4）取出原法兰密封圈，将规格型号相同的主水管与原水管对接；

（5）调整主水管与原水管自然连接，调整好密封圈位置；

（6）用棘轮扳手依次紧固法兰连接螺栓，确保法兰四周受力均匀；

（7）用力矩扳手紧固法兰连接螺栓，施加规定力矩，恢复水管悬吊绝缘杆；

（8）用酒精擦拭螺栓表面后用记号笔画双标记线。

2. 更换小水管、小水管 O 形密封圈

（1）确保换流阀阀塔冷却系统停运；

（2）进行阀塔放水；

（3）用水管专用扳手拆开损坏的小水管接头；

（4）检查小水管接头内 O 形密封圈并取出；

（5）更换新的 O 形密封圈、小水管，用专用扳手紧固，加 6 N·m 力矩并画双标记线。

八、光纤更换

（一）工具及耗材

（1）光纤测试仪。

（2）剪刀。

（3）扎带。

（4）光纤清洁工具。

（二）更换步骤

1. 揭开备用光纤盖板

（1）剪掉故障光纤的接头，并将光纤尾部放在 GRP 主槽上，用绑扎带固定。

（2）移除备用光纤托盘的鳄鱼夹上的光纤接头，剪掉绑在光纤上的扎带。

（3）根据门极单元需要的长度，剪掉备用光纤的绑扎带，取出备用光纤。用光纤测试仪测试光纤是否完好，一个接头在门极单元，另一个接头在 VBE 柜子内。将备用光纤沿绝缘槽梁布置，安装至需更换光纤的 TTM 电路板上。铺设好的备用光纤需要绑扎带固定在绝缘槽梁上。

2. 替换光纤的安装

（1）如果备用光纤用完，则需要安装新的光纤。如已确定故障光纤，替换光纤应与故障光纤完全相同，根据光纤走线图布置替换光纤。

（2）打开光纤盘和 S 形光纤槽的盖子。

注意：S 形光纤槽里光纤应不超出光纤槽，可以用泡沫块或胶带固定。

（3）剪掉故障光纤的接头，并将光纤尾部放在绝缘槽梁上，并固定。安装从阀塔到 VBE 的替换光纤。测量替换光纤的光功率损耗，以确认光纤是完整的，接头接在门极单元上。光纤另一头的接头接在 VBE 柜上。

（4）更换光纤盘和 S 形光纤槽的盖子。重新安装光纤槽盖子时拆掉临时的固定光纤的材料。

备注：每个阀组件装有一个备用光纤托盘，最多可以放置六根光纤。备用光纤可以用作门极单元的触发光纤或回报光纤。光纤托盘上有光纤头插座，用于固定备用光纤接头。阀塔顶屏蔽罩内的悬吊钢梁内有 VTE 测试光纤及备用光纤固定托盘，共计 10 根光纤。托盘上安装了光纤头插座用于固定光纤接头。

注意：光纤很脆弱，容易被损坏。不要拉，不要缠绕或弄弯光纤。应保证最小 80mm 的转弯半径。如有显示光纤故障时，将其从门极单元和 VBE 上拆开。用光纤测试仪确认光纤是否损坏。

第二节 换 流 阀 试 验

一、试验目的

检查晶闸管级接线是否正确，均压回路阻抗是否正确，晶闸管级元件耐受电压能力，门极单元触发、监测和保护功能是否正确。换流站大、小修必做本项试验，验证晶闸管级所有元件性能和功能。

二、接线方式

使用 VTE 之前首先要进行接线，接线方式如图 3-2-25 所示，需要将高压电缆接到晶闸管两侧，将阀塔上的 VTE 到 VBE 的测试光纤接到 VTE 后面板上，具体方法与步骤如下：

（1）地线连接。将地线连接到如图 3-2-26 所示的接线端子上，并拧紧锁紧螺栓。

（2）脚踏开关连接。将脚踏开关连接到如图 3-2-26 所示的插座中，并且拧紧锁定螺母。

（3）电源线连接。将电源线连接到如图 3-2-26 所示的插座中，并且拧紧锁定螺母。

（4）高压电缆 VTE 侧连接。将高压电缆的正极、负极和地线连接到如图 3-2-26 中所示的插座中，并且拧紧锁定螺母。

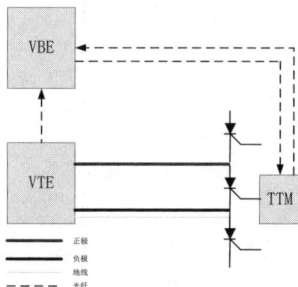

图 3-2-25 VTE 模式 2 测试接线方式　　　图 3-2-26 VTE 后面板示意图

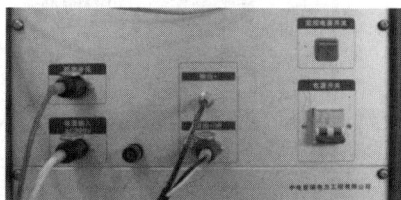

（5）高压电缆晶闸管侧连接。将高压电缆正极和负极及地线连接到晶闸管

两侧，接线方式如图 3-2-27 所示。接线时要尽量将接线夹子立起来，避免与周围的导体连接。

（6）测试光纤连接。将已提前铺设到阀塔上的测试光纤连接到如图 3-2-28 所示的接口中。

图 3-2-27　高压电缆晶闸管侧接线方式　　图 3-2-28　测试光纤连接方式

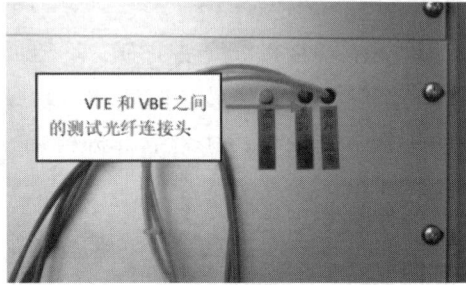

三、装置操作

（一）手动测试功能

1. 阻抗测试

（1）滚动人机界面操作滚球，将鼠标移动到"阻抗测试"分页栏上，并单击人机界面选项确定按钮，进入阻抗测试界面，如图 3-2-29 所示；

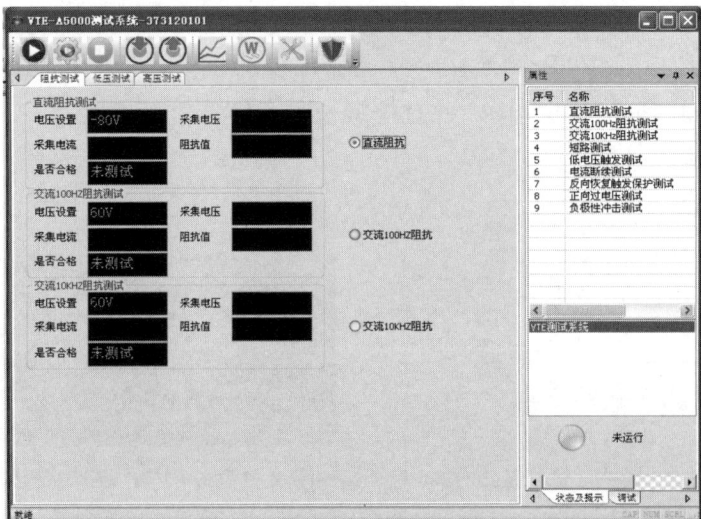

图 3-2-29　阻抗测试界面

（2）将鼠标移动到频率设置下拉菜单上，选择 DC 测试；

（3）旋出急停开关；

（4）用脚踩住脚踏开关；

（5）用鼠标单击工具栏上的 开始键，或用手按下工控机面板上的测试开始按钮；

（6）测试开始，在电压电流显示区显示出当前测量到的电压和电流，运行指示灯会闪烁，并最终显示测试是否合格；

（7）运行指示灯停止闪烁，测试结束；

（8）重复（2）～（7）步骤继续进行 100Hz 和 10kHz 的阻抗测试；

（9）阻抗测试完成后按下急停按钮。

2. 低压测试

（1）滚动人机界面操作滚球，将鼠标移动到"低压测试"分页栏上，并单击人机界面选项确定按钮，进入阻抗低压测试界面，如图 3－2－30 所示；

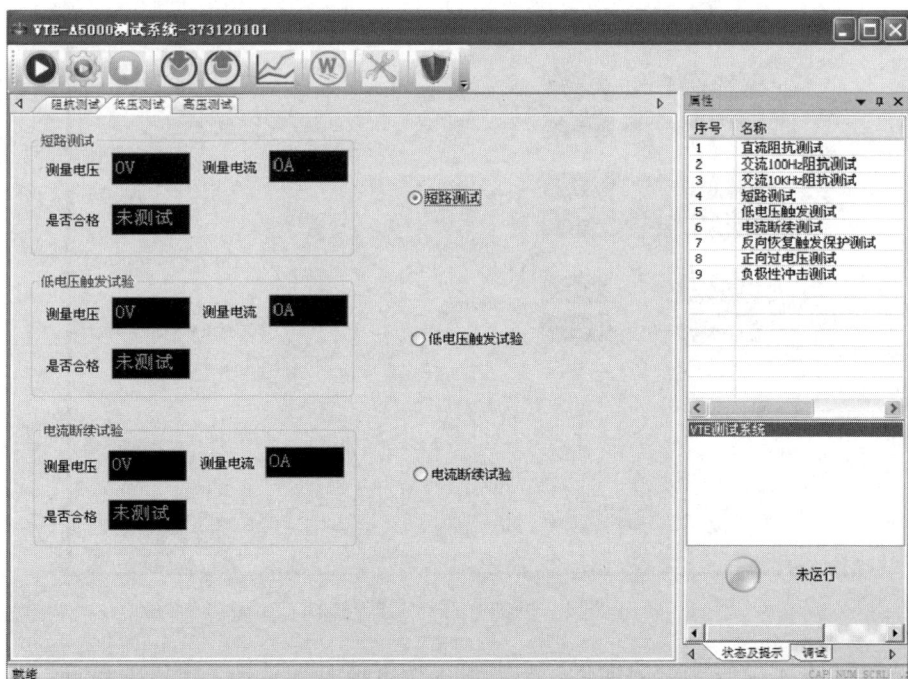

图 3－2－30　低压测试界面

（2） 旋出急停开关；

（3） 将鼠标移动到屏幕中部低压测试项目选择区，选择"短路测试"；

（4） 用脚踩住脚踏开关；

（5） 用鼠标单击工具栏上的 ▶ 开始键，或用手按下工控机面板上的测试开始按钮；

（6） 测试开始，运行指示灯会闪烁，并最终显示测试是否合格；

（7） 运行指示灯停止闪烁，测试结束，松开脚踏开关；

（8） 重复（3）～（7）步骤继续进行其他低压测试项目；

（9） 低压测试完成后按下急停按钮。

3. 高压测试

（1） 滚动人机界面操作滚球，将鼠标移动到"高压测试"分页栏上，并单击人机界面选项确定按钮，进入高压测试界面，如图 3-2-31 所示；

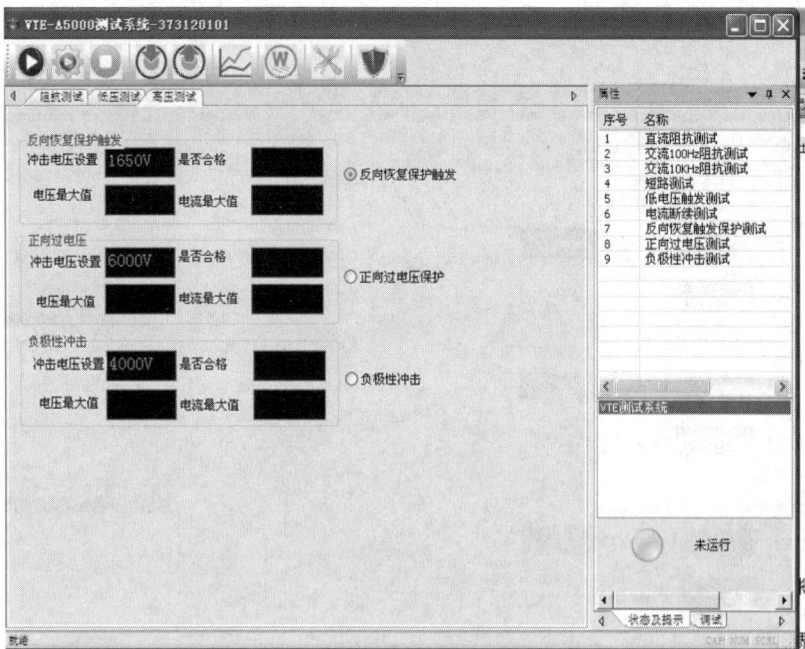

图 3-2-31 高压测试界面

（2） 进入高压测试界面后，冲击电压设置值是默认值，设置值偏低，这时将鼠标移动到工具栏的 ⊙ 试验参数导入读取按钮上，并单击人机界面选项确定按钮，如图 3-2-32 所示；

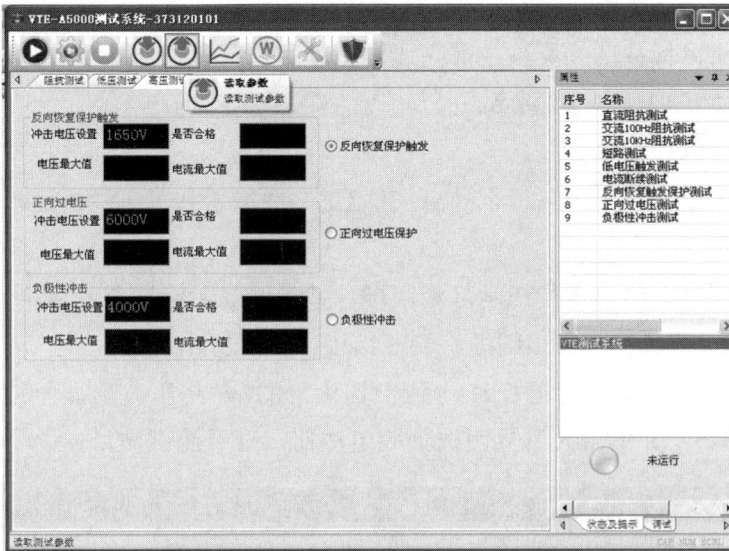

图 3-2-32 导入测试电压参数

（3）进入测试电压参数导入界面（见图 3-2-33），鼠标选择参数配置文件后双击人机界面选项确定按钮，这时电压参数更新为测试所需的电压参数；

图 3-2-33 导入测试电压参数界面

（4）旋出急停开关；

（5）开启高压电压模块电源；

（6）将鼠标移动到屏幕中部高压测试项目选择区，选择"反向恢复保护触发测试"，如图 3-2-34 所示；

（7）脚踩住脚踏开关；

（8）用鼠标单击工具栏上的 ▶ 开始键，或用手按下工控机面板上的测试开始按钮；

（9）测试开始，运行指示灯会闪烁，并最终显示测试是否合格；

（10）运行指示灯停止闪烁，测试结束，松开脚踏开关；

（11）若需要可以将鼠标移动到工具栏上的 ⬙ 高压波形显示按钮上（见图 3-2-34），并单击人机界面选项确定按钮，查看测试波形；

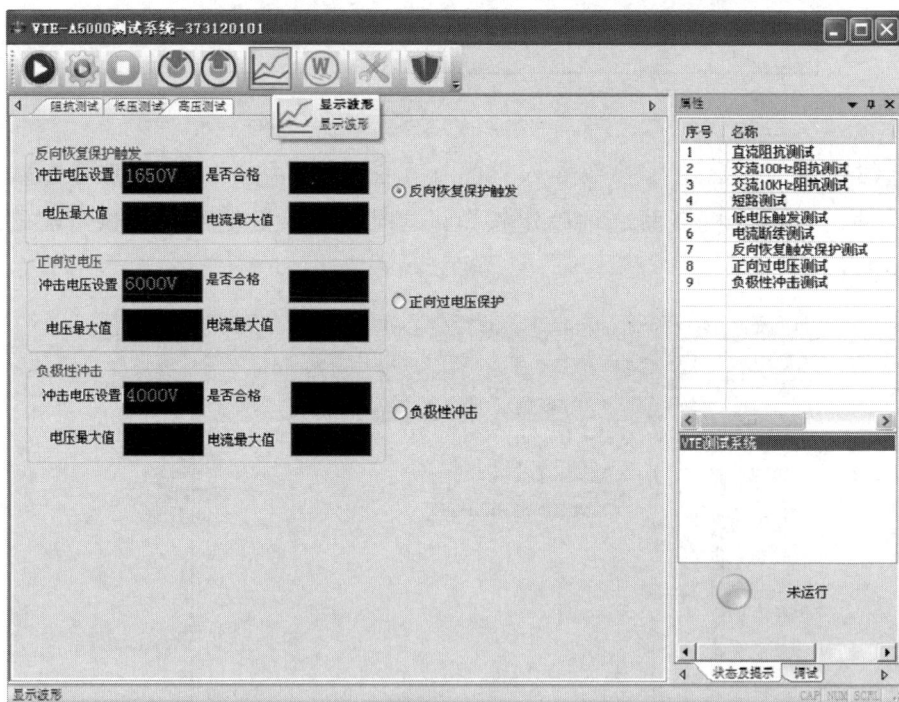

图 3-2-34 波形显示按钮

（12）重复（6）~（12）步骤继续进行其他高压测试项目；

（13）高压测试完成后按下急停按钮，关闭高压电源模块电源。

（二）自动测试功能

自动测试时试品接线方式与手动测试时相同，接线完成后参照手动高压试验部分导入试验参数配置文件。准备工作完成后用鼠标选择起始的测试项目，再按自动测试按钮 （见图 3-2-35），VTE 会按照试验步骤逐个完成所有测试项目，若某个项目不合格，则自动停止测试。

注意：自动测试期间要始终踩住脚踏开关！自动测试期间要远离被试品，至少要保持 1m 的距离。

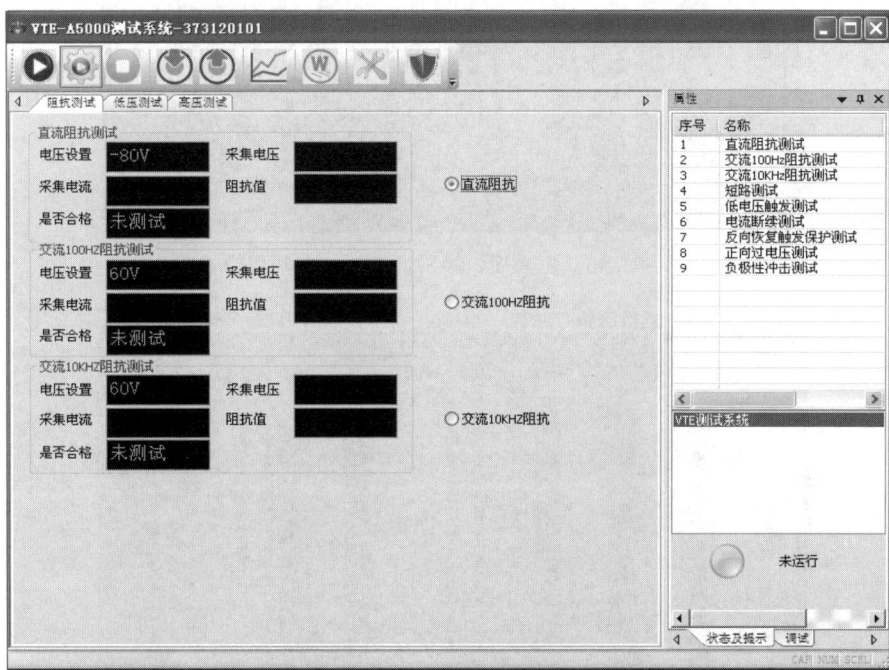

图 3-2-35 自动测试按钮

第三节 阀控系统检修

一、可在线更换的板卡更换

（一）板卡位置

换流器运行期间，VBE 屏柜内除触发检测板外的其他板卡均可进行在线更换。包含电源板、主控板、IN 板、避雷器板、TRF 板、通信板、VTE/漏水检测板、OUT 板、DEBUG 板。出厂时已完成板卡程序安装，现场仅进行硬件更换。板卡位置如图 3-2-36、图 3-2-37 所示。

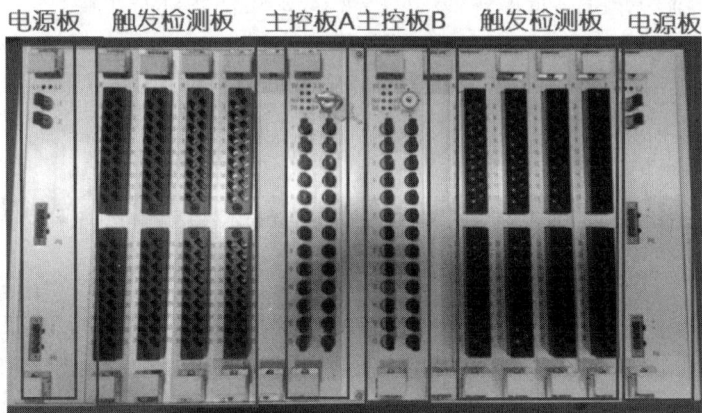

图 3-2-36 主控板、触发检测板、电源板位置

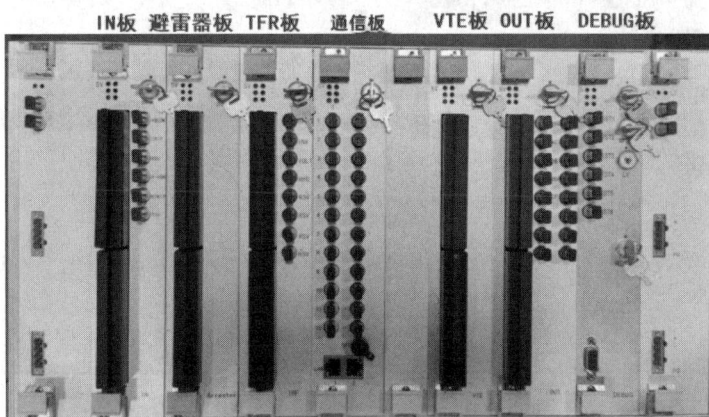

图 3-2-37 板卡位置

（二）工具与耗材

（1）小十字螺丝刀（刀头宽 3mm）；

（2）小一字螺丝刀（刀头宽 3mm）；

（3）光纤清洁器；

（4）光纤帽；

（5）万用表；

（6）标签纸；

（7）防静电护腕或手套；

（8）对讲机。

（三）更换步骤

更换前，必须确认新板卡安装的软件版本和故障板卡相同；工作前，现场多人检查确认对应控制主机不处于 ACTIVE 状态，且控制主机屏柜内冗余切换装置均已打上禁止切换按钮；认真检查记录设备初始状态，需确认故障板卡所处的 VBE 系统已切换至从系统状态；关闭主控板电源时，更换板卡技术人员与后台监视人员使用对讲机核对报文是否正确。

（1）使用一字起和十字起拆下故障板卡紧固螺丝（上下各一个，共两个），使板卡与机箱分离；

（2）双手分别抓住故障板卡上下各一个助拔器，轻轻向外推动，板卡即可与机箱背板分离，缓缓将板卡沿导轨取出；

（3）检查故障板卡外观是否存在明显异常，核对故障板卡与备品板卡型号是否一致；

（4）记录新旧板卡序列号；

（5）手持替换板卡的助拔器，将新板卡放入机箱导轨中，缓缓推入机箱，平行按压两个助拔器，将板卡推入机箱背板端子槽内，用十字螺丝刀固定连接螺丝。

二、触发检测板卡更换

（一）板卡位置

触发检测板外板卡需停电更换，其位于触发检测机箱两侧，一般为 8 块，左右各 4 块，位置如图 3 - 2 - 36 所示。

（二）工具与耗材

（1）一字螺丝刀（刀头宽 3mm）；

（2）十字螺丝刀（刀头直径 3mm）；

（3）光纤清洁器；

（4）VTE 设备；

（5）标签纸；

（6）防静电护腕或手套；

（7）对讲机。

（三）更换步骤

工作前，确认该系统对应的换流阀退出运行，现场允许进行板卡更换工作；认真检查记录设备初始状态，按照图纸确认故障板卡所处的 VBE 机箱。

（1）断开待更换板卡所在触发检测机箱的双路电源；

（2）依次拔出故障板卡上所连接的光纤接头，光纤需以光纤帽覆盖保护，放于储纤托盘内；

（3）使用十字起（一字起），松开故障板卡紧固螺丝（上下各一个，共两个），使板卡与机箱分离；

（4）分别抓住故障板卡上下各一个助拔器，轻轻向外推动，板卡即可与机箱背板分离，缓缓将板卡沿导轨取出；

（5）检查故障板卡外观是否存在明显异常，核对故障板卡与备品板卡型号是否一致；

（6）记录新旧板卡序列号；

（7）手持新板卡的助拔器，将其放入机箱导轨中，缓缓推入机箱，平行按压两个助拔器，将板卡推入机箱背板端子槽内；

（8）使用十字起（一字起），固定板卡连接螺丝；

（9）严格按照记录对光纤进行恢复，恢复前对光纤头进行清洁操作。并多人检查光纤连接，逐一确认接头紧固情况；

（10）与更换前照片和光纤记录表进行复核，确保接线一致。

三、光纤更换

在换流器运行期间，VBE 和直流控制系统间的通信光纤及 VBE 系统内部光纤均可在线更换。

（一）工具与耗材

（1）一字螺丝刀（刀头宽 3mm）；

（2）十字螺丝刀（刀头直径 3mm）；

（3）光纤清洁器；

（4）绝缘胶布；

（5）光功率计；

（6）防静电手环或手套。

（二）更换步骤

（1）首先确保需要更换的光纤所在机箱或板卡处于备用系统状态；

（2）VBE 侧和 CCP 侧的光纤更换可以同时进行；

（3）将损坏光纤所在的板卡或机箱电源断开；

（4）将损坏的光纤拔出并做好标记；

（5）检测备用光纤的光衰减度，确保光纤完好；

（6）将备用光纤插入相应的板卡上；

（7）机箱或板卡上电，通过面板指示灯和后台报文确保信号回路正常；

（8）清理工作现场。

第四节　典型故障处理

一、典型晶闸管本体故障

晶闸管本体及其附属回路故障：如阻尼回路、均压及取能回路以及触发回路故障。典型的后台事件告警有晶闸管回检信息丢失/晶闸管故障（见表 3-2-2）、晶闸管保护性触发 FOP 动作（见表 3-2-3）。

表 3-2-2　　　　　　　　晶闸管回检信息丢失/晶闸管故障

信息	晶闸管级故障
例如	"VBE A 阀 1 模块 1 第 1 晶闸管级故障"
类型	故障信息
等级	轻微事件
可能原因	元件故障、光纤拔出或光纤损坏
可能故障位置	TTM 板回报信号回路、TTM 板储能回路、回报光纤、VBE 触发与监测机箱光接收板
检修	在下一次换流阀检修期间，检查此晶闸管对应的回报信号光纤接头是否脱落； 检查此晶闸管级对应的光纤是否损坏，若损坏则需要更换光纤； 若光纤正常，则要检查此晶闸管级是否被击穿，若被击穿则需要更换晶闸管； 若晶闸管没被击穿，则进行 VTE 模式 2 对 TTM 板进行试验，若不合格则需要更换 TTM 板

表 3-2-3　　　　　　　　　　　　晶闸管 FOP 动作

信息	FOP 动作
例如	"VBE A 阀 1 模块 1 第 1 晶闸管级 FOP 动作"
类型	故障信息
等级	轻微事件
可能原因	TTM 板回报信号回路、TTM 板储能回路、触发光纤、VBE 触发与监测机箱光发射板、分光器故障
可能故障位置	系统产生异常过压、触发信号光纤接头脱落或光纤损坏、TTM 板光接收二极管、分光器
检修	若报警信息是在直流系统处于暂态过程中产生并且立刻复归的话，可以认为是因为暂态情况下单阀分压不均导致了单个晶闸管承受过压。这种情况下此报警信息可以不予特别处理。若报警信息周期性的出现并复归时应按照步骤 2 处理； 在下一次停电检修期间，检查此晶闸管级的触发信号光纤是否完好，如光纤损坏则要更换光纤； 若光纤正常，则用 VTE 对 TTM 测试，若所有试验合格，则更换 VBE 发射板，否则更换 TTM 板； 更换完成后用 VTE 模式 2 进行 TTM 板试验

二、典型阀控系统故障

阀控系统常见故障主要为电源故障、主控板故障、光接口板故障及通信板卡故障。表 3-2-4～表 3-2-8 列出部分阀控系统故障可能的产生原因和处理方法。

表 3-2-4　　　　　机箱 TRIP 信号异常产生机理和处理方法

信息	TRIP 信号异常
例如	"VBE A 机箱 1 TRIP 信号异常"
类型	故障信息
等级	严重事件
可能原因	元器件故障、光纤拔出或损坏
可能故障位置	光纤损坏或接头脱落、光发射和接收二极管、VBE CS5000 板卡的光发射回路故障、通信与控制机箱的光接收回路故障
检修	首先确保报出此事件的系统处于从系统状态； 检查信号光纤接头是否脱落； 检查光纤是否完好，必要时可以进行光功率检测； 若光纤损坏，则要更换； 若光纤正常，用光电转换板检测对应 CS5000 板卡（主控板）信号发射模块是否正常，若有故障需更换 CS5000 板卡（主控板），（按照板卡在线更换步骤操作）； 若 CS5000 板卡（主控板）正常，则要更换通信与控制机箱的 MS5001 板卡（IN 板），按照板卡在线更换步骤操作

表 3-2-5　　　　　　　　VBE_OK 信号异常产生机理和处理方法

信息	VBE_OK 信号异常
例如	"VBE A 机箱 1VBE_OK 信号异常"
类型	故障信息
等级	严重事件
可能原因	元器件故障、光纤拔出或损坏
可能故障位置	光纤损坏或接头脱落、光发射和接收二极管、VBE CS5000 板卡（主控板）的光发射回路故障、通信与控制机箱的光接收回路故障
检修	1. 首先确保报出此事件的系统处于从系统状态； 2. 检查信号光纤接头是否脱落；检查光纤是否完好，必要时可以进行光功率检测；若光纤损坏，则要更换； 3. 若光纤正常，用光电转换板检测对应 CS5000 板卡（主控板）信号发射模块是否正常，若有故障需更换 CS5000 板卡（主控板），按照板卡在线更换步骤操作； 4. 若 CS5000 板卡（主控板）正常，则要更换通信与控制机箱的 MS5001 板卡（IN 板），按照板卡在线更换步骤操作

表 3-2-6　　　　　　　　HDLC 异常产生机理和处理方法

信息	HDLC 异常
例如	"VBE A 机箱 1 HDLC 异常"
类型	故障信息
等级	严重事件
可能原因	元器件故障、光纤拔出或损坏
可能故障位置	光纤损坏或接头脱落、光发射和接收二极管、VBE CS5000 板卡（主控板）的光发射回路故障、通信与控制机箱的光接收回路故障
检修	1. 首先确保报出此事件的系统处于从系统状态； 2. 检查信号光纤接头是否脱落； 3. 检查光纤是否完好，必要时可以进行光功率检测； 4. 若光纤损坏，则要更换； 5. 若光纤正常，用光电转换板检测对应 CS5000 板卡（主控板）信号发射模块是否正常，若有故障需更换 CS5000 板卡（主控板），按照板卡在线更换步骤操作； 6. 若 CS5000 板卡（主控板）正常，则要更换通信与控制机箱的 CS5001 板卡（PROFIBUS 板），按照板卡在线更换步骤操作

表 3-2-7　　　　　　　　电源 A（B）异常产生机理和处理方法

信息	电源 A（B）异常
例如	"VBE 电源 A（B）异常"
类型	故障信息
等级	轻微事件
可能原因	元器件故障
可能故障位置	电源 A（B）模块
检修	首先确保报出此事件的系统处于从系统状态； 更换 PS5000 板卡（电源板），按照板卡在线更换步骤操作

表 3-2-8　　　　　直流控制系统主从信号异常产生机理和处理方法

信息	直流控制系统主从信号异常
例如	"VBE A 机箱 1 控制保护系统 A 主从信号异常"
类型	故障信息
等级	严重事件
可能原因	元器件故障、光纤拔出或损坏
可能故障位置	光纤损坏或接头脱落、光发射和接收二极管、VBE CS5000 板卡（主控板）的光接收回路故障，板卡（OUT 板）的发射回路故障、控保信号故障
检修	首先确保报出此事件的系统处于从系统状态； 检查信号光纤接头是否脱落； 检查光纤是否完好，必要时可以进行光功率检测； 若光纤损坏，则要更换； 若光纤正常，用光电转换板检测信号发射模块是否正常，若有故障需由直流控制厂家进行处理； 若信号源正常，则要测试通信控制机箱 OUT 板、触发与监测机箱的 CS5000 板卡（主控板），及两者间的光纤是否正常。若有故障更换损坏器件

三、典型跳闸问题故障

　　换流阀保护跳闸有保护性触发动作数量越限跳闸、晶闸管故障数量越限跳闸，表 3-2-9、表 3-2-10 列出产生原因。

表 3-2-9　　　　　　　　　　　　FOP 动作数量越限跳闸

信息	FOP 动作级数越限
例如	"VBE A 阀 1 内 FOP 动作级数越限"
类型	紧急事件
解析	阀控系统检测到单阀晶闸管 FOP 动作数量超过允许的最大值,跳闸信号输出有效,同时上报单阀 FOP 动作数量越限事件

表 3-2-10　　　　　　　　　　　　故障晶闸管数量越限跳闸

信息	晶闸管级冗余丢失并越限跳闸
例如	"VBE A 阀 YY1 晶闸管级冗余丢失并越限跳闸"
类型	紧急事件
解析	阀控系统检测到单阀晶闸管回检信息丢失数量达到冗余定值时,输出对应单阀冗余耗尽事件

四、典型故障案例

换流阀故障分析处理的思路,通常根据事件和波形中的异常,结合触发逻辑或保护跳闸逻辑进行分析,充分利用排除法和时序推理,并结合设备现场检查试验,查找出故障设备。现列出两个典型案例供参考。

(一)案例 1：某站换流阀×相阀组 VBE-OK 异常

1. 概述

某换流站在运行过程中,阀组 A 系统频繁上报"VBE-OK 消失"报文,偶尔有"机箱 2 VBE-OK 异常"报文出现。此时,A 系统为备用系统未出现系统切换现象。

2. 分析诊断

(1)后台上报"VBE-OK 消失"故障原因。查找 VBE-OK 通信回路,原因有以下几种可能：① VBE 至 CCP 之间光纤损坏；② VBE 故障造成通信机箱 IN 板输出 VBE-OK 信号故障；③ CCP 接收端故障；④ 因偶有"机箱 2 VBE-OK 异常"报文,机箱 2 至 IN 板间的 VBE-OK 通信异常概率较高,应着重检查。

VBE 可用信号(VBE_OK)反映 VBE 的"装置性"故障及 CCP 至 VBE

的信号通道状况。光调制信号,1MHz 表示 VBE 系统正常,10kHz 表示该 VBE 不可用。

(2)CCP 监视 VBE_OK 信号通道,当在 300μs 内未监视到 1MHz 或 10kHz 的信号时,视为该信号异常,CCP 发送报警事件并按上述原则尝试切换系统。当主用和备用系统的该信号同时异常时,不再切换系统,直接由原主用系统闭锁换流器。

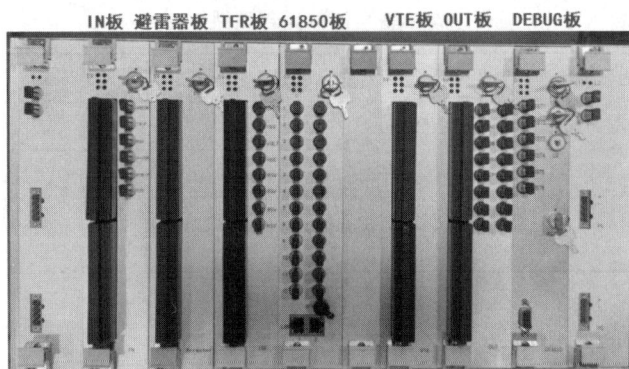

图 3-2-38 板卡位置

(3)查看 VBE 通信回路。IN 板的主要功能是接收每个触发与监测机箱发送的 VBE-OK、TRIP 等信号,并经过汇总处理后发送给 CCP。

3. 处理方法

(1)A 系统处于从系统状态,切至检修状态;根据 VBE 通信回路,故障可能部位如图 3-2-39 加框部分所示,使用排除法。更换通信与控制机箱的 MS5001 板卡(IN 板)后会恢复正常。

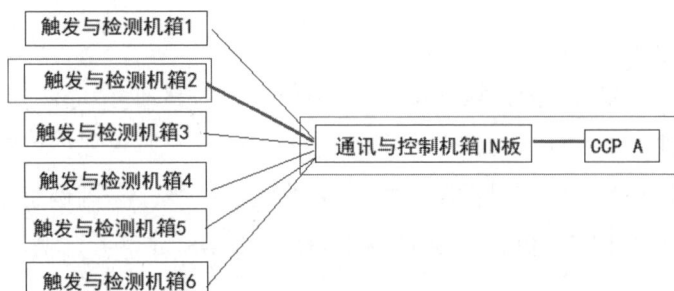

图 3-2-39 故障位置

（2）板卡返厂进行全面检测（见图3-2-40）。上电初检，板卡运行指示灯正常，控制芯片运行正常；将故障板卡放入板卡试验平台，VBE板卡工作状态正常；用示波器捕获VBE-OK信号，在上电初期VBE-OK输出为1M，经长时间运行后，IN板第2路输入口信号出现丢失。

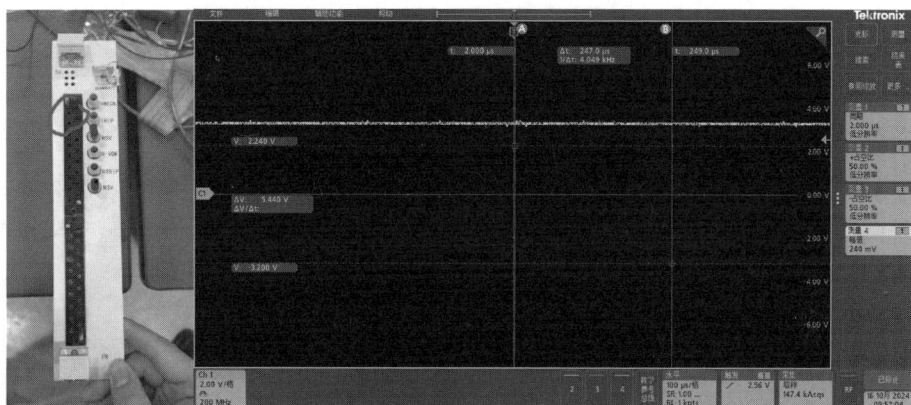

图3-2-40　故障板卡检测

（3）根据以上分析和测试，可得出结论：此次故障为VBE通讯机箱A系统的IN板VBE-OK第2路接收光头故障。因A系统的IN板第2路VBE-OK接收头故障造成IN板至CCP总的VBE-OK信号异常，使得CCP无法正常接收该信号，后台上报A系统的"VBE-OK消失"报文。

4. 预防措施

无。

（二）案例2：某站换流阀×相阀组上报晶闸管级故障

1. 概述

某换流站换流阀运行期间，后台装置A、B系统发×阀×模块×第×晶闸管级故障，未复归。

2. 分析诊断

（1）VBE上报晶闸管级故障一般有三种情况：① 晶闸管单元故障；② VBE接收通道故障；③ VBE与晶闸管单元间通信光纤故障。

（2）晶闸管报警逻辑（见图3-2-41）。当VBE触发监测板收不到TTM返回的FOP（过电压保护）信号和取能回报脉冲时，VBE会上报晶闸管级故障报警。因此判断本次故障报警是由于TTM板未返回取能回报信号。

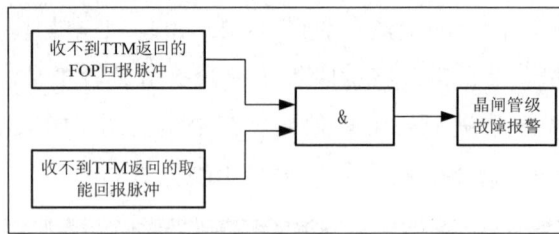

图 3-2-41 晶闸管报警逻辑

3. 处理方法

（1）该故障处理需阀组停电检修后进行以下检测：

1）使用万用表测量可控硅两端电阻，可控硅未击穿；

2）通过对调接收光纤，使用排除法进行报警可控硅 VTE 试验；

3）VTE 试验结果排除光纤故障，判定 TTM 板故障；

4）更换故障 TTM 板，进行可控硅 VTE 试验正常。

（2）进行故障 TTM 板返厂检查。发现 TTM 板取能回路上的旁路晶闸管元件失效，该旁路晶闸管元件在取能结束后会断开取能回路，当该旁路元件失效时，取能元件一直从可控硅两端取能，TTM 电源监测模块监测到会一直给可控硅发门极脉冲，使得可控硅一直处于导通状态，该可控硅将不会正向建压，因此，TTM 板不会再发出正常回报信号，导致 VBE 判断此可控硅故障。其工作原理如图 3-2-42 所示。

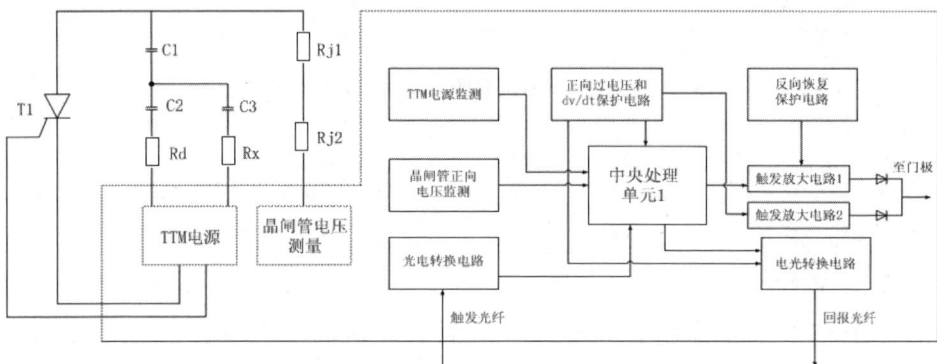

图 3-2-42 晶闸管控制单元工作原理框图

4. 预防措施

无。

第四篇

西电技术路线换流阀

第一章 理 论 知 识

第一节 概 述

本篇介绍西电技术路线换流阀。

西电技术换流阀具有以下特点：换流阀采用模块化设计，晶闸管组件由若干个晶闸管（6~8个）串联组成，这种标准化结构设计确保换流阀结构紧凑、质量轻，便于现场的安装和维修。换流阀中所有绝缘部件均使用了最新型的聚合材料，提高了换流阀的防火性能；在阀层内设置检修平台，便于检修人员工作；阀组件冷却回路采用串并联形式，减少了接头数量，降低阀冷系统冷却液泄漏风险；冷却回路管径较大，具有良好的冷却效果。换流阀阀塔采用室内悬吊式双（四）重阀结构、空气绝缘、去离子水循环冷却。阀基电子设备 VBE 具备换流阀触发控制、晶闸管运行状态实时监视以及阀塔漏水检测、阀避雷器动作监视、故障录波功能，并具备完善的自检功能。VBE 设计有试验模式，可不依赖直流控制系统单独完成晶闸管的触发试验。

西电换流阀及阀控设备已在国内外多个直流输电工程成功应用，其中国网系统包括祁韶、锡泰、古泉、陕武、白江、白浙等工程。

第二节 换 流 阀 设 计

换流阀是换流站的核心设备，主要由串联的晶闸管元件、均压回路、阻尼回路、控制单元、阀电抗器以及阀避雷器、阀内冷却管道等部件组成。

高压直流输电工程单个阀组的典型电气连接为 12 脉动换流器，其由两个串联的 6 脉动换流器组成。每个桥臂称为单阀，两个单阀串联构成的一个阀塔称为双重阀，一个阀组共 6 个双重阀塔；四个单阀串联构成的一个阀塔称为四重阀，一个阀组共 3 个四重阀塔。单阀、双重阀、四重阀如图 4－1－1 所示。

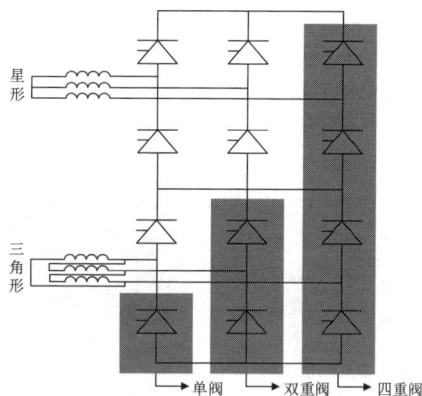

图 4－1－1　单阀和多重阀构成示意图

一、阀塔结构

（一）阀塔整体结构

西电技术路线换流阀塔主要由悬吊结构、阀架、平台、母线、晶闸管组件、电抗器组件、PVDF 水管、层屏蔽、光缆槽、层装配、阀避雷器组成。结构上可设计成双重阀或四重阀，并上下配备顶、底屏蔽罩。阀塔采用瓷绝缘子悬吊于阀厅顶部钢梁上，不需要专门的支撑结构。阀塔通过冷却水管、通讯光纤等实现与外冷却回路、直流控保系统的连接。每个单阀并联一台阀避雷器，通过母线将其连入相应的阀中。图 4－1－2 和图 4－1－3 分别是换流阀阀塔的实物图和三维效果图。

图 4－1－2　换流阀阀塔实物图　　图 4－1－3　换流阀阀塔三维效果图

（二）屏蔽结构

阀屏蔽罩主要由顶部屏蔽罩、底部屏蔽罩和阀层屏蔽罩组成，用于均匀阀塔自身悬吊及连接结构电场分布，同时也有效改善了整个阀塔外围对于阀厅的电场分布。阀塔屏蔽罩如图4-1-4所示。

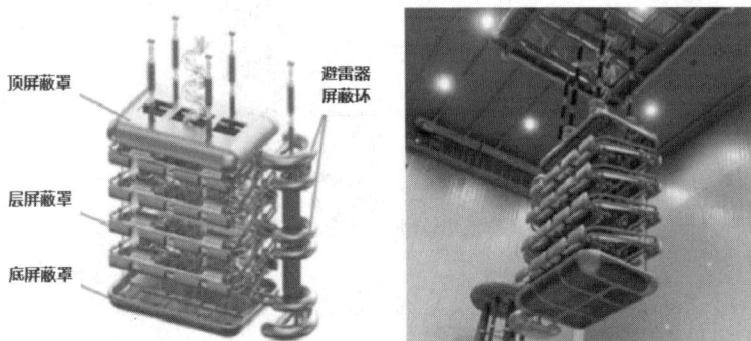

图4-1-4 阀塔屏蔽结构示意图及实物图

（三）悬吊及支撑结构

换流阀悬吊结构主要包含顶部悬吊瓷绝缘子和垂直安装在阀塔内的铝框架中的增强玻璃纤维树脂棒。顶部悬吊瓷绝缘子主要用于连接阀塔顶部的铝框架；增强玻璃纤维树脂棒主要用于将各个阀层串联起来，增强玻璃纤维树脂棒具有足够的强度和韧性且为全螺纹设计，易于固定阀塔中的支架并能确保阀体具有足够的柔韧性，同时可调整固定螺母之间的间距，使阀层间满足绝缘距离。阀塔绝缘子及框架如图4-1-5所示。

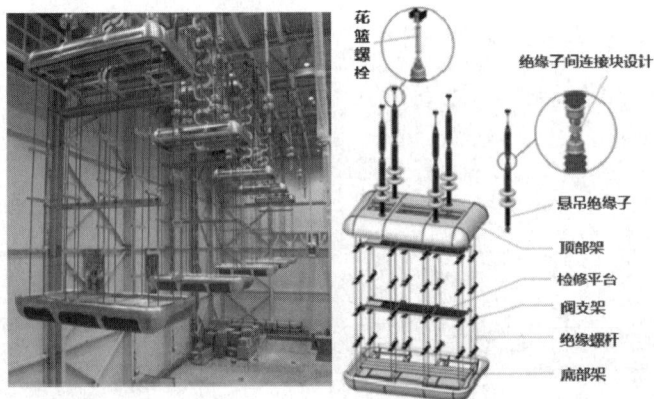

图4-1-5 阀塔绝缘子及框架

（四）阀避雷器

阀避雷器（见图 4-1-6）并联在换流阀两端，主要作用是限制换流阀的过电压水平。阀避雷器通常采用复合外套氧化锌避雷器，其内部为非线性特性的氧化锌电阻片，外部为复合硅橡胶外套。阀避雷器为悬吊式安装结构，平时不需要维护。

阀避雷器设置压力释放装置，具备防爆功能。阀避雷器动作次数既能在本地显示，也要通过光纤上传至控制系统。

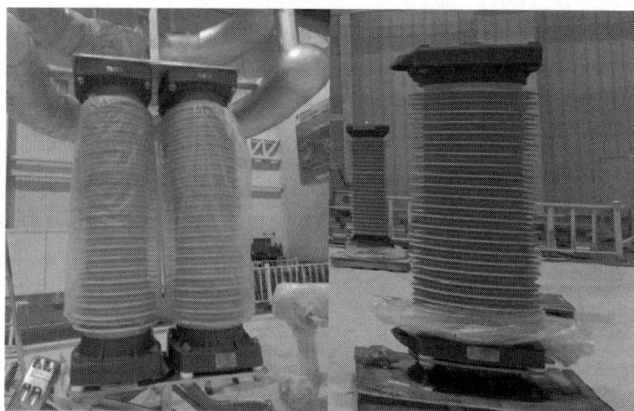

图 4-1-6　阀避雷器实物图

（五）阀塔绝缘设计和模块连接

阀塔基本结构为对称设计，有效减少了使用的连接母线类型及数量。层内及层间阀模块用铝制管形母线连接于阀端部的铝排上。光缆槽固定在阀顶部并分 2 路垂直进入阀内，在每个阀层分线。光缆槽采用圆弧形设计，满足绝缘要求，并有足够的爬电距离，同时这种柔性设计隔离了振动时的相互影响，保证在各种应力下光缆不会断裂。阀塔光缆槽布置如图 4-1-7 所示。

二、阀层结构

阀层主要由晶闸管硅堆、电抗器组件和安装框架构成。换流阀阀层结构如图 4-1-8 所示。每四个晶闸管组件和两个电抗器组件串联构成阀塔结构上的一层（阀层），为了便于工作人员安装和检修，在换流阀内设计有检修平台，检修平台采用绝缘材料制成，具有良好的防火性能，并且是机械结构的一部分。

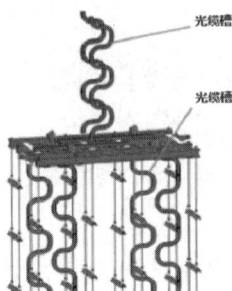

图 4-1-7　阀塔光纤槽布置图

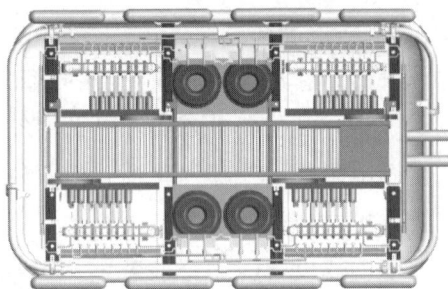

图 4-1-8　换流阀阀层结构示意图

三、晶闸管组件

晶闸管组件主要包括框架、晶闸管单元、电容单元、晶闸管控制单元（TCU）、散热器、绝缘拉紧环、电容支架、导线连接、水管连接等，晶闸管组件效果图如图 4-1-9 所示。每个晶闸管组件由 7～8 个串联的晶闸管级组成，每个晶闸管用专用的安装工具放在两个铝制散热器之间的恰当位置。晶闸管和散热器采用专用的压紧机构（碟弹单元和拉紧环）固定在一起，以保证良好的电性能和热接触性能。

为了获得足够的夹紧力，采用增强型环氧玻璃纤维制成的两个拉紧环和两个钢轭组成夹紧机构，如图 4-1-10 所示。为了消除晶闸管/散热器单元中因温度变化而产生的应力，在晶闸管/散热器单元的一端装有碟弹单元。

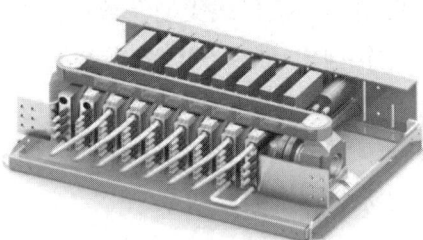

图 4-1-9　晶闸管组件图

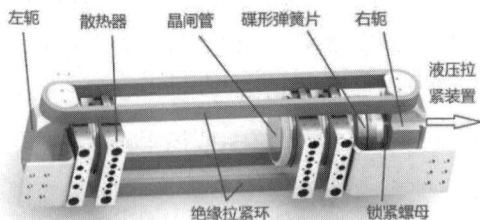

图 4-1-10　夹紧机构

晶闸管组件内部所有的电器元件不需要打开任何水路连接就可以更换。晶闸管组件内的所有部件都是完全相同的标准件。

四、电抗器组件

电抗器组件包含电抗器和固定电抗器的环氧绝缘板等；采用四根环氧锁紧

螺钉将电抗器可靠地固定在安装板上。进出水口设置不锈钢电极，防止进出水嘴的腐蚀；电抗器铁芯损耗由流经空心绕组的冷却水带走。为减小电抗器噪音采用全封装式结构，内部填充吸噪和减震性能良好的聚氨酯材料。阀电抗器组件效果及实物图如图 4-1-11、图 4-1-12 所示。

图 4-1-11　电抗器组件与晶闸管组件效果图

图 4-1-12　电抗器组件实物图

其作用主要有：

（1）限制晶闸管刚开通时的 $\mathrm{d}i/\mathrm{d}t$。在晶闸管开通的最初几个微秒内，电抗器在小电流下有很大的非饱和电感值，限制了晶闸管电流的上升率。在晶闸管安全开通后，电抗器进入饱和状态，电感值很小。

（2）在晶闸管关断过程中限制 $\mathrm{d}i/\mathrm{d}t$，降低晶闸管关断时的反向恢复电荷，从而也起到抑制反向过冲的作用。

（3）利用足够的阻尼来阻止电流过零时产生振荡涌流，保护晶闸管。

（4）在冲击电压下起辅助均压作用，使晶闸管免受电压损坏。

五、晶闸管级

晶闸管级电气连接图及效果图如图 4-1-13、图 4-1-14 所示，包括晶闸管元件、阻尼回路、均压回路、晶闸管控制单元（TCU）等。

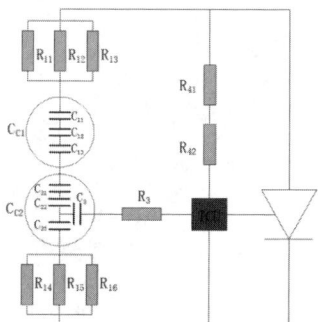

图 4-1-13　晶闸管级电气连接图

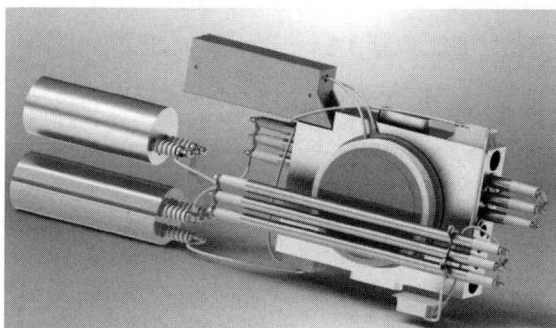

图 4-1-14　晶闸管级效果图

1. 晶闸管控制单元（TCU）

晶闸管控制单元（TCU）是阀控系统与阀本体的接口，它由如下 5 个功能模块组成：正向保护触发电路，反向恢复期保护电路，电压检测电路，正常触发电路，取能电路。其逻辑框图如图 4-1-15 所示。它的主要功能是将阀控设备的信号进行光电转换，从而实现高、低压电路之间的光隔离，对晶闸管进行触发、检测和保护。TCU 电路板被放在一个封闭的金属屏蔽盒中，防止受到电磁干扰或受潮，并通过金属外壳固定在晶闸管阴极侧的散热器上。TCU 取能回路连接在均压回路中，通过晶闸管两端的电压进行取能。

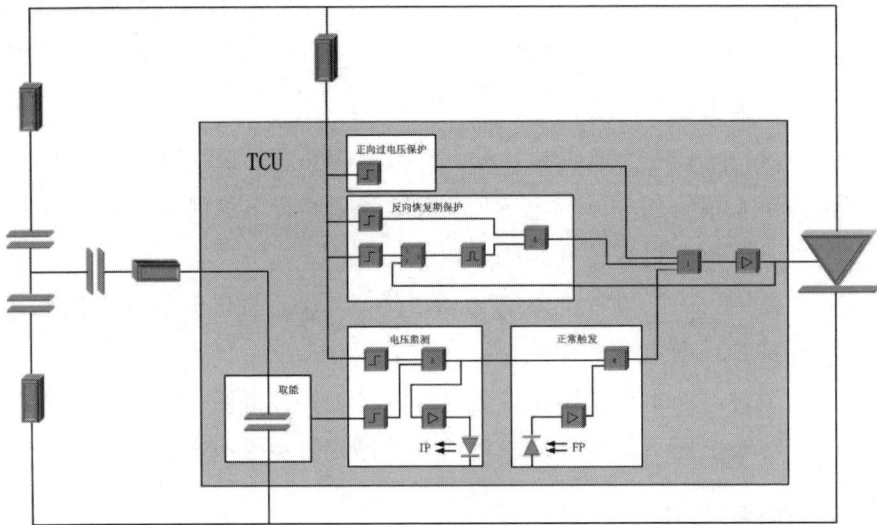

图 4-1-15　晶闸管控制单元（TCU）功能框图

2. 晶闸管

晶闸管是半控型电力电子器件，只能控制其开通，不能控制关断。晶闸管的通态电流由尺寸决定，如锡盟站采用的 6 英寸电控晶闸管，最大额定电压 8500V，最大通态电流 6250A，最大浪涌电流达 58kA。6 英寸电控晶闸管如图 4-1-16 所示。

3. 阻尼回路

每个晶闸管和一个阻尼电路并联，阻尼电

图 4-1-16　6 英寸电控晶闸管

路由电容单元和棒状阻尼电阻串联构成，阻尼回路电阻采用串并联结构，将 6 根棒状电阻嵌入散热器内部，可有效增大散热面积。阻尼电容采用气体绝缘，减少了起火的危险。棒电阻与电容效果图如图 4-1-17 所示。

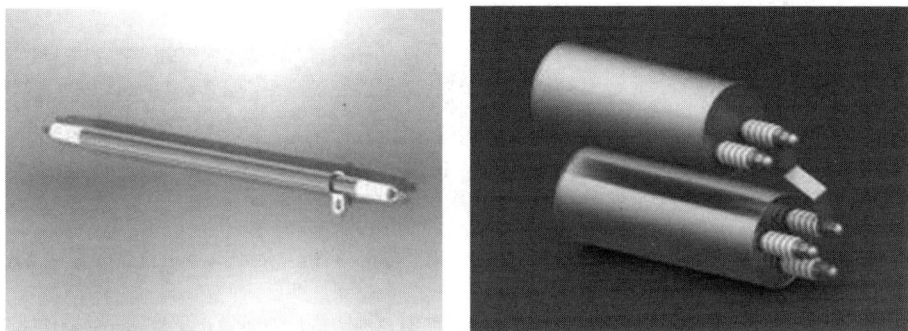

图 4-1-17　棒电阻及电容效果图

4. 直流均压电阻

直流均压电阻的功能一是提供 TCU 取样、保护所需电压值，二是均匀分配晶闸管两端的低频电压分量。直流均压电阻采用大功率厚膜电阻，安装在散热器上使其有效散热。该电阻的选择原则是电压耐受能力和晶闸管一致，且电流必须限定在 TCU 检测电路能承受的范围内，直流均压电阻如图 4-1-18 所示。

图 4-1-18　直流均压电阻

六、换流阀冷却系统

换流阀内冷却系统为封闭式去离子水循环系统，该系统直接串接接入换流阀散热器并带走热量；外冷却系统负责把内冷却水的带出的热量散掉。冷却系统应满足各种环境条件、各种工况下的换流阀冷却需求。

换流阀水路包括：阀塔主水路，阀层内分支水管和晶闸管组件及电抗器组件内的水路。阀塔主水路采用不锈钢及 PVDF 水管。阀塔悬吊部分的主水路为一进一出的连接方式，晶闸管组件内的分支水路采用串并联相结合的连接方式，单层阀内的晶闸管组件与电抗器组件的水路为串联连接方式。阀塔主水路和晶闸管组件及电抗器组件水路示意图如图 4-1-19 及图 4-1-20 所示。

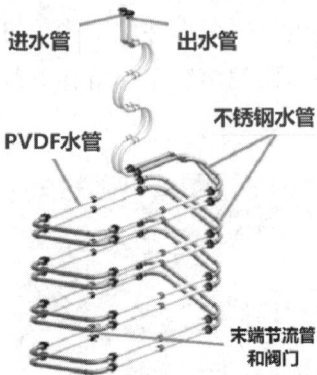

图 4-1-19　阀塔主水路示意图　　图 4-1-20　晶闸管组件及电抗器组件水路示意图

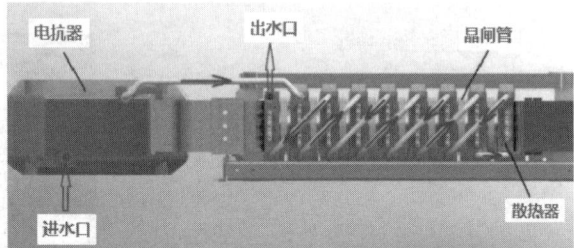

换流阀阀塔的水路系统处于复杂的高电场环境，水路存在电势差，因此每段 PVDF 水管两端设置纯铂金针电极，钳制水管内冷却液的电位，铂金为惰性材料，不受电腐蚀的影响，且经工程长期运行的验证，可以达到长期可靠运行的要求。阀塔电极分布图如图 4-1-21 所示。

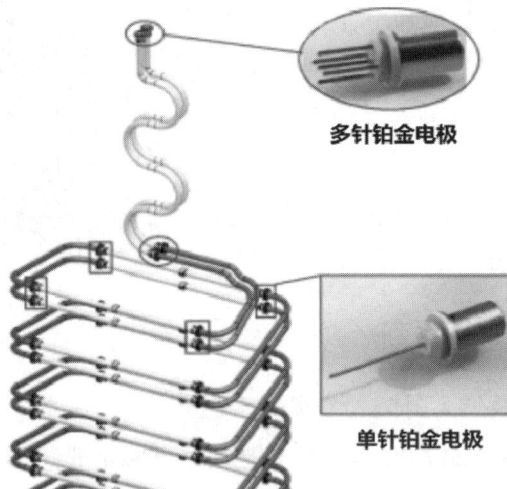

图 4-1-21　阀塔电极分布图

七、换流阀元件配置

换流阀单阀串联最小晶闸管元件数是在阀避雷器操作保护水平基础上考虑一定安全系数及电压不均匀系数所确定的。陕北换流站换流阀中各元件配置见表 4－1－1。

表 4－1－1　　　　　陕北换流站换流阀元件配置表（单阀组）

序号	名称	数量
1	单阀晶闸管数（只）	64
2	单阀晶闸管冗余数（只）	3
3	单阀组件数（个）	8
4	组件晶闸管数（只）	8
5	饱和电抗器数（台）	8
6	晶闸管元件规格	5500A/8500V，6 英寸 ETT
7	阻尼回路电容	1.8μF
8	阻尼回路电阻	37Ω
9	饱和电抗器电感值	0.64mH
10	直流均压电阻	88kΩ

第三节　晶闸管级工作原理

一、晶闸管级电气原理图

晶闸管级电气原理图如图 4－1－13 所示，主要包括晶闸管元件、阻尼回路、取能回路、均压回路及晶闸管控制单元（TCU）。

二、工作回路

换流阀均压回路包括并联在晶闸管上的 RC 阻尼回路和直流均压电阻以及与晶闸管组件串联的饱和电抗器。均压回路的作用是保护晶闸管免受暂态过电压的损坏，使阀承受的各种电压在阀内均匀分布。另外冷却水路的等效直流电阻也具有直流均压的功能。暂态运行时，晶闸管所承受的峰值电压（包括换相过冲）要低于晶闸管允许的重复峰值电压。暂态电压如雷电波和陡前波，部分电压将被饱和电抗器吸收。均压电路能使频率从 DC 到 MHz 的不同频率的电压均匀分布。

（一）阻尼回路

RC 阻尼回路由阻尼电阻、阻尼电容组成。包含 R_{11}、R_{12}、R_{13}、R_{14}、R_{15}、R_{16} 及电容 C_{C1}、C_{C2}、C_3。其功能如下：① 阀内各串联晶闸管的动态均压；② 为 TCU 提供电源；③ 减少阀关断、电流熄灭时的换相过冲；④ 阻止阀端出现的异常过电压。

（二）直流均压电阻

直流均压电阻由 R_{41} 和 R_{42} 串联组成。静态均压电阻的作用为：① 为 TCU 提供取样和保护的电压值；② 使换流阀两端的低频电压分量在每级晶闸管两端均匀分配。

（三）取能回路

TCU 取能回路包括取能电容 C_3、取能电阻 R_3。为 TCU 正常工作提供工作电源。

三、晶闸管控制单元

晶闸管控制单元（TCU）是直接作用于阀片的基层控制单元，TCU 电路板放在一个封闭的金属盒子里，防止电磁干扰和潮湿。TCU 电路板如图 4-1-22 所示，是换流阀控制系统与换流阀本体的接口，它的主要功能是将阀控系统的信号进行光电转换，从而实现高、低压电路之间的光隔离，对晶闸管进行触发、检测和保护。

图 4-1-22　晶闸管控制单元（TCU）

TCU 的工作原理如图 4-1-23 所示。它由如下 5 个功能模块组成：正向保护触发电路，反向恢复期保护电路，电压检测电路，正常触发电路，取能电路。

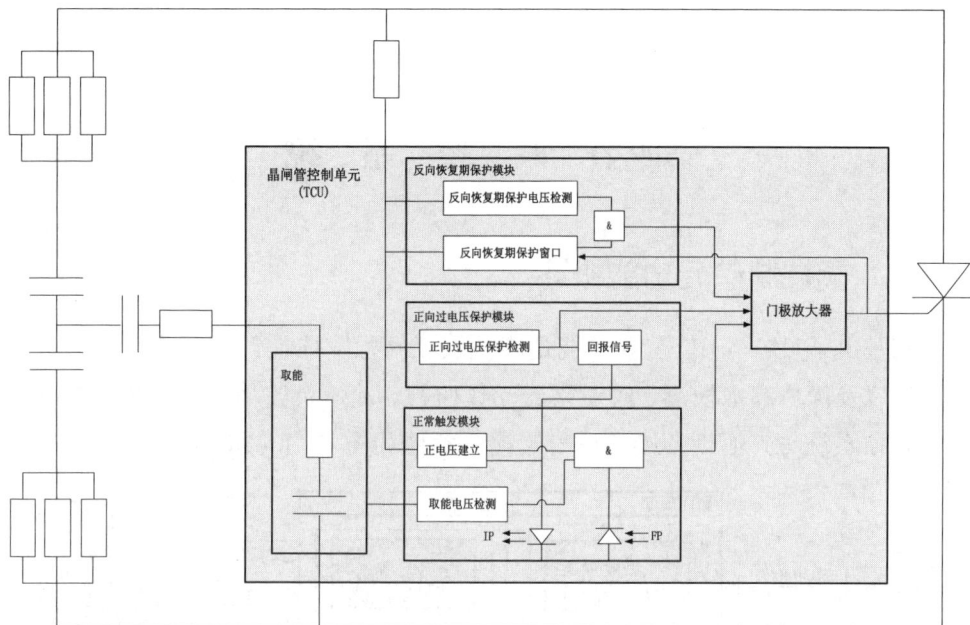

图 4-1-23　晶闸管控制单元（TCU）工作原理框图

（一）触发功能

TCU 通过直流均压电阻进行电压检测，它将实时监测晶闸管两端电压，如果达到正向门槛值，表示晶闸管具备导通条件。此时，TCU 向阀控系统发送指示脉冲（IP），当 TCU 收到阀控系统发送的触发脉冲（FP）后，将向晶闸管发送触发电信号，使晶闸管导通。触发脉冲通过 TCU 的门极脉冲放大器，最终发送到晶闸管门极的是强触发电脉冲，这保证了单阀中所有晶闸管能够同时被触发，没有任何延迟。

（二）正向过电压保护功能

TCU 具有过电压保护触发电路，在晶闸管工作期间，TCU 通过直流均压电阻检测晶闸管两端电压，当晶闸管两端承受正向过电压并达到保护值时，TCU 将产生保护触发脉冲，使晶闸管导通。同时产生正向过电压保护回报脉冲（BOD IP）并发送至阀控系统。

（三）反向恢复期保护功能

TCU 具有反向恢复期保护电路，在晶闸管工作期间，TCU 将实时监测晶闸管两端的电压值，当晶闸管电压低于负向门槛值后，TCU 将打开反向恢复期保护窗口，在此窗口内当晶闸管两端电压大于保护值时，TCU 将向晶闸管发送保护触发脉冲，使晶闸管导通。

第四节 阀 控 系 统

一、阀控制单元功能概述

阀基电子设备 VBE 主要功能是实现换流阀触发控制、晶闸管运行状态实时监视以及阀塔漏水检测、阀避雷器动作监视、故障录波功能，并具备自检功能。阀控系统与其他设备接口信号连接示意图如图 4-1-24 所示。

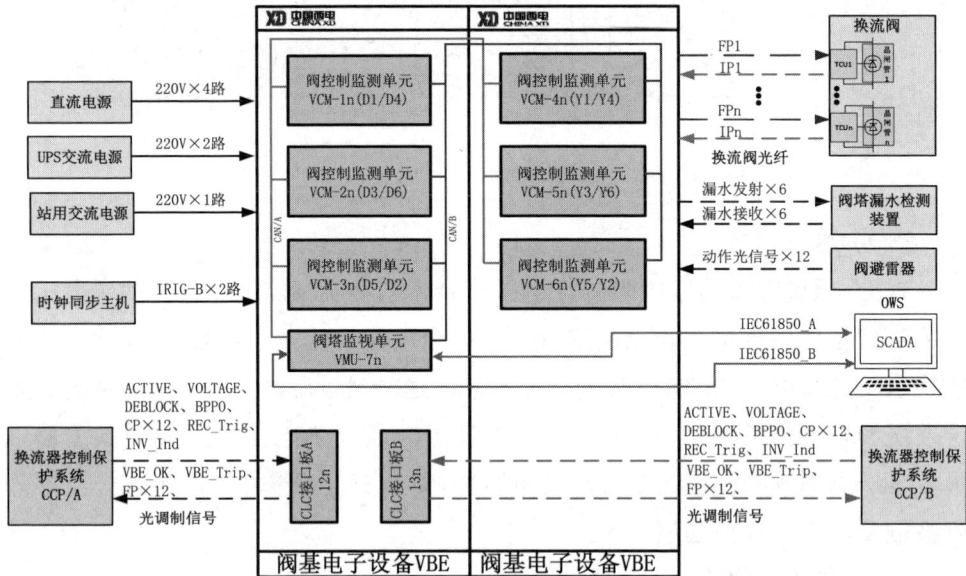

图 4-1-24 阀控系统与其他设备接口信号连接示意图

VBE 具备高速故障录波功能，可以按照设定的启动条件，完成 VBE 与 CCP 之间接口信号以及换流阀回报信号的实时录波，便于故障分析定位，同时录波数据具备远程上送功能。

　　VBE 设计有试验模式，在试验模式下，VBE 装置不依赖直流控制系统即可单独完成换流阀晶闸管级触发试验。在换流阀检修状态下，VBE 根据待测晶闸管级的回报信号发出触发脉冲，完成换流阀晶闸管逐级功能测试，并可在VBE 就地 HMI 界面及后台 SER 界面显示每个晶闸管试验的报文。

　　VBE 系统按照双重化冗余设计，主控板、CLC 接口板独立冗余设计，每个系统都有一块独立的板卡。光发射板和光接收板采用的是板上冗余设计，除光管外两个系统电路均为冗余设计，每一块光发射板和光接收板均通过独立的通道分别与冗余的两个主控板交互信息。VBE 的主用、备用系统跟随直流控制系统。主用系统的主控板接收来自直流控制系统的触发控制信号，并将这些信号转换为对应单阀的触发脉冲，送至光发射板转换为光脉冲，通过一对一的触发光纤控制相应的晶闸管控制单元（TCU），对晶闸管进行触发。VBE 冗余系统配置示意图如图 4-1-25 所示。

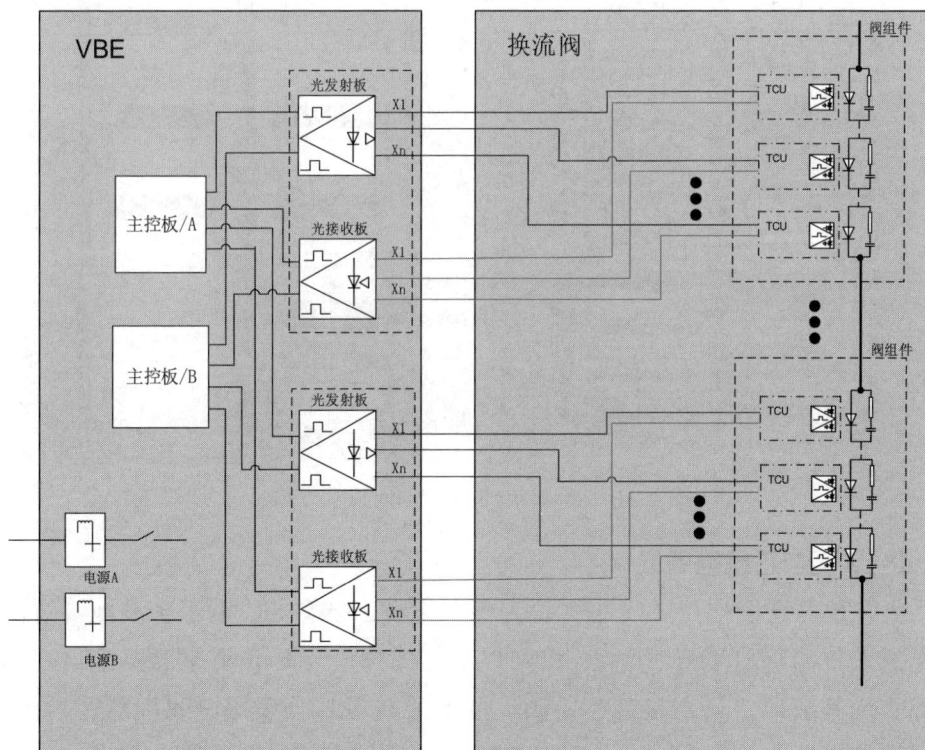

图 4-1-25　VBE 冗余配置示意图

二、阀控系统结构

VBE 设计为双体屏柜，包含不同数量的 VCM 机箱和 VMU 机箱（以陕武工程为例，一个双体屏柜配置 6 台 VCM 机箱和 1 台 VMU 机箱），实现对一个 12 脉动阀组的控制与监视，同时实现阀塔漏水、避雷器监视以及其他辅助功能。屏柜还包括 24V DC 电源供电系统、CLC 接口板、工控显示界面 HMI、屏柜散热风扇等部分。VBE 屏柜的屏面布置示意图如图 4-1-26 所示。

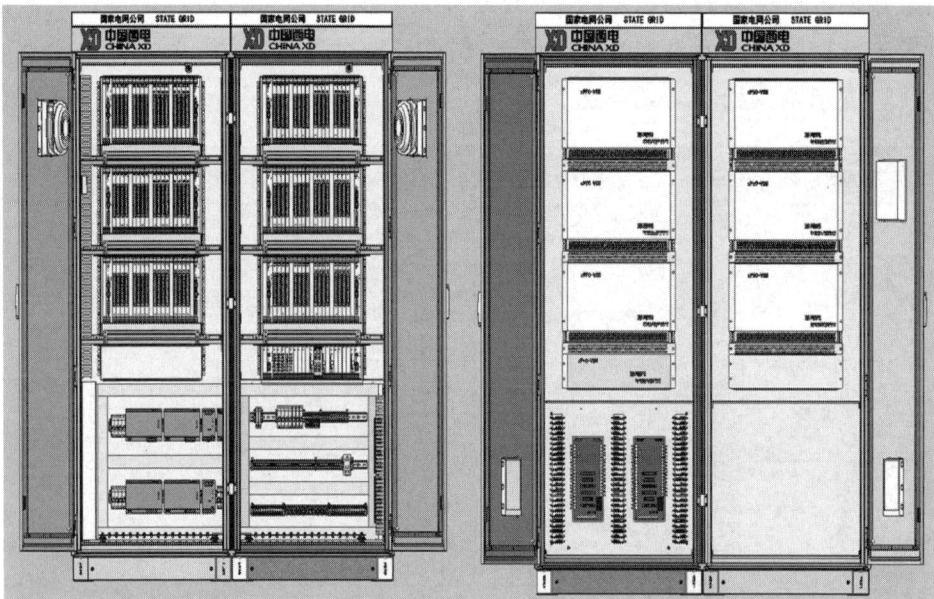

图 4-1-26 VBE 屏柜屏面布置示意图

（一）阀控系统电源设计

所有板卡直接使用 24V DC 作为输入电源，24V DC 电源系统配备抗高频电磁干扰磁环。VBE 机柜、机箱以及电缆屏蔽层均设有可靠接地点，与外部接地网遵照"一点接地"原则。屏柜的开口部分采用金属屏蔽网封闭，以提高抗电磁干扰性能。VBE 屏柜机箱 A/B 系统直流电源配置如图 4-1-27 所示。

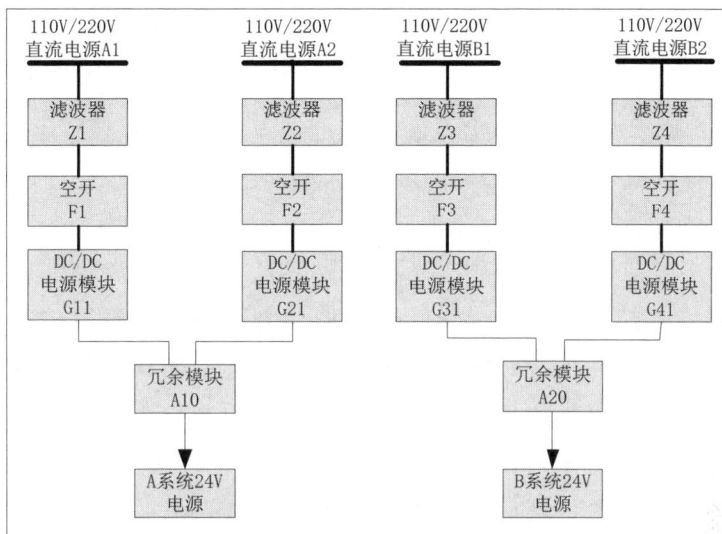

图 4-1-27　VBE 屏柜机箱 A/B 系统直流电源配置图

（二）VCM 机箱

VCM 机箱配置有 2 块主控板、1 块背板、若干块光发射板和光接收板（具体数量根据单阀晶闸管串联级数确定）。VCM 主控板为标准 6U 板卡，主要完成对晶闸管的触发控制，主控板前面板设计控制信号接口，用于实现与直流控制系统信息交互。每个晶闸管级与 VBE 之间通过 2 根光纤连接，1 根为触发光纤，另 1 根为回报光纤。单块光发射板、光接收板分别包含 21 路 FP 光纤通道和 21 路 IP 光纤通道，最多可控制 21 级晶闸管。VCM 机箱布置如图 4-1-28 所示。

图 4-1-28　VCM 机箱布置图

（1）VCM 主控板为 6U 板卡，单块主控板实现同相阀塔上、下单阀晶闸管的触发控制及运行状态监视。主控板通过 DB37 接口接收上级控制指令，并根据晶闸管正向电压建立信号产生触发脉冲信号，光发射板接收主控板的触发脉冲并将其转换为光信号发送至 TCU，实现晶闸管的触发；主控板通过光接收板读取各晶闸管状态信号，完成对晶闸管的运行状态监视。

主控板实时监视板卡自身、光发射板、光接收板的软硬件故障。如果检测到故障，主控板将置位 VBE_OK 信号为不可用，直流控制系统将根据切换逻辑进行相应处理。换流阀带电后，VBE 主控板实时监视晶闸管级运行状态，并根据故障的严重等级，通过相应的判断逻辑实现换流阀状态事件的上传和跳闸的出口。主控板输出至 CLC 板的跳闸信号为调制信号，当检测到信号断线时，则撤销 VBE_OK 信号。VCM 主控板如图 4-1-29 所示。

图 4-1-29　VCM 主控板外观图

（2）光发射板为标准 6U 板卡，主要功能是接收 VCM 主控板发送的电信号触发脉冲，并将其转换成 21 路光信号发送给换流阀晶闸管控制单元 TCU，实现对晶闸管的触发。光发射板除了光发射器件外，其他硬件电路均为冗余设计。光发射板具备触发脉冲硬件回检监视功能，当检测到回检信号异常时，判断为光发射板故障，由主控板置位本系统 VBE_OK 信号无效，请求系统切换。光发射板如图 4-1-30 所示。

图 4-1-30　VCM 光发射板外观图

（3）光接收板主要功能是接收晶闸管级 TCU 返回的正向电压回报信号 IP，并进行逻辑或运算后发送至 VCM 主控板用于实现对晶闸管的触发控制；同时实时监测并存储 TCU 返回的 IP 信号和 PF 信号，供主控板周期性读取及处理。光接收板除了光接收器件外其他硬件电路均为冗余设计。光接收板如图 4-1-31 所示。

图 4-1-31　VCM 光接收板外观图

（4）CLC 接口板作为直流控制系统和 VBE 之间接口信号光电转换板卡，具有 20 路光信号输入通道和 16 路光信号输出通道，光纤接口为 ST，多模光纤，波长 820nm。CLC 接口板安装于 VBE 屏柜内，主要功能是接收并解调 CCP

的控制信号,并分发到各个 VCM 机箱主控板,接收 VCM 机箱 FP 信号并调制后发送给 CCP,上传 VBE 状态信号给 CCP 系统,完成紧急投旁通对和同主同备逻辑判断。CLC 接口板设计有录波接口,将 CCP 到 VBE 的控制信号及 VBE 发送给 CCP 的状态信号通过高频数据线传输至 VMU 机箱录波板,完成接口控制信号的录波。CLC 接口板如图 4-1-32 所示。

图 4-1-32　CLC 接口板实物图

(三)VMU 机箱

VMU 机箱配置有 2 块 VMU 主控板(对应于两个系统)、1 块光发射板、3 块光接收板、1 块 OLT 接口板、4 块录波板。VMU 机箱主要功能是进行阀塔漏水监视、阀避雷器动作信号监视和故障录波。VMU 光发射板、VMU 光接收板各有 6 路光通道,均采用板上冗余方式。VMU 光发射板和其中 1 块 VMU 光接收板用于阀塔漏水检测;另外 2 块 VMU 光接收板用于 12 个阀避雷器动作信号监视功能;OLT 接口板用于接收直流控制系统开路试验模式 OLT_MODE 信号。录波板与 CLC 接口板和其他 6 个 VCM 机箱相连后,实现对 VBE 与 CCP 接口信号、换流阀回报信号的实时录波。VMU 机箱布置如图 4-1-33 所示。

图 4-1-33　VMU 机箱布置图

（四）录波装置

VBE 设计有冗余高速录波装置，录波装置实现 VBE 与直流控制系统之间的接口信号以及换流阀回报信号的录波，录波启动方式灵活，存储的波形数据在电脑上可以利用软件读取并分析。

（五）人机界面 HMI

工控机人机接口界面（HMI）是收集告警和故障信息的就地显示装置，基于力控（ForceControl）的专业电力系统组态软件开发，底层采用 MODBUS 通信协议，实现 VBE 机箱和组态软件的信息交互。

HMI 上的通用组态软件，可以通过工程设计，呈现各种界面，实现工程调试、故障诊断等各种功能。VMU 机箱设计为 MODBUS 通信从站，负责将各个 VCM 机箱的换流阀晶闸管告警信息及阀控监视设备告警信息汇总，并通过 MODBUS 上传到 HMI。HMI 从 VMU 机箱收集阀的状态、告警、故障等信息，并且将这些信息用不同颜色显示在屏幕上。工控机作为本地监视人机界面，布置在屏柜前门上。工控机人机界面 HMI 示意图如图 4-1-34 所示。

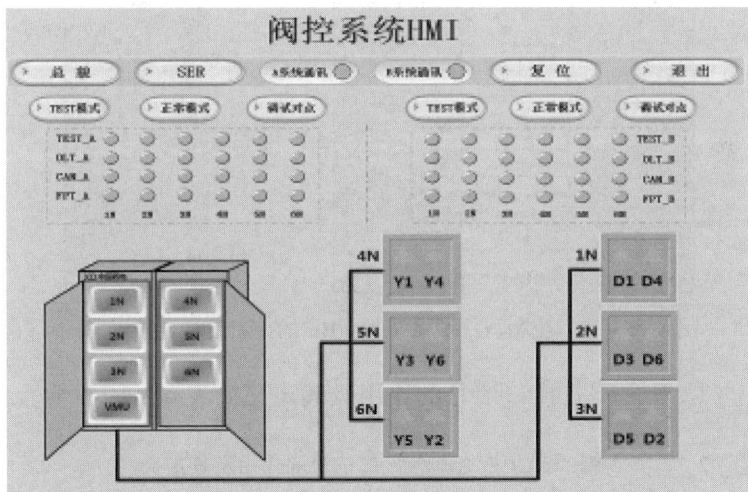

图 4-1-34　VMU 机箱布置图工控机人机界面 HMI 示意图

三、阀控功能说明

VBE 根据 CCP 下发的控制信号和换流阀返回的回报信号实现对换流阀的控制和监视。

（一）VBE 与直流控制系统接口

VBE 与直流控制和保护系统之间接口信号按照《特高压直流工程换流站设备通用二次接口规范直流控制保护－换流阀部分》进行设计。该规范对 VBE 与 CCP 的接口信号进行了标准化定义，所有信号均为光调制信号，信号接口为 ST，多模光纤，波长 820nm。直流控制系统输入最小不低于 −25dbm，直流控制系统输出最小不低于 −15dbm。

控制与保护系统与 VBE 的接口信号连接示意图如图 4−1−35 所示。

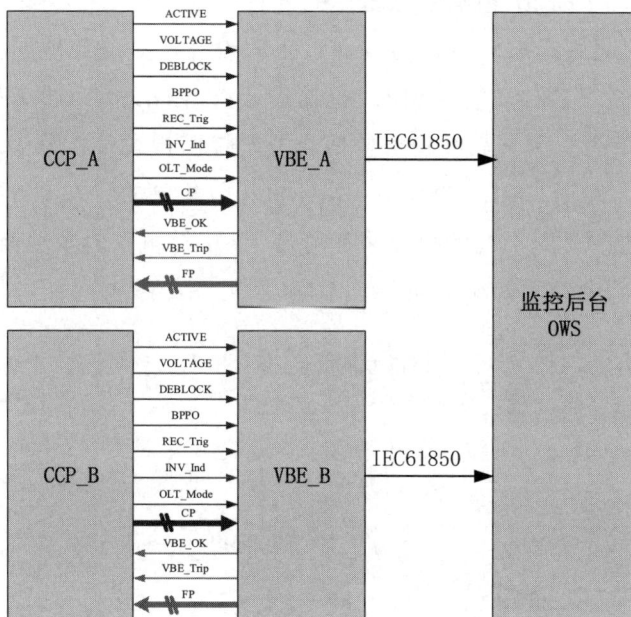

图 4−1−35　控制与保护系统与 VBE 的接口信号连接示意图

VBE 与 CCP 之间各接口信号的作用及其定义如表 4−1−2 所示。

表 4−1−2　　　　　VBE 与 CCP 之间各接口信号的作用及其定义

序号	信号名称	信号含义	说明
1	ACTIVE	系统主用/备用信号	调制光信号，10kHz 表示系统备用，1MHz 表示系统主用
2	VOLTAGE	电压正常/异常信号	调制光信号，10kHz 表示换流阀断电，1MH 表示换流阀充电
3	DEBLOCK	解锁/闭锁信号	调制光信号，10kHz 表示换流阀闭锁，1MHz 表示换流阀解锁

续表

序号	信号名称	信号含义	说明
4	BPPO	投旁通对信号	光调制信号，1MHz 为投旁通对有效，10kHz 为非旁通对
5	INV_Ind	逆变运行状态信号	调制光信号，1MHz 表示阀在逆变运行，10kHz 表示阀在整流运行
6	REC_Trig	录波信号	调制光信号，1MHz 时触发 VBE 内部录波，10kHz 表示正常通信
7	CP×12	控制脉冲	调制光信号，1MHz 表示向对应单阀发出触发脉冲，无光表示停发对应单阀触发脉冲。CP 信号周期为 20ms，有效宽度为 120° 电角度
8	OLT_Mode	开路试验模式信号	调制光信号，1MHz 进入开路试验模式，10kHz 退出开路试验模式
9	VBE_OK	VBE 正常信号	调制光信号，10kHz 表示 VBE 系统不可用，1MHz 表示 VBE 系统可用
10	VBE_Trip	VBE 闭锁信号	光调制信号 1MHz 表示 VBE 请求闭锁换流器，10kHz 表示无闭锁请求
11	FP×12	触发脉冲回馈信号	调制光信号，FP 信号正常通讯状态下为 1MHz，当 FP 信号有效时，叠加 16μs 光信号

VBE 与 CCP 之间接口信号监视逻辑按照通用二次接口规范进行设计，阀控系统在运行状态下实时监视 CCP 到 VBE 的接口控制信号，包括 12 路 CP 信号、VOLTAGE 信号、DEBLOCK 信号、ACTIVE 信号、BPPO 信号、INV_Ind 信号、REC_Trig 信号、OLT_MODE 信号等。当 VBE 检测到接口信号中 ACTIVE、DEBLOCK 和任一路 CP 信号异常时，撤销本系统 VBE_OK 信号，请求直流控制系统进行系统切换，同时发送告警事件报文至监控系统后台 SER；当 VBE 检测到其他接口信号异常时只发送告警事件报文至监控系统后台 SER，不撤销本系统 VBE_OK 信号。

阀控装置运行中有且只能有一个系统处于主用状态，当来自两套直流控制系统的值班信号同时为"主用"或同时为"备用"的时间大于 1ms 时，阀控系统能够按照"系统同主，后主为主；系统同备，原主为主"的原则处理。

（二）控制功能

VBE 根据换流阀返回的回报信号（IP）和直流控制系统发来的组合控制信号产生相应的触发脉冲，包括正常触发模式、补脉冲触发模式、投旁通触发模式和触发试验模式。

1. 正常触发模式

VBE 检测到本系统 ACTIVE 信号为 1MHz，DEBLOCK 信号为 1MHz 时，VBE 进入解锁状态，当 VBE 收到晶闸管控制单元（TCU）返回的正向电压回报 IP 信号，并且收到直流控制系统发的触发控制脉冲信号（CP），VBE 即进入触发模式。在此模式下，VBE 会向阀发送一个 3μs 单脉冲（短脉冲），实现单阀晶闸管触发控制，同时反馈对应单阀一个 16μs 触发脉冲回馈信号 FP 至直流控制系统，用于换流阀丢脉冲或误触发检测逻辑。正常触发模式时序图如图 4-1-36 所示。

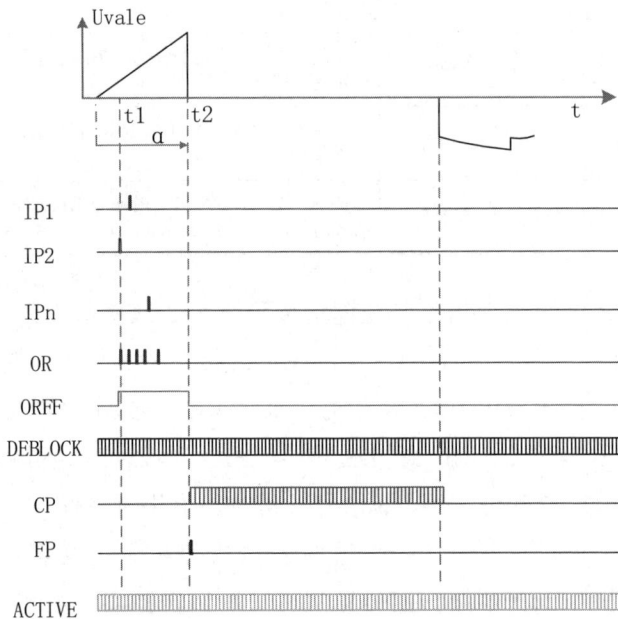

图 4-1-36　正常触发模式时序图

2. 补脉冲模式

如果在触发信号 CP 高电平区间，晶闸管再次出现正向电压，TCU 会产生指示脉冲（IP），如果此时 CP 存在，则会产生触发脉冲，这种功能称为补脉冲。如果这个新的指示脉冲（IP）距上一个触发脉冲小于 100μs，补脉冲信号就立即发出，如果这个新的指示脉冲（IP）距上一个触发脉冲大于 100μs，就延时 20μs 再发出。补脉冲功能时序图如图 4-1-37 所示。

242

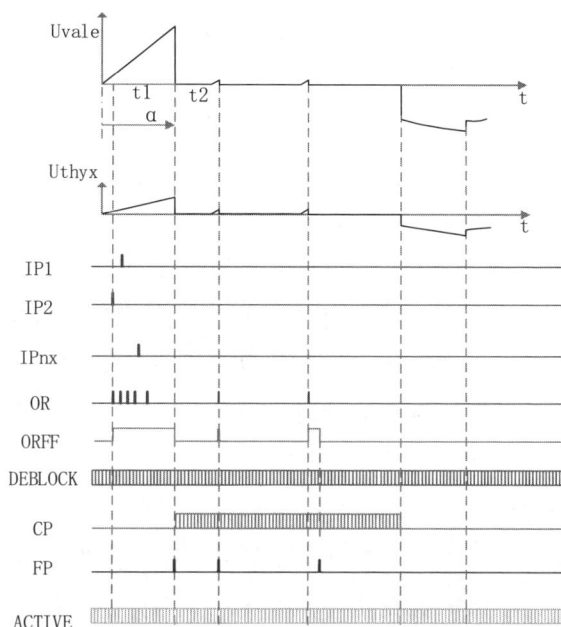

图 4-1-37　补脉冲功能时序图

3. 投旁通模式

解锁运行条件下，VBE 收到直流控制系统下发的投旁通命令和选择的旁通阀组 CP 信号，VBE 就进入投旁通触发模式，触发脉冲间隔一定时间发出。

在逆变解锁运行条件下，VBE 检测到直流控制两套系统 DEBLOCK 信号和 ACTIVE 信号在 5ms 内同时异常，认为两套直流控制系统均故障，根据标准化接口规定，VBE 紧急投旁通，向"1"阀和"4"阀一直产生触发脉冲。

（三）监视功能

VBE 的监视功能分为两部分：VBE 状态监视和阀状态监视。VBE 状态监视主要由板卡芯片监视、板卡运行状态监视、接口信号监视和屏柜状态监视组成。阀状态监视主要实现触发脉冲信号（FP）监视、指示信号（IP）监视、晶闸管级保护性触发信号（PF）监测，阀塔避雷器动作和漏水监测。

1. FP 信号监视

VCM 主控板控制芯片在收到直流控制系统发出的 CP 信号和相应阀臂的正向电压指示（IP）时，会向光发射板发出触发脉冲命令，与此同时，将通过背板端子向 CLC 发出一个 16μs 脉冲回检信号，此信号会通过光纤反馈给直流

243

控制系统，利用此信号进行丢触发、误触发的逻辑判别。

2. IP 指示信号监视

光接收板是执行监视功能的主要元件。TCU 产生的回报信号会发送到 VBE 光接收板，光接收板会将接收到的光信号状态存储到相应的正向电压状态寄存器中。主控板将周期性的巡检读取各光接收板的状态寄存器。如果任何一路未收到回报信号，则会立即启动记录并开始计数。如果下一次该通道恢复正常，则计数清零。若计数达到设定值 2s，则发送对应晶闸管无回报告警报文。如果单阀晶闸管无回报告警的数量未超过冗余值，VBE 只发出告警报文，若大于冗余值，则在发出告警报文的同时，置位 VBE_Trip 信号有效。

3. 晶闸管级保护性触发动作信号监视

正常情况下，晶闸管在收到触发信号后很短时间内将导通。在每次发出触发信号后的规定窗口时间内，如果收到晶闸管保护性触发动作信号，光接收板将立即把该状态存储在保护触发状态寄存器中，等待主控板读取。如果主控板读取到某个通道有保护性触发信号，立即进行计数，下周波恢复正常后计数器清零，如果计数器达到设定值 2s，则发送对应晶闸管保护性触发动作告警报文。如果单阀晶闸管保护性触发动作告警的数量未超过冗余值，VBE 只发出告警报文，若大于冗余值，则在发出告警报文的同时，置位 VBE_Trip 信号有效。

4. 避雷器动作及阀塔漏水监视

VMU 有光信号接收板，用于接收对应阀塔上的漏水告警信号、避雷器动作信号，接收到相应告警信号后，VMU 会产生相应的告警报文，上传至监控系统后台顺序事件记录 SER，同时通过 MODEBUS 上送报文给就地显示装置 HMI。

第五节　各路线阀设备差异

不同技术路线间换流阀系统主设备及布局基本相同，包含阀塔主体及其附件、阀控单元，但阀塔及软件设计、设备命名等存在些许差异，现将本书 4 个技术路线的换流阀主要差异汇总，见表 4-1-3。

表 4 – 1 – 3　　　　　　　　各技术路线换流阀设备对比表

厂家	南瑞	许继	普瑞	西电
阀层阀组件数	4 个	2 个	4 个	4 个
阀层电抗器数	4 个	4 个	8 个	4 个
可控硅控制单元	TCU	TCE	TTM	TCU
阻尼回路电阻	棒状水电阻	棒状水电阻	方块状水电阻	不锈钢棒状电阻
直流均压电阻	干式块状	干式块状	干式块状	干式块状
检修通道	有	有	无	有
阀控单元名称	VBE	VCE	VBE	VBE
直流控制系统与阀控间的信号传输	所有开关量信号均采用光调制信号，1MHz 表示信号有效，10kHz 表示信号无效。CP 信号：1MHz 表示向对应单阀发出触发脉冲，无光表示停发对应单阀触发脉冲	所有开关量信号均采用光调制信号，1MHz 表示信号有效，10kHz 表示信号无效。CP 信号：1MHz 表示向对应单阀发出触发脉冲，无光表示停发对应单阀触发脉冲	所有开关量信号均采用光调制信号，1MHz 表示信号有效，10kHz 表示信号无效。CP 信号：1MHz 表示向对应单阀发出触发脉冲，无光表示停发对应单阀触发脉冲	所有开关量信号均采用光调制信号，1MHz 表示信号有效，10kHz 表示信号无效。CP 信号：1MHz 表示向对应单阀发出触发脉冲，无光表示停发对应单阀触发脉冲
测试模式	VBE 试验模式下不依赖直流控制系统即可单独完成换流阀晶闸管级触发试验	VCE 试验模式下不依赖直流控制系统即可单独完成换流阀晶闸管级触发试验	VBE 试验模式下不依赖直流控制系统即可单独完成换流阀晶闸管级触发试验	VBE 试验模式下不依赖直流控制系统即可单独完成换流阀晶闸管级触发试验
脉冲形式	单脉冲	五脉冲	五脉冲（不完整五脉冲）	单脉冲
正常触发逻辑	VBE 收到 IP 及 CP 生成 FP 发送至 TCU 触发	VCE 根据 CP 编码生成双脉冲 FP 送至 TCE，TCE 板对 FP 脉冲进行光电转换生成门极脉冲触发晶闸管	CP 生成双脉冲 FP 发送至 TTM 触发	VBE 收到 IP 及 CP 生成 FP 发送至 TCU 触发可控硅
补发脉冲	CP 脉冲有效，VBE 再次收到 IP，由 VBE 向 TCU 补发 FP	触发阶段内可控硅两端电压超过门槛值，TCE 补发脉冲工作	触发阶段内可控硅两端电压超过门槛值，TTM 补发触发脉冲	CP 脉冲有效，VBE 再次收到 IP，由 VBE 向 TCU 补发 FP
保护性触发回报	检测到保护性触发，延时报警（时间定值可整定）	阀控连续 50 个周期接收到保护触发回报信号，生成报警信息	阀控检测到 FOP 信号并持续时间超过 2s，判定该晶闸管级出现 FOP 故障	检测到保护性触发，延时 2s 报警

续表

厂家	南瑞	许继	普瑞	西电
反向恢复期保护	TCU 在反向恢复期的 900μs 内检测到电压超过 1500V 时，发送脉冲触发晶闸管导通	VCE 收到 TCE 的负向电压建立信号发送脉冲至 TCE 板启动反向恢复期保护	TTM 板判断并打开保护时间窗口	TCU 判断并打开保护时间窗口
可控硅 IP、保护性触发 PF、负压建立信号区分	IP 与 PF 返回脉宽不一样	以 CP 为基准将每个运行周期划分为 4 个阶段，VCE 收到的 IP 在触发阶段前 100μs 识别为保护性触发回检信号，在负向电压检测阶段识别为负向电压建立信号，在状态检测阶段识别为晶闸管状态回检信号	IP 与 PF 返回脉宽不一样	IP 与 PF 返回脉冲脉宽一样（2024 年 3 月截止，已有新样机两个脉宽不同，尚未应用）
投旁通对模式	逆变模式下，两套阀控系统均监视到 DEBLOCK 和 ACTIVE 信号同时异常时，认为两套直流控制系统均故障，选取"1"阀和"4"阀投紧急旁通对	逆变模式下，两套阀控系统均监视到 DEBLOCK 和 ACTIVE 信号同时异常时，认为两套直流控制系统均故障，选取 A 相的"1"阀和"4"阀投紧急旁通对	逆变模式下，两套阀控系统均监视到 DEBLOCK 和 ACTIVE 信号同时异常时，认为两套直流控制系统均故障，选取"1"阀和"4"阀投紧急旁通对	逆变侧两套 CCP 故障（DEBLOCK 和 ACTIVE 信号 5ms 内同时异常）投"1"阀和"4"阀
IP 回报	未收到可控硅回报脉冲，延时 2s 报警	连续 50 个周期（1s）没有检测到晶闸管级回报脉冲，产生该级晶闸管故障/回检信息丢失报警信息	未收到可控硅回报脉冲，延时 2s 报警	未收到可控硅回报脉冲，延时 2s 报警

第二章 技能实践

第一节 换流阀检修

一、晶闸管更换

晶闸管见图 4-2-1。

图 4-2-1 晶闸管

（一）工具及耗材

（1）阀厅作业车 1 台。

（2）换流阀测试仪 1 台（ZX-3/TLP-1）。

（3）备件晶闸管 1 个。

（4）拉伸/压紧工具 1 套。

（5）液压泵 2 套。

（6）拆分顶 1 套。

（7）铝制大扳手 1 把。

（8）收紧带 1 套。

（9）双钩安全带 10 根。

（10）无水酒精纯度 99.7% 1 瓶。

（11）砂纸 P600 1 张。

（12）移动电源盘 1 个。

（13）万用表 1 个。

（14）无毛布（清洁）1 盒。

（二）更换步骤

1. 晶闸管元件的拆卸

（1）拆下晶闸管控制单元的门极导线；

（2）拆除工具（拆分顶）安放在故障晶闸管级处，如图 4-2-2 所示；

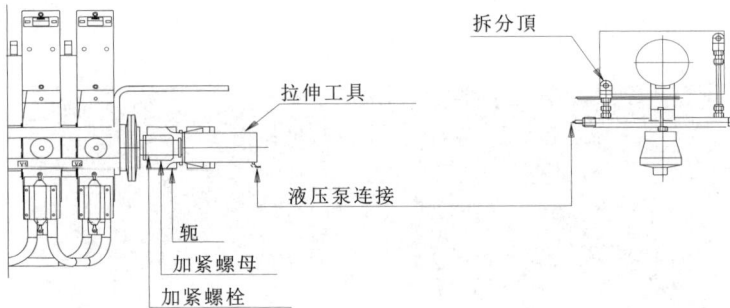

图 4-2-2　晶闸管元件的拆卸

（3）把液压泵连到工具上，调升压力到 30～35kN；

（4）检查散热器之间的工具可靠牢固的支撑住；

（5）在组件右轭端如图 4-2-3 所示安放拉伸工具；

（6）连液压泵调节晶闸管夹紧力到 190 kN（6 英寸晶闸管）；

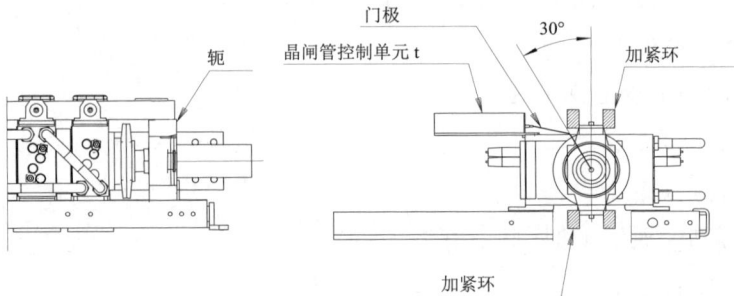

图 4-2-3　拉伸工具安放

（7）读压力计上的压力；（注意：当加压时，放气阀必须合上）；

（8）夹紧螺母向内拧 3.5～4 圈；

（9）慢慢地打开拉伸工具手压泵上的放气阀；

（10）检查散热器之间的距离足够大可进行元件的更换，距离 38～40mm；（注意：这个距离不能超过 40 mm）；

（11）确认其他位置的晶闸管元件都牢固地撑住；

（12）检查拆分顶工具压力不小于 30～35kN；

（13）提起晶闸管，拆除绝缘销子如图 4-2-4 所示，取出晶闸管元件。

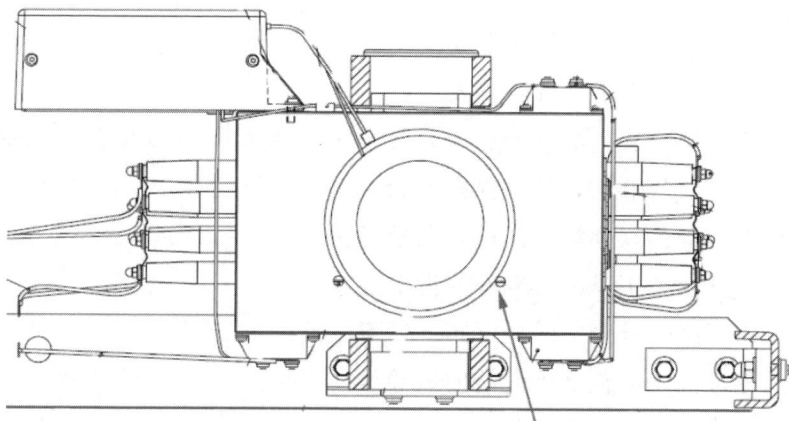

图 4-2-4　绝缘销子的拆除

2. 散热器表面预处理

（1）用酒精、不起毛布清洁散热器接触面，直至表面干净；

（2）用新的不起毛布蘸酒精清洁散热器接触面，直至表面干净；

（3）检查表面无损伤；

（4）用抛光器和编号 P600 砂纸蘸酒精轻轻地研磨散热器接触表面；

（5）用抛光器和不起毛布清洁散热器接触面；

（6）重复以上步骤用新的不起毛布蘸酒精清洁散热器接触面，直至表面干净；

（7）在晶闸管的每个面滴 0.5mL 的硅脂，用不起毛布在晶闸管接触面上涂匀。

注意：不要用手触摸已清洁的和上过油的接触面。小心不要把硅脂弄脏。按下面 3、4 项操作时需连续操作，中间不能停顿。

3. 新晶闸管元件的准备

（1）安装新晶闸管元件的门极导线；

（2）将新的晶闸管摆放好，使它的两个接触面露在外面，然后用酒精在一个面上清洁，再用 P600 砂纸轻轻研磨；

（3）另一个面上也按这种方法处理；

（4）一个面上滴适量酒精，用不起毛布仔细清洁；

（5）换新布，再清洁直至表面干净为止，另一面也按此步骤处理；

（6）在处理过的每一个面滴约 0.5 mL 硅脂，用不起毛布抹匀。

4. 新晶闸管元件的安放

（1）旋转晶闸管使门极位置使晶闸管靠在定位工具上；

（2）检查晶闸管极性并正确安放；

（3）套上压紧头，晶闸管加压力 190（1±10%）kN（6 英寸晶闸管）或 120 kN（5 英寸晶闸管），放气阀必须合上；

（4）调靠轭的碟弹螺母，反方向松半圈；

（5）打开压紧工具的排气阀，拆下工具；

（6）打开拆分顶泵上的排气阀，拆下工具；

（7）连接晶闸管控制单元的门极导线；

（8）检查所有工具从组件上移来；

（9）检查导线连接。

二、晶闸管控制单元更换

晶闸管控制单元如图 4-2-5 所示。

图 4-2-5 晶闸管控制单元图

（一）工具及耗材

（1）阀厅作业平台车 1 台。

（2）内六花形力矩扳手 1 个，规格：M5、M6 力矩大小 0～10N·m。

（3）内六花形扳手扳头 1 个，规格：M5、M6。

（4）换流阀测试仪 1 台（ZX-3/TLP-1）。

（5）双钩安全带 6 副。

（6）对讲机 2 个。

（7）防静电手环 5 个。

（8）光纤保护帽 2 个。

（9）光纤清洁工具 1 个。

（10）记号笔 2 支（红黑记号笔各 1 支）用于标记力矩线。

（11）无毛布 1 盒，用于擦拭接头及力矩线。

（二）更换步骤

（1）拆掉 TCU 上的触发和回报光纤。

（2）拆卸晶闸管和晶闸管控制单元连接导线和均压回路的连接导线。

（3）拧松晶闸管控制单元固定在散热器上的螺钉，用备用晶闸管控制单元更换旧的晶闸管控制单元。

（4）调整晶闸管控制单元水平位置，将螺钉拧紧，连接电缆、光缆和门极线。

三、块状电阻（R_{4x}，R_3）更换

块状电阻如图 4-2-6 所示。

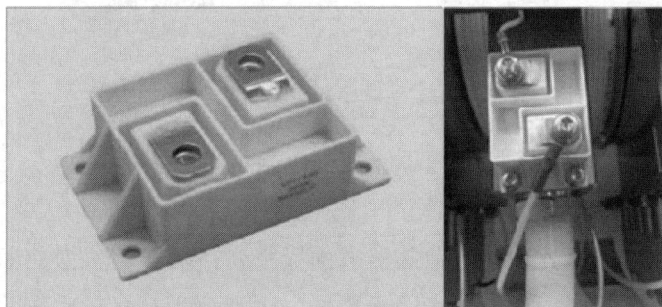

图 4-2-6　块状电阻

（一）工具及耗材

（1）阀厅作业车 1 辆，满足现场阀厅高度。

（2）万用表 1 个，用于备用阻尼电阻测试。

（3）无水酒精 1 瓶，99.7%无水乙醇，用于擦拭接头及力矩线。

（4）不起毛布 1 盒，用于擦拭接头及力矩线。

（5）安全带 7 副，不带金属挂钩。

（6）记号笔 2 支（红黑记号笔各 1 个），用于标记双力矩线。

（7）晶闸管测试仪 1 台，低压测试仪。

（8）内六花形力矩扳手头 1 套，M4、M5。

（9）力矩扳手 1 把，0～10N·m。

（10）导热膏 1 罐，HTC。

（二）更换步骤

如 2 个串联连接的方电阻（R_{41}、R_{42}）有任何一个损坏或 2 个都损坏须更换时，须配对，串联值不应超过公差范围，更换的一对新电阻的表面标识参数应一致。块状电阻安装位置如图 4-2-7 所示。

图 4-2-7 块状电阻安装位置示意图

（1）用 M5 可调力矩扳手把导线从方电阻上拆下。

（2）用 M4 可调力矩扳手把方电阻从散热器上拆下。

（3）散热器表面处理：查散热器表面无损伤；酒精清洗散热器表面。

（4）检查电阻底层，电阻表面无损伤、无裂痕为合格，底表面酒精清洁。

（5）用滚子在一个约为 10cm×10cm 平板上蘸少量导热复合物，用滚子滚上光滑的一个薄层，在电阻底层均匀地滚上，避免在电阻的边沾着复合物。如果边沾有复合物，应清除。

（6）取电阻放在散热器上，把电阻放正以便对准散热器的孔，套上螺栓、垫片用 M4 可调力矩扳手 1.8N·m 拧紧。在把电阻装到散热器之后，清除掉方电阻边上的导热膏。

（7）导线连接，用 M5 可调力矩扳手 4.1N·m 拧紧。

（8）检查 TCU 和 R_{42} 的导线连接是否有损坏。

四、棒状电阻更换

棒状电阻如图 4-2-8 所示。

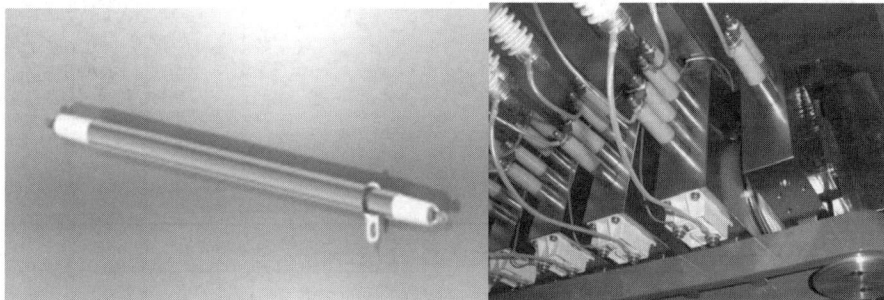

图 4-2-8　棒状电阻

（一）工具及耗材

（1）阀厅作业车 1 辆，满足现场阀厅高度。

（2）万用表 1 个，用于备用阻尼电阻测试。

（3）不起毛布 1 盒，用于擦拭接头及力矩线。

（4）安全带 7 副，不带金属挂钩。

（5）晶闸管测试仪 1 台，低压测试仪。

（6）扭力扳手 1 个，0～10N·m。

（7）套筒力矩扳手头 1 个，M5。

（8）内六花形力矩扳手头 1 套，M6。

（二）更换步骤

如图 4-2-5 所示晶闸管级示意图，按如下步骤更换对应棒状电阻：

（1）拧松紧固电阻的螺钉并拆下电阻。

（2）检查新更换电阻阻值在公差范围内。

（3）装新更换的电阻，并连接导线。

五、阻尼电容更换

阻尼电容如图 4-2-9 所示。

图 4-2-9 阻尼电容

（一）工具及耗材

（1）阀厅作业车 1 辆，满足现场阀厅高度。

（2）万用表 1 个，可测电容且满足测量精度要求。

（3）扭力扳手 1 个，0~15N·m。

（4）力矩套筒头 1 个，19mm（用于电容接头及固定螺栓紧固）。

（5）力矩套筒头 1 个，13mm（用于电容接头及固定螺栓紧固）。

（6）无水酒精 1 瓶，99.7%无水乙醇，用于擦拭接头及力矩线。

（7）不起毛布 1 盒，用于擦拭接头及力矩线。

（8）安全带 7 副，不带金属挂钩。

（9）绝缘手套 5 副。

（10）记号笔 2 支（红黑各 1 支）。

（11）晶闸管测试仪 1 台，低压测试仪。

（12）移动电源盘 1 个，有漏电保护装置。

（13）放电电阻 1 个，200Ω（用于阀组停运后，电容放电用）。

（二）更换步骤

（1）先从 TCU 上拆下屏蔽和光缆（适用于阻尼电容水平安装）；操作这些

要注意避免光缆折断；注意电容器的积累电荷。

（2）拆电容上的导线并卸下电容。

（3）检查新电容值在公差范围内。

（4）在组件上更换电容，M12 拧紧力矩 10N·m。

（5）在拧紧螺母之前，在电容上的固定螺钉上滴一滴螺钉锁紧液。

（6）连接电容接线端上导电条和导线，拧紧螺母 M8 拧紧力矩 8N·m。

（7）视觉检查所有电气连接。

（8）使用晶闸管测试仪测试整个组件所有晶闸管级功能正常。

六、PVDF 冷却水管及密封圈更换

冷却水管接头及密封圈如图 4-2-10 所示。

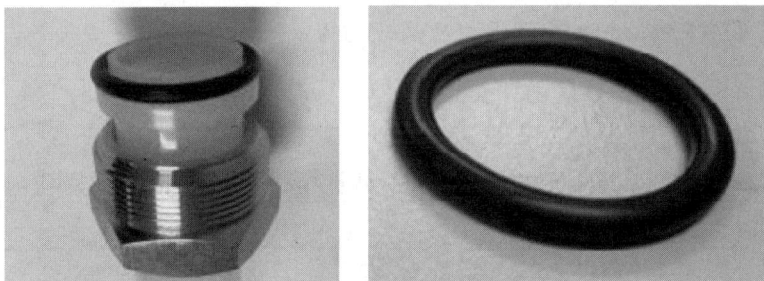

图 4-2-10　阀塔分支冷却水管接头及密封圈

（一）工具及耗材

（1）水管专用力矩扳手 1 把，0～15N·m 配 M30 和 M36 开口扳手头。

（2）防水塑料布 4 套。

（3）高空作业车 1 辆。

（4）吨桶及配套水管 4 个，≥1t。

（5）记号笔 2 支（红黑各 1 支）。

（6）无水酒精 1 瓶，纯度 99.7%。

（7）密封圈 ϕ 19.5×3，1 包，小组件小水管用 D20。

（8）密封圈 ϕ 24.5×3，1 包，小组件小水管用 D25。

（9）无毛布 1 盒。

（10）双钩安全带 10 根。

（二）更换步骤

1. 准备工作

（1）关闭阀塔顶部进出水阀门，并确保阀塔顶部排气阀处于打开状态。

（2）在阀塔底部放水阀处连接排水软管，打开放水阀阀门，排水软管另一端将水排入地面水桶。

2. 旧水管拆除

（1）用专用梅花开口扳手，拧松水管根部的螺母，注意提前在水管底部放置水桶，防止水管中残余水分滴落。

（2）水管两端的螺母都拧松后拆掉水管，注意收好两端接口处的 O 形圈，避免遗落或掉落阀塔内。

3. 新水管安装

（1）准备新的 O 形圈套在水管两端的接头上，并贴紧管接头的凸台。（O 形圈更换前需用水浸泡）。

（2）将带有 O 形圈的管接头安装在散热器、电抗器或者主水管的安装孔处，用手缓慢预紧管接头上的螺母，O 形圈在整个预紧过程中压紧孔内的台面，避免错位。

（3）检查所有接头处是否画线，自检、互检和专检各画一根线（采用不同颜色）。

4. 更换后的工作

（1）作业现场恢复检修前状态，工具、仪器仪表等无遗留，现场清洁。

（2）关闭阀塔底部放水阀门，打开阀塔顶部进（出）水阀门，逐个阀塔进行注水，注水时，检查人员在升降平台上，随着水位的升高同步升高升降平台，检查阀塔有无漏水或渗水，发现问题应立即中断注水并进行处理。注水时应控制阀门开合角度，控制注水时水管应力，避免水管损坏。

（3）水压试验压力 1.05p.u.，试验时间 1h，无漏水或渗漏。

七、水管电极更换

水管电极如图 4-2-11 所示。

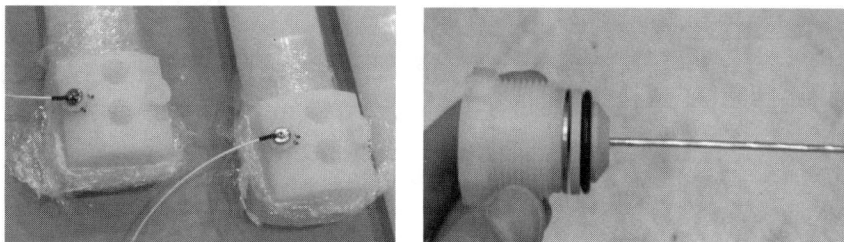

图 4-2-11　水管电极

（一）工具及耗材

（1）阀厅作业车 1 台。

（2）水管专用力矩扳手 1 套，0～15N·m 配 M30 开口力矩扳手头。

（3）手电筒 2 个，带挂绳，LED 白光。

（4）安全带 4 套，五点式安全带，合格证在有效期内。

（5）内六花形螺丝刀 1 个，M4。

（6）无毛布 1 盒。

（7）O 形密封圈 1 只，ϕ1.78×1.78 电极针根部密封用。

（8）O 形密封圈 1 只，ϕ19.5×3 小组件电极装配密封。

（二）更换步骤

1. 准备工作

（1）准备好新电极外观检查无异常。

（2）关闭内冷水系统，等待内冷水进出阀流量均归零。

（3）关闭阀塔顶部独立阀门，缓慢打开故障组件阀塔底部放水阀门，并将内冷水通过软管引至阀厅地面水桶中。当水位下降到阀塔顶部蛇形管中后，打开阀塔顶部进气阀门，让空气进入水管。继续放水直至水位低于待处理部位。关闭进气阀门和阀塔底部放水阀门。

2. 旧电极拆除

（1）在拆除电极时，在下方对应位置覆盖一层防水塑料布，并放置接水桶，避免拆除电极时，冷却水滴落；

（2）用内六角花型扳手拆开电极侧等电位线固定螺丝；

（3）用开口特殊扳手松开塑料螺母 M30，为防止螺母损坏不得使用其他工具。注意用水盆收集拆除过程中流出的冷却水；

3. 新电极安装

（1）将新 O 形密封安装至备品电极。（O 形密封圈更换前需用水浸泡）；

（2）将备品电极笔直插入安装处，用 M30 PVDF 螺母拧紧电极，拧紧力矩（10N·m）；

（3）在电极上恢复连接等电位线。

4. 更换后的工作

更换完成后，重新给阀塔注水，并进行水压试验，最后进行现场清理。

八、电抗器更换

阀电抗器如图 4－2－12 所示。

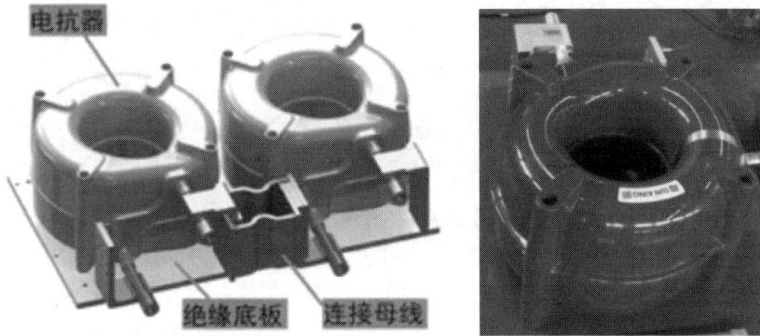

图 4－2－12　阀电抗器

（一）工具及耗材

（1）直流电阻测试仪 1 台，测试电流 100A，精度 1μΩ。

（2）电感测试仪 1 台，量程 1mH。

（3）阀厅作业车 1 辆。

（4）叉车 1 辆，提升高度 3m。

（5）电动葫芦 1 台。

（6）托板车（地牛）1 台。

（7）转运托底 10 台。

（8）电抗器更换专用工具 1 套。

（9）水管专用力矩扳手 1 把，0～15N·m 配 M30 和 M36 开口扳手头。

（10）力矩扳手 1 把，10～100N·m，12.5mm 方头驱动。

（11）18mm 套筒 1 把，12.5mm 方头驱动。

（12）棘轮扳手 1 把，12.5mm 方头驱动。

（13）密封圈 ϕ19.5×3，1 包，小组件小水管用 D20。

（14）密封圈 ϕ24.5×3，1 包，小组件小水管用 D25。

（15）吨桶及配套水管 4 个，≥1t。

（16）水盆 1 个，盆口直径：400mm，干燥洁净。

（17）记号笔 2 支（红、黑各 1 支）。

（18）导电膏。

（19）无水乙醇。

（20）无毛布 1 盒。

（21）打磨块 1 块。

（22）电抗器吊带 2 根，$L=2m$，500kg。

（二）更换步骤

1. 更换准备

（1）用电抗器电感测试仪测量新电抗器感抗是否在合格范围内。

（2）关闭阀塔顶部独立阀门，缓慢打开故障组件阀塔底部放水阀门，并将内冷水通过软管引至阀厅地面水桶中。当水位下降到阀塔顶部蛇形管中后，打开阀塔顶部进气阀门，让空气进入水管。继续放水直至水位低于待处理部位。关闭进气阀门和阀塔底部放水阀门。

2. 故障电抗器拆除

（1）拆除故障阀电抗器前的侧屏蔽罩及其安装构件、等电位线。

（2）松开故障电抗器与阀塔主通流回路相连的螺栓（M12 拧紧力矩，79N·m）。

（3）使用水管专用扳手拆除与故障阀电抗器与主水管相连的分支水管（D25/D20），同时注意用塑料膜封闭水管接口防止灰尘进入。

（4）拆除故障阀电抗器的底部固定尼龙螺栓（因工程不同电抗器厂家不同，电抗器连接螺栓会有不同）。

（5）在阀厅顶部桁梁上安装两台电动链条葫芦。在葫芦上安装吊带并确保与组件两侧的吊孔位置对齐。将吊带固定在阀电抗器的吊孔上。

（6）使用链条葫芦将阀电抗器从阀塔上吊出，并放到平台车上，随后使用叉车将阀电抗器运出现场。

3. 新电抗器安装

（1）使用链条葫芦，将新阀电抗器吊装至阀塔内部，并将组件和阀塔上的安装孔对齐；

（2）安装阀电抗器的固定螺栓，将组件固定在阀塔上，固定后使用力矩扳手紧固螺栓并画力矩线（因工程不同电抗器厂家不同，电抗器连接螺栓会有不同，M16 参考力矩 24N·m）；

（3）拆除阀塔顶部的葫芦；

（4）恢复阀电抗器与阀塔的通流回路软连接（M12 拧紧力矩，79N·m）；

（5）80%力矩复验。用力矩扳手按 80%的要求力矩复验力矩；检验合格后，用另一种颜色的记号笔标记，两种标记线不可重合；

（6）直阻测量，阀厅要求不大于 10μΩ；

（7）更换 O 形密封圈（两种 O 形密封圈，）后，使用水管专用力矩扳手恢复与故障阀电抗器与主水管相连的分支水管（D25/D20，力矩要求分别为 10N·m/8N·m），并画力矩线；

（8）恢复安装侧屏蔽罩并接好等电位线，使用力矩扳手紧固，并画好相关力矩线。

4. 更换后的工作

更换完成后，重新给阀塔注水，并进行水压试验，最后进行现场清理。

九、阀避雷器更换

阀避雷器如图 4-2-13 所示。

图 4-2-13 阀避雷器

（一）工具及耗材

（1）吊葫芦 1000kg，1 套（2 台联动）。

（2）吊带 1500kg，2 套。

（3）牵引绳 1 根。

（4）升降车 1 台。

（5）螺栓工具套装 1 套。

（6）力矩扳手，2～120N·m，1 套。

（7）打磨块 1 块。

（8）导电脂 1 罐。

（二）更换步骤

1. 拆除避雷器顶部连接

2. 拆除避雷器底部连接

3. 拆除避雷器

（1）准备 2 台电动葫芦固定在阀厅顶部钢梁上，成一定夹角，使避雷器置于中心位置；

（2）将 2 条吊带均套在避雷器顶部，勿套在避雷器的伞裙上，使用电动葫芦点动缓慢提升避雷器，当避雷器上端吊耳处不吃力后，拔掉避雷器上端吊耳处的销子，取下避雷器；

（3）使用电动葫芦缓慢下降将避雷器，垂直于地面，放置于托底上，拆下避雷器上面的金属连接件。

4. 新避雷器的安装

按拆取避雷器相反的顺序恢复安装。

5. 注意事项

（1）恢复安装时，导电连接处需要用打磨块打磨掉原来的污渍，涂抹一层薄薄的导电脂。涂抹导电脂时，用卡片刮掉多余的导电脂；

（2）拆装工作，反复检查，确定准备工作到位后，再进行下一步工作；

（3）将螺栓分类放置，记录安装位置，恢复初始的安装。

6. 更换后的工作

清洁整理工作现场，不得有工器具和其他杂物遗留。

十、漏水检测模块更换

漏水检测模块如图 4-2-14 所示。安装位置如图 4-2-15 所示。

图 4-2-14　漏水检测模块

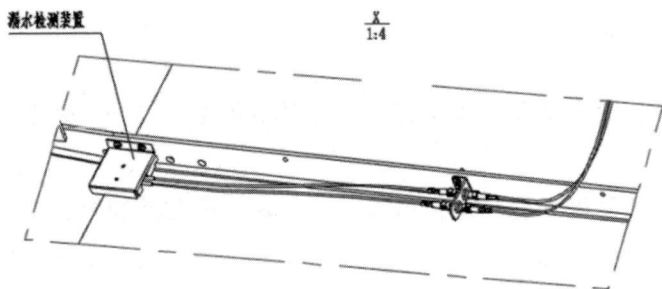

图 4-2-15　漏水检测模块安装位置示意图

（一）工具及耗材

（1）阀厅作业车 1 台。

（2）清洁胶带 1 卷。

（3）不起毛布 1 盒。

（4）安全带 3 副。

（5）对讲机 1 对。

（6）扭力扳手 1 个（0～10N·m）。

（7）内六花形力矩扳手头 1 套（M4）。

（8）装水的小水桶个。

（9）无水酒精 1 瓶。

（二）更换步骤

（1）拆卸固定漏水检测模块的两颗 M4×16 螺钉，保管好螺钉垫片和螺母。

（2）从光纤适配器上拆卸掉漏水检测模块引出的两根光纤的 ST 头，移除旧的漏水检测装置。

（3）拔掉新的漏水检测装置的两个光纤头保护帽，连接光纤至光纤适配器上。

（4）使用对讲机联系控制楼，确认 VBE 处于 TEST 模式，然后将漏水检测装置探头放入水桶中，探头没入水面以下。

（5）确认 VBE 是否有报警信号，然后从水桶中拿出探头，等待 VBE 漏水检测报警复归。

（6）固定漏水检测装置在底屏蔽罩的筋条上，使用原先拆卸的两颗 M4×16 螺钉，拧紧螺母，拧紧力矩 1.8N·m，紧固后画线。

（7）收拾并清点工器具，撤离阀塔。

第二节　换流阀试验

一、试验目的

检查晶闸管级接线是否正确，均压回路阻抗是否正确，晶闸管级元件耐受电压能力是否满足要求，门极单元触发、监测和保护功能是否正确。西电换流阀晶闸管级检测采用专用阀检测装置 ZX－3、TLP－1 等，其中 ZX－3 可进行全部项目的测试，包括短路检测、阻容回路阻抗检测（IMP）、触发检测（FT）、保护性触发检测（PF）、低恢复期保护功能检测（RPL）、高恢复期保护功能检测（RPH）和反向电压耐受功能检测（REV）；TLP－1 则只可进行短路检测、阻容回路阻抗测量和触发检测。

二、试验操作

（一）ZX－3 型阀试验仪

远程控制触发试验时，阀控制监测设备（VBE）进行换流阀试验可不依靠直流控制系统，独立进行换流阀单晶闸管级触发试验项目，实现报文就地显示功能。

1. 本地试验模式检测步骤

本地试验模式检测步骤见表 4-2-1。

表 4-2-1 本地试验模式检测步骤

项目	步骤	内容
试验接线	1	为确保操作人员安全，将接地线连接到机箱侧面的接地点上
	2	用电源线连接机箱插座和供电插座
	3	将测试手柄插到机箱侧面插座上并锁紧
	4	将测试手柄正确、可靠地连接到晶闸管级的阴、阳极两端（确认测试手柄中的接触器，其中红色的测试线对应可控硅级的阳极侧）
	5	将安全锁插入到机箱侧面的锁孔中
	6	连接触发光纤到 TCU
	7	连接回报光纤到 TCU
试验测试	1	打开阀试验仪的电源开关，按下开机按键，电压保持器延迟 5s 上电
	2	进入试品工程类型界面
	3	进入测试对象选择，按键右上角的按键"4↑、6↓、2→、←8"，上下移动光标，选择所需测试对象，带"光标"项为选定对象
	4	确定项目名称后，按"确认"键进入测试项目选择界面，输入工程试验参数
	5	选择检测项目，包含阻抗测试 IMP、短路测试 SCT、低压触发测试 FT、高压保护触发 PF、反向恢复期触发 RPL、反向恢复期触发 RPH、反向耐压测试 REV、低压序列测试 LVT（包含阻抗测试 IMP、短路测试 SCT、低压触发测试 FT 三项）、全部序列测试 LVT+HVT 九个检测项目，可任意选择
	6	选定测试项目后，双手同时向外侧扳动"启动"测试把手，直至该项目检测结束
	7	如测试项目选择"全序列 LVT+HVT""低压序列 LVT"则启动测试后，测试仪会自动顺序完成全部测试项目
	8	测试值在允许试验结果评判标准范围内为正常，显示"OK"，否则显示相应状态信息。正常测试数据显示为绿色，异常显示为红色，低于测试结果评判标准下限值显示为蓝色，高于测试结果评判标准上限值显示为红色
	9	所有测试项目的测试结果存储在阀试验仪上都有一条对应的记录号，可进行查看。使用与 ZX-3 设备配套的笔记本可通过蓝牙连接到 ZX-3 阀试验仪，对检测数据进行查看和下载

续表

项目	步骤	内容
试验测试	10	ZX-3 测试项目及工程类型示意图 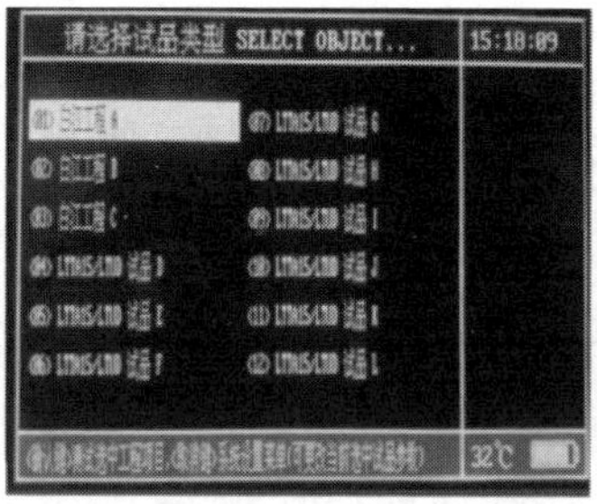 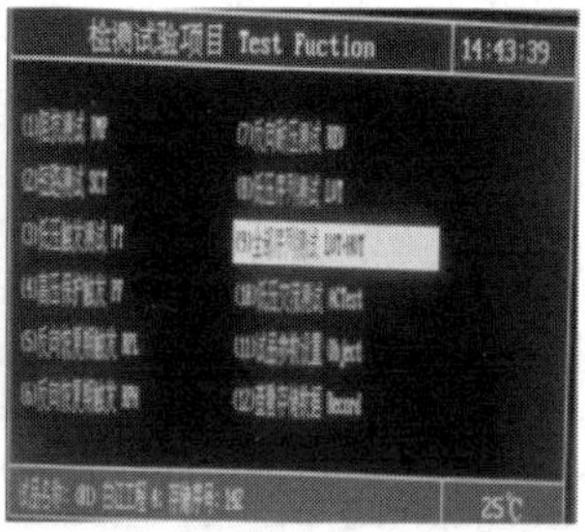
	11	ZX-3 测试结果 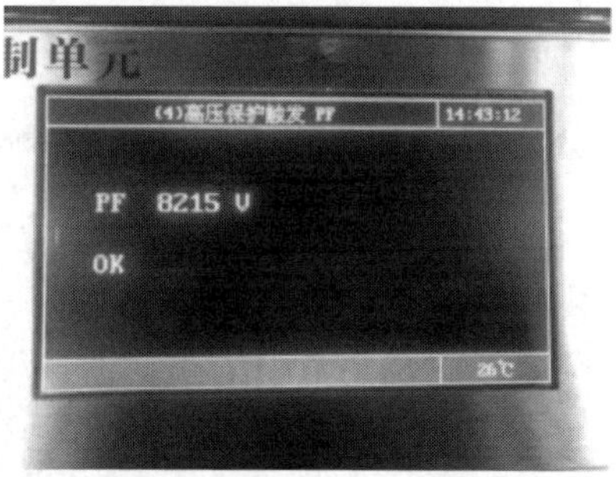 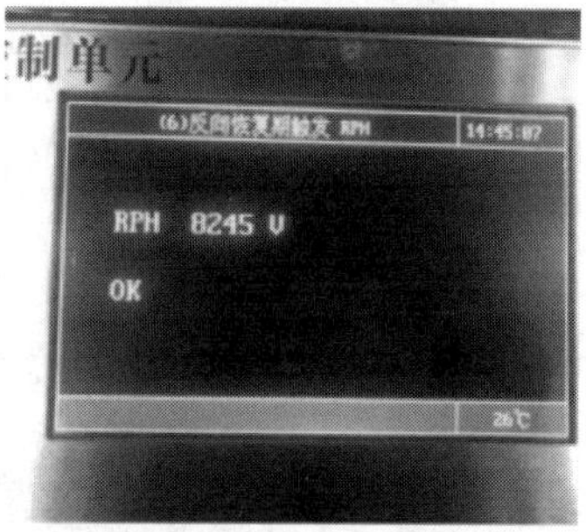
现场清理	1	工作完成后清洁工作区域，对工作中使用的材料工具进行核对清点，避免物品遗留在阀塔内部

2. 远程触发模式检测步骤

远程触发模式检测步骤见表 4-2-2。

表 4-2-2　　　　　　　　　　　远程触发模式检测步骤

项目	步骤	内容
试验接线	1	为确保操作人员安全，将接地线连接到 ZX-3 机箱侧面的接地点上
	2	用电源线连接 ZX-3 机箱插座和供电插座
	3	将测试手柄插到 ZX-3 机箱侧面插座上并锁紧
	4	将测试手柄正确、可靠地连接到晶闸管级的阴、阳极两端（确认测试手柄中的接触器，其中红色的测试线对应可控硅级的阳极侧）
	5	将安全锁插入到机箱侧面的锁孔中

续表

项目	步骤	内容
	1	换流阀控制监测设备（VBE）上电后，检查各装置状态指示灯一致，阀控系统 HMI 通信正常
	2	检查直流控制系统送给 VBE 的 VOLTAGE 信号和 DEBLOCK 信号非 1MHZ，即观察 CLC 板卡上 "VOLTAGE" 和 "DEBLOCK" 蓝色指示灯不亮
	3	点击阀控系统 HMI 软件"总貌"页中 A（B）系统"试验"按钮，VBE 机箱 A（B）系统进入试验模式
	4	检查确认 VBE 机箱 A（B）系统主控板黄灯闪烁，HMI 软件"总貌"页 A（B）系统对应机箱
	5	TEST 模式指示灯变为红色
VBE 端操作	6	HMI 登录界面和总貌示意图
	7	HMI 单极晶闸管故障显示界面和阀塔故障信息示意图

续表

项目	步骤	内容
VBE 端操作	8	HMI 触发指令下发和触发模式示意图
	9	HMI 故障复位和事件示意图
ZX－3 试验仪操作	1	打开阀试验仪的电源开关，按下开机按键，电压保持器延迟 5s 上电
	2	进入试品工程类型界面
	3	进入测试对象选择，按下右上角的按键"4↑、6↓、2→、←8"，上下移动光标，选择所需测试对象，带"光标"项为选定对象
	4	确定项目名称后，按"确认"键进入测试项目选择界面，输入工程试验参数
	5	选择检测项目，包含阻抗测试 IMP、短路测试 SCT、低压触发测试 FT、高压保护触发 PF、反向恢复期触发 RPL、反向恢复期触发 RPH、反向耐压测试 REV、低压序列测试 LVT（包含阻抗测试 IMP、短路测试 SCT、低压触发测试 FT 三项）、全部序列测试 LVT＋HVT 九个检测项目，可任意选择
	6	选定测试项目后，双手同时向外侧扳动"启动"测试把手，直至该项目检测结束
	7	如测试项目选择"全序列 LVT＋HVT""低压序列 LVT"则启动测试后，测试仪会自动顺序完成全部测试项目
	8	测试值在允许试验结果评判标准范围内为正常，显示"OK"，否则显示相应状态信息。正常测试数据显示为绿色，异常显示为红色，低于测试结果评判标准下限值显示为蓝色，高于测试结果评判标准上限值显示为红色
	9	所有测试项目的测试结果存储在阀试验仪上都有一条对应的记录号，可进行查看。使用与 ZX－3 设备配套的笔记本可通过蓝牙连接到 ZX－3 阀试验仪，对检测数据进行查看和下载
	10	依次进行每一级晶闸管试验

续表

项目	步骤	内容
退出试验模式	1	（1）在阀控系统 HMI 软件"总貌"页点击 A（B）系统"正常运行"按钮，VBE 退出试验模式； （2）检查 VBE 机箱 A（B）系统主控板黄灯停止闪烁、HMI 软件"总貌"页 A（B）系统，对应机箱 TEST 模式指示灯变为绿色，则退出试验模式正常； （3）HMI 退出试验模式示意图
现场清理	1	工作完成后清洁工作区域，对工作中使用的材料工具进行核对清点，避免物品遗留在阀塔内部

（二）TLP-1测试仪检测步骤

TLP-1 设备可进行本地项目的测试，包括短路检测（SCT）、阻容回路阻抗检测（IMP）、触发检测（FT）。远程控制触发试验使用阀控制监测设备（VBE）进行换流阀试验，也可以不依靠直流控制系统独立进行换流阀单晶闸管级短路测试（SCT）、阻抗试验（IMP）、触发试验（FT）项目，报文就地显示。TLP-1 测试仪外观及操作面板示意图如图4-2-16所示。测试手柄及测试光纤如图4-2-17所示。

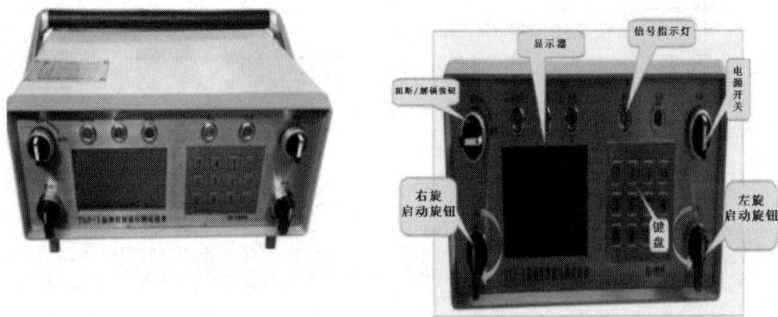

图 4-2-16　TLP-1 测试仪外观及操作面板示意图

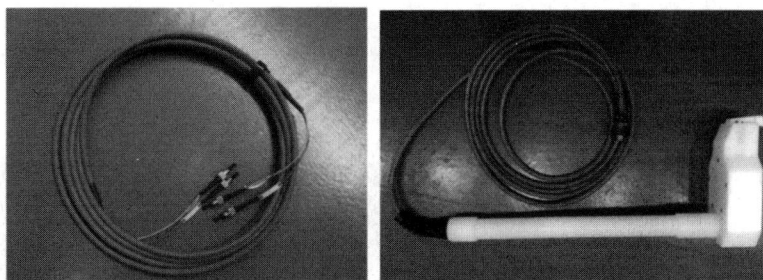

图 4-2-17　TLP-1 测试仪测试手柄及测试光纤

1. 本地试验模式检测步骤

本地试验模式检测步骤见表 4-2-3。

表 4-2-3　　　　　　　　　　本地试验模式检测步骤

项目	步骤	内容
试验接线	1	为确保操作人员安全，将接地线连接到机箱侧面的接地点上
	2	用电源线连接机箱插座和供电插座
	3	将测试手柄正确、可靠地连接到晶闸管级的阴、阳极两端（确认测试手柄中的接触器，其中红色的测试线对应可控硅级的阳极侧）
	4	连接触发光纤到 TCU
	5	连接回报光纤到 TCU
试验测试	1	打开 TLP-1 试验仪的电源开关，按下开机按键，电压保持器延迟 3s 上电
	2	进入试品工程类型界面
	3	进入测试对象选择，按下右上角的按键"4↑、6↓、2→、←8"，上下移动光标，选择所需测试对象，带"光标"项为选定对象，输入工程参数
	4	确定项目名称后，按"确认"键进入测试项目选择界面
	5	选择检测项目，阻抗测试 IMP、短路测试 SCT、低压触发测试 FT、可任意选择
	6	选定测试项目后，双手同时向外侧扳动"启动"测试把手，直至该项目检测结束
	7	TLP-1 测试仪面板可选择"阻断"（阻抗试验、短路试验）、"解锁"（阻抗试验、触发试验）旋转进行试验
	8	测试值在允许试验结果评判标准范围内为正常，显示"OK"，否则显示相应状态信息。正常测试数据显示为绿色，异常显示为红色，低于测试结果评判标准下限值显示为蓝色，高于测试结果评判标准上限值显示为红色
	9	所有测试项目的测试结果存储在阀试验仪上都有一条对应的记录号，可进行查看。使用与 TLP-1 设备配套的笔记本可通过蓝牙连接到 TLP-1 试验仪，对检测数据进行查看和下载

项目	步骤	内容
试验测试	10	测试仪工程类型和测试项目示意图
	11	TLP-1测试仪测试结果示意图
现场清理	1	工作完成后清洁工作区域，对工作中使用的材料工具进行核对清点，避免物品遗留在阀塔内部

2. 远程触发模式试验步骤

远程触发模式试验步骤见表4-2-4。

表4-2-4　　　　　　　　　　远程触发模式试验步骤

项目	步骤	内容
试验接线	1	为确保操作人员安全，将接地线连接到 TLP-1 机箱后面的接地点上
	2	用电源线连接 TLP-1 机箱插座和供电插座
	3	将测试手柄插到 TLP-1 机箱侧面插座上并锁紧
	4	将测试手柄正确、可靠地连接到晶闸管级的阴、阳极两端（确认测试手柄中的接触器，其中红色的测试线对应可控硅级的阳极侧）

项目	步骤	内容
VBE 端操作	1	换流阀控制监测设备（VBE）上电后，检查各装置状态指示灯一致，阀控系统 HMI 通讯正常
	2	检查直流控制系统送给 VBE 的 VOLTAGE 信号和 DEBLOCK 信号非 1MHZ，即观察 CLC 板卡上 "VOLTAGE" 和 "DEBLOCK" 蓝色指示灯不亮
	3	点击阀控系统 HMI 软件"总貌"页中 A（B）系统"试验"按钮，VBE 机箱 A（B）系统进入试验模式
	4	检查确认 VBE 机箱 A（B）系统主控板黄灯闪烁，HMI 软件"总貌"页 A（B）系统对应机箱
	5	TEST 模式下指示灯为红色
TLP－1 端操作	1	打开 TLP－1 试验仪的电源开关，按下开机按键，电压保持器延迟 3s 上电
	2	选择试品类型及标准
	3	选择检测项目，包含阻抗测试 IMP、短路测试 SCT、触发测试 FT、可任意选择
	4	双手同时向外侧扳动"启动"把手，直至该项目检测结束再松开，显示测试结果
	5	TLP－1 测试仪面板可选择"阻断"（阻抗试验、短路试验）、"解锁"（阻抗试验、触发试验）旋转进行试验
	6	试验时阀控监测人员与试验人员通过对讲机反馈试验信息，依次进行每一级晶闸管试验
	7	测试值在允许试验结果评判标准范围内为正常，显示"OK"，否则显示相应状态信息。正常测试数据显示为绿色，异常显示为红色，低于测试结果评判标准下限值显示为蓝色，高于测试结果评判标准上限值显示为红色
	8	所有测试项目的测试结果存储在阀试验仪上都有一条对应的记录号，可进行查看。使用与 TLP－1 设备配套的笔记本可通过蓝牙连接到 TLP－1 试验仪，对检测数据进行查看和下载
	9	TLP－1 远程测试结果显示同本地测试显示一致

271

项目	步骤	内容
	10	测试结果数据下载示意图
退出试验模式	1	在阀控系统 HMI 软件"总貌"页点击 A（B）系统"正常运行"按钮，VBE 退出试验模式
	2	检查 VBE 机箱 A（B）系统主控板黄灯停止闪烁、HMI 软件"总貌"页 A（B）系统对应机箱 TEST 模式指示灯变为绿色，则退出试验模式正常
	3	检查所有指示灯正常
	4	HMI 退出试验模式示意图：
现场清理	1	工作完成后清洁工作区域，对工作中使用的材料工具进行核对清点，避免物品遗留在阀塔内部

三、试验结果

1．短路检测

（1）如果测试通过则显示"短路 OK"（绿色数据）；

（2）如果测试不通过，则显示"短路失败"字样，此时应该检查可控硅级是否短路，回路连接线是否正确，重新进行测试。

2．阻抗检测

如果测试结果不通过，查看检测结果，对比正确的检测范围，对阻尼回路进行检查，显示"阻抗失败"及测试数据。

3．低压触发检测

如果测试未通过：

（1）检查测试手柄与可控硅两侧的散热器接触是否良好，需确认其接触良好，重新进行测试。

（2）检查门极触发导线是否插好。

（3）检查可控硅上门极线到阴极的阻抗是否有 10Ω左右。

（4）将相邻可控硅控制单元 TCU 上的触发光纤连接至失败位置的 TCU 的触发光纤接口，重新进行测试。如测试通过，则说明光纤故障；如仍然未通过测试，TCU 可能存在故障。

（5）如果排除上述因素，则可能 TCU 的触发回路有问题，更换 TCU 后重新进行测试。

4．保护触发功能检测

（1）如果测试结果显示"PF 低脉冲"或者"PF 高脉冲"即保护触发的动作值太高或者太低，如果发现电压测试值不在容许范围内，可以通过调节 TCU 上的可调电阻，降低或者提高保护触发的值。如保护触发电压与容许范围偏差过大，建议直接更换 TCU。

（2）如果测试结果显示"PF 失败、无脉冲信号"，则可以判断是 TCU 的保护触发回路有问题，更换 TCU 重新进行测试。

5．低恢复期保护功能检测

（1）如果测试结果显示"RPL 失败、高脉冲"，即低反向保护触发的动作值太高，可以按"确认键"显示结果。如果发现电压测试值超出容许范围内不多，可以通过对比 440Ω 的取能电阻与相邻的可控硅级有何区别，更换一个取能电阻后重新进行此项测试。

（2）如果发现电压测试值超出容许范围很大，需要更换 TCU 或者是可控硅。

（3）如果测试结果显示"RPL 失败，无脉冲信号"，则可以判断是 TCU 的保护触发回路有问题，更换 TCU 重新进行测试。

6. 高恢复期保护功能检测

如果测试结果显示为"RPH 失败、高脉冲"，即高反向保护触发的动作值太高，可调节 TCU 上的可调电阻，适当地降低保护触发"PF"的动作值，然后重新进行此项测试。

7. 反向电压耐受功能检测

如果出现 "REV 失败"的测试结果，则被测量晶闸管级被反向击穿，需更换晶闸管。

第三节 阀控系统检修

一、阀控中央处理单元板卡更换

（一）板卡位置

VCM 机箱主控板位置见图 4-2-18。

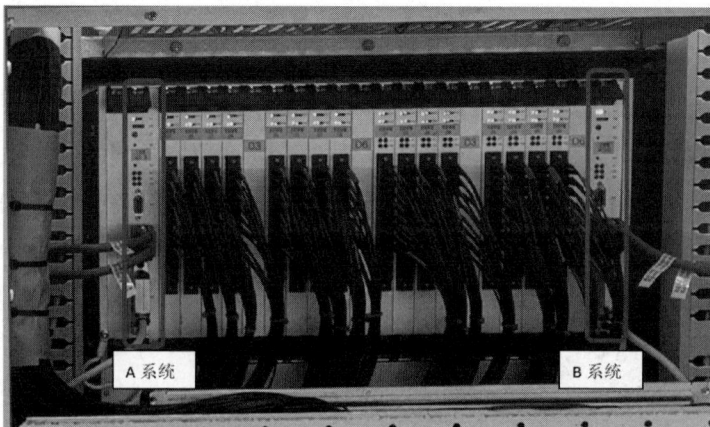

图 4-2-18　VCM 机箱主控板位置

（二）工具与耗材

（1）一字螺丝刀（刀头宽 3mm）；

（2）十字螺丝刀（刀头直径 3mm）；

（3）数字万用表；

（4）绝缘胶布；

（5）防静电手环或手套。

（三）更换步骤

在换流器运行期间，可以更换备用系统的故障微处理器板。更换前，必须确认新板卡安装的软件版本和故障板卡相同。更换时，核对备用板卡地址拨码、时钟拨码、旋钮、短接片、CAN 终端电阻拨码等设置和故障板卡相同。

（1）确认待换主控板处于备用系统或检修状态，确认更换的主控板位置。

（2）佩戴防静电手环或手套，核实图纸并断开待换主控板对应的电源空开，检查确认待换主控板已经断电。

（3）拔下主控板 X6 接口 37 针线缆。X6 接口位置见表 4－2－7。

（4）拔下主控板 X5 接口 PROFIBUS 总线。X5 接口位置见表 4－2－7。

（5）拔出待换主控板。

（6）板卡更换前需核对主控板各拨码、短接片位置，见图 4－2－19。按表 4－2－5 "VCM 机箱主控板 54 地址拨码" 设置备用主控板 S4 地址拨码与在

图 4－2－19　VCM 主控板外观及需核对拨码、短接片等位置

运板卡一致，S5 旋钮位置与在运板卡一致，检查 S6 时钟拨码 S6.1 为 ON、S6.2～S6.5 为 OFF，检查备用主控板 P2 位置的（1、2）、（3、4）、（5、6）已分别短接，或将待换主控板的 P2 位置短接片依次安装到备用主控板上对应位置。

表 4-2-5 VCM 机箱主控板 S4 地址拨码

VCM 机箱编号	主控板地址拨码 S4（1-2-3-4-5）	备注
1N	1-0-0-0-0	
2N	0-1-0-0-0	
3N	1-1-0-0-0	"1"表示该位拨码拨至"ON"，"0"表示该位拨码拨至"OFF"
4N	0-0-1-0-0	
5N	1-0-1-0-0	
6N	0-1-1-0-0	

（7）主控板 CAN 总线通讯电阻阻值可由主控板上可拆卸小板背面的 SW1 拨码进行配置，小板拨码 SW1 位置见图 4-2-20。

图 4-2-20 主控板小板、SW1 拨码位置

阀控 VBE 各机箱主控板 CAN 通信终端电阻拨码配置如表 4-2-6 所示。

表 4－2－6　　　　　VBE 各机箱主控板 CAN 通信终端电阻拨码配置

机箱号	CAN 节点地址	节点类型	CAN 通讯终端电阻拨码配置（1－2－3－4）
1N	0x230001	终端节点	0－0－1－1
2N	0x230002	中间节点	1－1－0－0
3N	0x230003	中间节点	1－1－0－0
4N	0x230004	中间节点	1－1－0－0
5N	0x230005	中间节点	1－1－0－0
6N	0x230006	中间节点	1－1－0－0
7N	0x230007	终端节点	0－0－1－1

注　在 CAN 终端电阻拨码配置中，1 表示配置为 ON，0 表示配置为 OFF。

（8）将备用主控板插入对应板卡插槽位置。

（9）恢复主控板 X5、X6 接口接线。

（10）合上检修系统的电源空开，检查确认各机箱内板卡状态指示灯一致，无异常告警。

（11）检查 VBE 运行正常，OWS 后台有各 VBE 机箱装置 PROFIBUS 通信复归报文，可以按下更换的主控板 S1 按钮，检查 HMI 界面 CAN 通信指示灯绿色，HMI 界面点击复位按钮，清除故障指示灯状态。复位按钮位置见图 4－2－21。

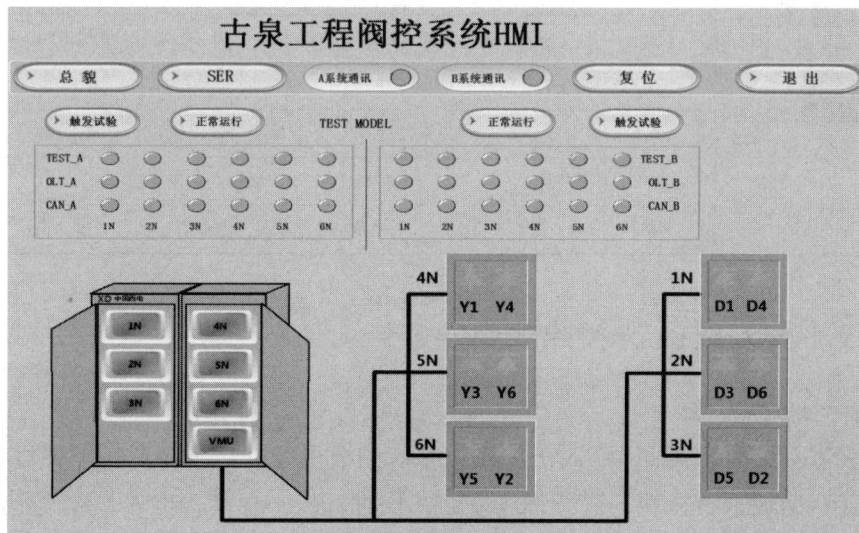

图 4－2－21　HMI 界面复位按钮位置

表 4-2-7 　　主控板面板指示灯、测试孔、功能按钮等说明

板卡面板图	指示灯	位置	状态	图示	说明
	H1	左	绿	●	电源指示灯，正常时点亮
		中	黄	◐	值班状态显示灯，当前系统值班时点亮（触发试验模式下闪烁）
		右	红	●	系统综合故障（详见 H2）
	H2	左1	红	■	系统故障时点亮
		左2	红	■	单片机故障时点亮
		左3	红	■	FPGA 故障时点亮
		左4	红	■	RESET 复位点亮

功能按钮	图示	说明
S1	● S1	S1 按钮：故障清除故障查询，凸出面板，系统运行时可操作
S2	● S2	S2 按钮：系统复位。凹在面板内，系统运行时禁止操作
S3	● S3	S3 按钮：Boot Load 编程模式凹在面板内，系统运行时禁止操作

测试孔接口	说明	
X1	（左）阀1 FP	（右）阀2 FP
X2	（左）阀1 CP	（右）阀2 CP
X3	（左）阀1 IP	（右）阀2 IP
X4	RS232 串口（下载程序或调试用）	
X5	PROFIBUS 总线接口	
X6	DB37 控制信号接口	

二、光发射板/光接收板更换

（一）板卡位置

光发射插件板为两个冗余的 VBE 系统的公用元件，不得在换流器运行期间更换。两板卡不在现场进行程序安装，仅进行板卡更换，步骤一致。光发射板及光接收板的位置如图 4-2-22 所示。

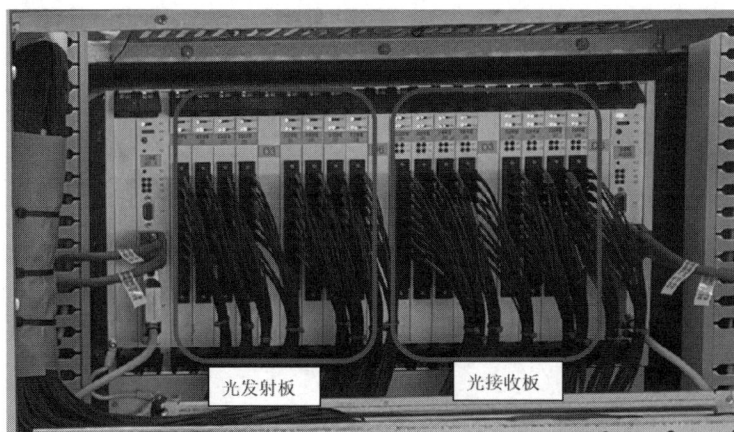

图4-2-22　光发射板、光接收板位置

（二）工具与耗材

（1）一字螺丝刀（刀头宽4mm）；

（2）十字螺丝刀（刀头宽5mm）；

（3）十字螺丝刀（刀头宽2.5mm）；

（4）防静电手环/手套；

（5）光纤清洁胶带；

（6）压缩空气瓶。

（三）更换步骤

（1）根据故障告警灯和告警报文确认故障板卡所在机箱位置并记录。

（2）断开VCM机箱电源空开F1、F2、F3、F4，检查待更换板卡面板H1、H2指示灯熄灭。

（3）用2.5mm十字螺丝刀松开LE发射板（LR接收板）上X3端口光纤模具的紧固螺丝，拆下光纤模具并妥善放置。

（4）使用十字螺丝刀松开板卡紧固螺丝（上下各一个松不脱螺丝，共两个）。

（5）打开板卡上下助拔器，正确用力将光发射板从机箱卡槽中拔出。

（6）检查故障板卡外观是否存在明显异常，核对故障板卡与备品板卡版本号是否一致。

（7）记录故障板卡和备品板卡序列号。

（8）将备件板卡插入 VCM 光发射板卡槽中并紧固螺丝。

（9）使用罐装压缩空气清洁更换上去的备件光发射板光通道，确认光器件表面无异物。

（10）使用光纤清洁胶带清洁光纤头，确认光纤头干净整洁。

（11）将光纤模具安装至新的备件光发射板上，并使用 2.5mm 十字螺丝刀固定光纤模具的紧固螺丝。

（12）恢复 VCM 机箱对应电源空开 F1、F2、F3、F4，检查所有机箱板卡电源指示灯点亮。

（13）通过 HMI 界面下发 A 系统触发试验命令，根据光纤接线表，在阀侧对该光发射板对应的晶闸管组件进行触发试验。仔细核对报文且与阀侧触发试验人员沟通，确认该光发射板对应的晶闸管组件每一级晶闸管均可正常导通，且每一级晶闸管均有"触发试验下第××组件××晶闸管收到回报信号"报文。

（14）A 系统恢复正常运行，通过 HMI 界面下发 B 系统触发试验命令，根据光纤接线表，在阀侧对该光发射板对应的晶闸管组件进行触发试验。仔细核对报文且与阀侧触发试验人员沟通，确认该光发射板对应的晶闸管组件每一级晶闸管均可正常导通，且每一级晶闸管均有"触发试验下第 xx 组件 xx 晶闸管收到回报信号"报文。

（15）B 系统恢复正常运行。

（16）检查所有 VCM 机箱板卡电源指示灯常亮（绿色指示灯），故障灯不亮（红色指示灯），阀控系统 VBE_OK 信号正常。

（17）作业现场恢复检修前状态，工具、仪器仪表等无遗留，现场清洁。

三、通信接口板 CLC 更换

（一）板卡位置
板卡位置见图 4-2-23。

（二）工具与耗材
（1）备用 CLC 通信接口板

（2）一字螺丝刀（刀头宽 4mm）；

（3）十字螺丝刀（刀头宽 5mm）；

（4）防静电护腕或手套。

图 4-2-23　CLC 通信接口板卡位置

（三）更换步骤

在换流器运行期间，可以更换备用系统的通信接口板。

（1）核对 VBE 机箱上指示灯确认故障 CLC 接口板处于备用系统；

（2）断开故障 CLC 接口板对应的电源；

（3）戴好防静电手环；

（4）拔下故障 CLC 接口板 X1～X6 的 37 针控制线缆插头；

（5）拔下故障 CLC 接口板左侧的 20 根光纤及右侧 16 根光纤，做好记录确认无误；

（6）依次拔下故障 CLC 接口板下侧的 18 根电缆，做好记录确认无误；

（7）拔下故障 CLC 接口板下侧的 X7 电源端子；

（8）拆下故障 CLC 接口板上侧录波板；

（9）拔出故障 CLC 接口板；

（10）用新的 CLC 接口替换故障板卡；

（11）将录波板同一水平安装到新 CLC 接口板上侧；

（12）依次恢复 X7 电源端子、18 根电缆、右侧 16 根光纤、左侧 20 根光纤，自下而上分别恢复 X1～X6 的 37 针控制线缆；

（13）合上电源空开，检查 CLC 接口板上的所有指示灯；

（14）作业现场恢复检修前状态，工具、仪器仪表等无遗留，现场清洁。

第四节 典型故障处理

一、典型晶闸管本体故障

晶闸管本体及其附属回路如：阻尼回路、均压及取能回路以及触发回路故障，均算作晶闸管本体故障。阀控系统报晶闸管故障后，可按表 4-2-8 及表 4-2-9 中处理。

表 4-2-8　　　　　　　　晶闸管回检信息丢失/晶闸管故障

信息	晶闸管无回报信号
例如	"1N 机箱 D1 单阀 VAD.V4.A1 组件晶闸管 01 无回报信号"
类型	故障信息
等级	告警
可能原因	晶闸管、TCU 板、回检光纤、VBE 接收板光接收通道
可能故障位置	TCU、回报光纤接头脱落或光纤损坏、晶闸管元件、VBE 光接收板
消缺	换流阀停电前，如果无回报告警还没有自动复归，消缺时请先按对应 VCM 机箱主控板 S1 进行告警手动复归。 1. 停电检修期间，首先用阀测试仪或万用表测试该晶闸管级的阻抗，如果晶闸管击穿，则更换晶闸管； 2. VBE 下发触发试验模式，通过调换光纤等方式进行排查，根据试验排查结果，判断故障原因； 3. 若 TCU 损坏，则更换 TCU 4. 若 TCU 正常，利用光线衰减测试仪检查回报光纤是否正常，若衰减值超出正常范围，清理光纤接口或更换备用光纤； 5. 若光纤正常，检查 VBE 光接收板，若板卡损坏，更换板卡； 6. 消缺后，VBE 退出触发试验模式，清理现场，检查 VBE 板卡状态、指示灯等无异常

表 4-2-9　　　　　　　　晶闸管保护性触发动作

信息	晶闸管保护性触发动作
例如	"1N 机箱 D1 单阀 VAD.V4.A1 组件晶闸管 01 保护性触发动作"
类型	故障信息
等级	告警
可能原因	晶闸管过压，元件故障，触发光纤松动、拔出或损坏
可能故障位置	TCU、触发光纤、晶闸管元件、VBE 光发射板

续表

信息	晶闸管保护性触发动作
消缺	换流阀停电前，如果保护性触发告警还没有自动复归，消缺时请先按对应 VCM 机箱主控板 S1 进行告警手动复归。 1. 停电检修期间，报出故障的系统下发触发试验模式，检查触发回路是否正常，根据试验过程和结果，判断故障原因； 2. 利用光线衰减测试仪检查触发光纤是否正常，若衰减值超出正常范围，清理光纤接口或更换备用光纤； 3. 若光纤正常，检查晶闸管，若晶闸管损坏，则更换晶闸管； 4. 若晶闸管正常，检查 TCU，若 TCU 损坏，则更换 TCU； 5. 若 TCU 正常，则检查门极线缆是否松动或未可靠连接； 6. 若门极线缆正常，检查 VBE 光发射板，若板卡损坏，更换板卡； 7. 消缺后，VBE 退出触发试验模式，清理现场，检查 VBE 板卡状态、指示灯等无异常

二、典型阀控系统故障

阀控系统可用信号 VBE_OK 反映阀控系统的"装置性"故障及直流控制系统至阀控系统的信号通道状况。阀控系统闭锁信号 VBE_Trip 反映换流阀本体的晶闸管保护性触发故障越限和晶闸管回报信号故障越限。

当阀控检测到装置本体故障或接口信号通道故障等严重故障时，置位对应系统 VBE_OK 信号无效，请求切换系统；当阀控系统检测到单阀晶闸管故障越限跳闸或单阀晶闸管保护性触发越限跳闸时，置位对应系统 VBE_Trip 信号有效，请求闭锁换流阀。

在阀控备用系统 VBE_OK 信号有效且 VBE_Trip 信号无效时，直流控制系统收到阀控主用系统的 VBE_OK 信号变为无效或 VBE_Trip 信号变为有效时，先执行系统切换。如系统切换后，另一阀控系统 VBE_OK 信号无效或 VBE_Trip 信号有效，由直流控制系统执行紧急闭锁换流器，跳开交流进线断路器。

阀控系统常见故障主要为电源故障、阀控中央处理单元故障、阀控光接口板故障及通信板卡故障。表 4－2－10～表 4－2－14 列出部分阀控系统故障可能的产生原因和处理方法。

表 4-2-10   阀控系统故障产生机理和处理方法

信息	VBE 系统故障报警
类型	故障信息
等级	紧急
可能原因	1. 阀控单系统的两路电源均故障； 2. 阀控中央处理单元故障； 3. 阀控光接口板故障； 4. 通信板卡故障； 5. 接口信号通道严重故障
可能故障位置	（1）阀控单系统的两路电源故障：电源模块故障、输入直流电源失电、电源空开未闭合； （2）阀控中央处理单元故障：主控板故障； （3）阀控光接口板故障：光发射板或光接收板故障； （4）通信板卡故障：CLC 板故障； （5）接口信号通道严重故障：ACTIVE、DEBLOCK、CP 信号故障
消缺	（1）阀控单系统的两路电源故障：检查电源空开是否闭合；检查电源模块状态指示灯是否正常，万用表分别测量电源模块输入输出直流电压是否正常；更换故障零部件并复测。 （2）阀控中央处理单元故障：检查主控板系统故障指示灯是否点亮，结合报警事件排查故障是否由光接口板或接口信号通道故障引起，定位主控故障后，可以在备用系统更换故障主控板备件并上电检查板卡运行状态正常。 （3）阀控光接口板故障：检查光发射板或光接收板故障指示灯是否点亮，确认板卡故障后，需要申请换流阀停运更换故障光接口板，更换后进行触发试验验证备件板卡的功能正常。 （4）通信板卡故障：结合报警事件定位 CLC 板故障，可以在备用系统更换故障 CLC 板备件并上电检查板卡运行状态正常。 （5）接口信号通道严重故障：通过录波等手段检查控制保护系统发送至阀控系统的接口信号是否正常，接口信号录波如有异常，需进行控制保护系统检查处理；如接口信号录波正常，检查 CLC 板与主控板之间 37 针线连接回路，根据检查结果更换相应零部件。 备注：消缺处理完毕后，检查阀控系统运行状态正常，所有报警信号已经复归，无异常

表 4-2-11   单阀无回报信号振荡产生机理和处理方法

信息	单阀无回报信号振荡
例如	"1N 机箱 D1 单阀晶闸管无回报信号振荡"
类型	故障信息
等级	告警
可能原因	元器件故障、回报光纤拔出或损坏
可能故障位置	TCU、回报光纤接头脱落或光纤损坏、晶闸管元件、VBE 光接收板
消缺	根据晶闸管级故障"晶闸管无回报信号"方法进行处理、消缺

表4-2-12 电源故障产生机理及处理方法

信息	电源告警
例如	"A系统第1路24V电源告警"
类型	故障信息
等级	告警
可能原因	元器件故障
可能故障位置	A系统电源空开F1、电源模块G11
消缺	1. 故障的系统处于备用系统状态; 2. 检查对应系统电源的回路必要时更换相应的电源模块; 3. 查看HMI告警报文已复归

表4-2-13 控制信号与机箱元件故障产生机理和处理方法

信息	CP信号告警
例如	"CP_D1信号丢失告警"
类型	故障信息
等级	告警
可能原因	元器件故障、光纤拔出或损坏,导致CP信号丢失超过25ms
可能故障位置	CP信号光纤、CLC板与VCM主控板连接的37针控制线缆、CLC板、VCM主控板
消缺	1. 核验CCP送给VBE的CP信号调制频率是否为120°的1MHz和240°的无光; 2. 若CCP送给VBE的CP信号正常,拆下屏柜CLC板保护罩,注意不要触碰电缆及光纤; 3. 检查CP信号光纤接头是否松动、脱落; 4. 对光纤进行光功率检测,检查光纤衰减值,如光纤衰减过大则清洁光纤接头或更换备用光纤; 5. 若光纤正常,检查CLC板与VCM机箱主控板37针线缆回路是否正常,若有故障需检查是CLC板故障还是37针控制线缆故障,根据检查结果更换相应元件; 6. 若CLC板和37针控制线缆正常,则检查VCM机箱的主控板,若有故障可按前节所述更换板卡; 7. 查看HMI告警报文已复归,恢复CLC板保护罩

表4-2-14 ACTIVE、DEBLOCK、VOLTAGE等控保送

VBE信号故障处理方法

信息	ACTIVE/DEBLOCK等信号故障
例如	"1N机箱ACTIVE信号丢失故障,撤销VBE_OK信号"
类型	故障信息

续表

等级	紧急
可能原因	元器件故障、光纤拔出或损坏
可能故障位置	ACTIVE 信号光纤、CLC 板与 VCM 主控板连接的 37 针控制线缆、CLC 板、VCM 主控板
消缺	1. ACTIVE（CEBLOCK）信号故障的系统处于备用系统状态； 2. 核验 CCP 送给 VBE 的 ACTIVE 信号调制频率是否为 1MHz 或 10kHz； 3. 若 CCP 送给 VBE 的 ACTIVE 信号正常，拆下屏柜 CLC 板保护罩，注意不要触碰电缆及光纤； 4. 检查 ACTIVE 信号光纤接头是否松动、脱落； 5. 对光纤进行光功率检测，检查光纤衰减值，如光纤衰减过大则清洁光纤接头或更换备用光纤； 6. 若光纤正常，检查 CLC 板与 VCM 机箱主控板 37 针线缆回路是否正常，若有故障需检查是 CLC 板故障还是 37 针控制线缆故障，根据检查结果更换相应板卡； 7. 若 CLC 板和 37 针控制线缆正常，则检查 VCM 机箱的主控板，若有故障更换板卡（见 14.1 节）； 8. 查看 HMI 告警报文已复归，恢复 CLC 板保护罩

三、典型跳闸问题故障

换流阀保护跳闸有保护性触发越限跳闸、晶闸管故障数量越限跳闸，以下列出产生原因。换流阀保护跳闸有保护性触发动作数量越限跳闸、晶闸管故障数量越限跳闸，表 4-2-15～表 4-2-17 列出部分产生原因。

表 4-2-15　　　　　　　　　保护性触发越限跳闸

信息	保护性触发越限跳闸
例如	"D1 单阀保护性触发越限跳闸"
类型	故障信息
等级	紧急
可能原因	系统过压、元件故障、光纤拔出或损坏、整个单阀承受过压、单阀内晶闸管级触发导通不同步
可能故障位置	TCU、触发光纤、晶闸管元件、VBE 光发射板
消缺	复位 VBE 屏柜跳闸信号（按对应 VCM 主控板 S1 按钮）；根据晶闸管级故障"晶闸管保护性触发动作"方法进行处理、消缺

表 4－2－16　　　　　　　　　　故障晶闸管数量越限跳闸

信息	单阀无回报信号越限跳闸
例如	"D1 单阀无回报信号越限跳闸"
类型	故障信息
等级	紧急
可能原因	元器件故障、回报光纤拔出或损坏
可能故障位置	TCU、回报光纤接头脱落或光纤损坏、晶闸管元件、VBE 光接收板
消缺	复位 VBE 屏柜跳闸信号（按对应 VCM 主控板 S1 按钮或重启）；根据晶闸管级故障"无正向电压回报信号"方法进行处理、消缺

表 4－2－17　　　　　　　　　　光接收板通道全部无回报

信息	光接收板通道全部无回报
例如	"1N 机箱第 1 块光接收板通道全部无回报"
类型	故障信息
等级	紧急
可能原因	阀未带电时 CCP 送至阀控 VOLTAGE 信号异常，元器件故障、回报光纤拔出或损坏
可能故障位置	阀未带电时 CCP 送至阀控 VOLTAGE 信号异常、回报光纤接头脱落或光纤损坏、TCU、晶闸管元件、VBE 光接收板
消缺	1. 检查换流阀电压是否正常，如不正常请检查 VOLTAGE 信号状态是否及时变为 10kHz； 2. 检查 VOLTAGE 信号状态是否正常，如不正常请按 13.3 节 "VOLTAGE 信号告警"步骤检查处理；如正常请执行下一条； 3. 复位 VBE 屏柜跳闸信号（按对应 VCM 主控板 S1 按钮）； 4. 如果复位后仍告警，则根据晶闸管级故障"无正向电压回报信号"方法进行处理、消缺

四、典型故障案例

换流阀故障分析处理的思路，通常根据事件和波形中的异常，结合触发逻辑或保护跳闸逻辑进行分析，充分利用排除法和时序推理，并结合设备现场检查试验，查找出故障设备。现列出两个典型案例供参考。

（一）案例 1：某站极 1 高端阀 VA.V2（D1）丢脉冲

1. 概述

12 时 44 分 09 秒 801 毫秒 CCP 主机 A 系统报"阀 VA.V2(D1)丢脉冲被检

测到""极 1 阀误触发保护 切换系统";约 100ms 后报警复归，之后又反复出现 3 次丢脉冲故障和复归；

12 时 51 分 19 秒 400 毫秒 CCP 主机 A 系统报"阀控单元 D1 故障""严重故障出现"，CCP 主机 A 系统退出备用。

2. 分析诊断

（1）事件分析。"阀 VA.V2(D1)丢脉冲被检测到"，该报警表示 CCP 未接收到阀控返回的 FP_D1 触发脉冲回馈信号；"阀控单元 D1 故障"告警，该报警表示阀控单元 FP_D1 信号传输通道故障或阀控内部返回至 CCP 的 FP 未生成，阀控无其他告警，传输通道故障概率较高。

（2）阀控结构及逻辑。

1）VBE 与 CCP 之间的接口信号通过 CLC 接口板实现，CLC 接口板主要功能是接收 CCP 下发的 ACTIVE、VOLTAGE、DEBLOCK、12 路 CP 等控制信号，经 FPGA 解调后通过 37 针线分发至 6 个阀控制监视 VCM 机箱主控板，同时接收 6 个 VCM 机箱的 VBE_OK、VBE_TRIP 和 FP 信号，经汇总调制后反馈至 CCP。

2）FP 信号是 VBE 向 CCP 反馈的触发脉冲信号。每个单阀对应一个物理介质完全独立的 FP 信号，每个换流器共 12 路 FP 信号。FP 信号采用光调制信号，1MHz 表示信号通道正常，16μs 宽的光脉冲表示 FP 信号有效。

3）CCP 接收 VBE 返回的 FP 信号，用来判断换流阀是否存在误触发或丢脉冲故障。CCP 监视 FP 信号通道，当在 300μs 内无 1MHz 信号，CCP 发送 FP 信号通道报警事件并闭锁误触发保护，如备用系统正常，则切换系统；若备用系统故障，则维持系统运行。

根据图 4－2－24 FP 传输路径，故障在 CLC 板、光纤及 CCP 的接收端。

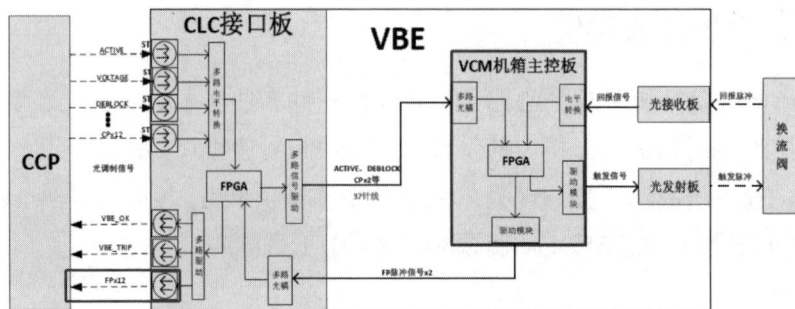

图 4－2－24　FP 传输路径

3. 处理方法

使用排除法查找故障：

（1）因 FP_D1 信号直接来自阀控 CLC 接口板的光发射器件（见图 4-2-25）输出，现场临时更换 FP_D1 备用光纤后，故障仍存在。通过观察光纤接收侧光信号，发现几乎无光，判断 CLC 接口板 FP_D1 信号通道光发射回路故障。

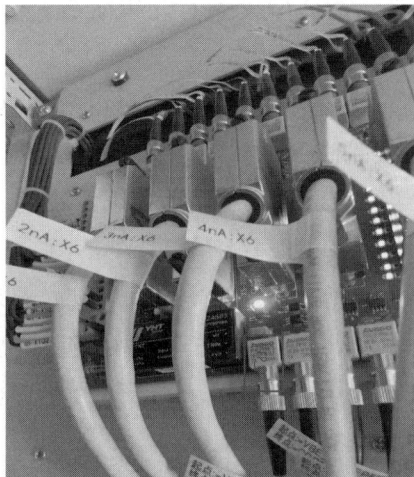

图 4-2-25　FP_D1 信号光发射器件

（2）现场在线更换 CLC 接口板备件后，故障消除，阀控系统恢复正常运行。

（3）故障 CLC 接口板经返厂测试，FP_D1 信号通道的光发射器件输入电信号正常，光功率输出却明显低于其他正常通道，确定是光发射器件故障。

4. 预防措施

无。

（二）案例 2：某站阀控误报单阀保护性触发越限跳闸

1. 概述

某站系统调试阶段，进行极 2 高"无通信，整流站模拟直流过电压保护二段跳闸×闭锁"试验时，整流站已闭锁，逆变站长时间保持解锁状态，09 时58 分 43 秒 425 毫秒逆变站极 2 高端 VBE B 系统报"Y1 单阀 VAY.V4.A8 组件晶闸管 01/02/03/04/05/07/08 保护性触发动作"报警、"Y1 单阀保护性触发越限跳闸"报警，阀控 B 系统发出跳闸信号，09 时 58 分 47 秒 750 毫秒极 2 高端 VBE A 系统"Y1 单阀 VAY.V4.A8 组件晶闸管 02 保护性触发动作"报警、"Y5 单阀 VCY.V4.A8 组件晶闸管 02/03/04/05/06 保护性触发"报警、"Y5 单阀保护性触发越限跳闸"报警，阀控双系统均发出跳闸信号导致跳闸动作。

2. 分析诊断

阀控值班 B 系统 Y1 单阀保护性触发越限跳闸后，CCP 执行系统切换，当阀控双系统均发出跳闸信号时，CCP 执行闭锁命令。

（1）阀控结构及逻辑。

1）该站单阀保护性触发越限跳闸定值为不小于 5 级。

2）晶闸管保护性触发跳闸原理如图 4-2-26 所示。VBE 在发出触发脉冲后，如果有个别晶闸管级没有导通，该晶闸管级两端电压超过保护触发电压定值，该晶闸管级对应的晶闸管触发控制单元 TCU 就会产生一个保护触发脉冲将晶闸管级导通，以避免晶闸管级因过电压而击穿，同时 TCU 反馈一个指示脉冲 IP 至 VBE 光接收板。因此，VBE 在发出触发脉冲后，在随后的一个短暂窗口，如果监测到 TCU 反馈的 IP 信号，就会认为是保护性触发动作。

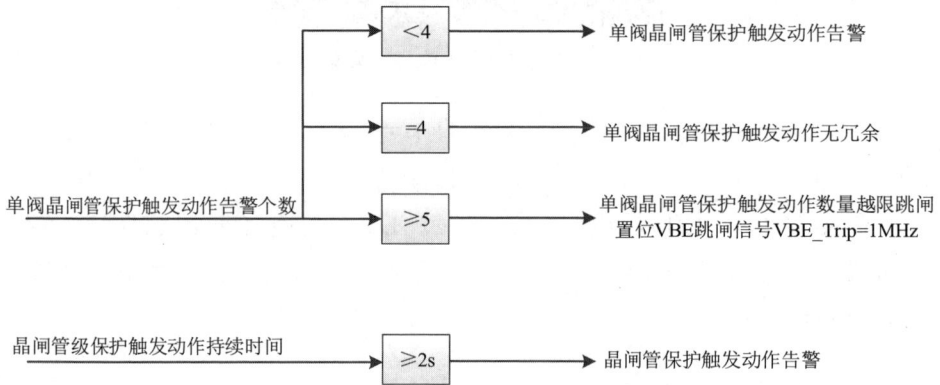

图 4-2-26 单阀晶闸管保护触发动作监视逻辑框图

（2）VBE 波形分析：阀控保护性触发越限跳闸动作前一段时间，回报信号 IP 序列不正常，IP 脉冲本应 20ms，但出现了大量间隔 10ms 的 IP 序列：其中一个为正向电压建立的 IP，另一个未知脉冲让阀控误以为是保护性触发信号，引起保护性触发保护误动。阀控 IP 信号录波如图 4-2-27 所示。

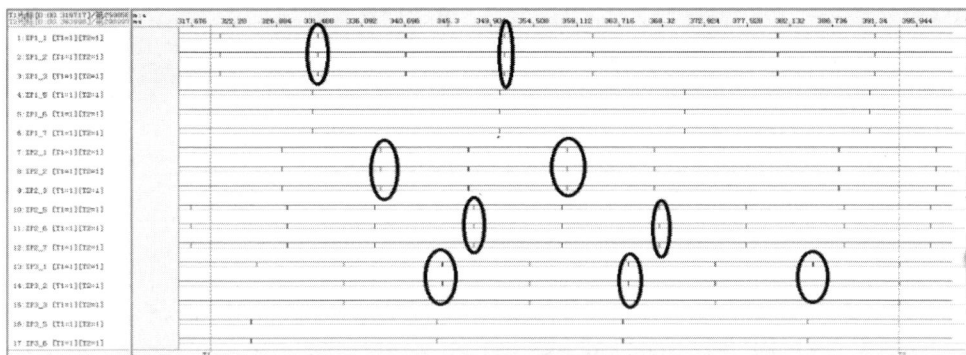

图 4-2-27　阀控 IP 信号录波

3. 处理方法

（1）无通信情况下，整流站保护闭锁后，逆变站实际上进入空载加压的工作模式，触发角度在 150°左右。

（2）通过厂内复现试验，在整流站已闭锁而逆变站尚保持解锁状态下，电流断续，如果触发角度在 150°附近，此时换流阀 TCU 处于较特殊工况，在检测电压负过零瞬间，在此时收到触发脉冲的情况下，会有很大概率立即反馈一个指示脉冲。VBE 在发出触发脉冲后一个短暂窗口，如果监测到晶闸管控制单元反馈的指示脉冲，就会认为是保护性触发动作。因此 VBE 会出现单晶闸管级保护性触发动作误报。

4. 预防措施

对 TCU 返回的正向电压回报信号 IP 和保护性触发回报信号 PF 采用不同的脉宽进行区分，可有效解决换流阀在类似 OLT 试验工况下，阀控误报晶闸管保护性触发的问题。